수학을 잊은 사람들을 위한

첫 번째 논문 통계

지은이 **조명근** mkjo@hoseo.edu

성균관대학교에서 학사 과정으로 교육학과 통계학을 전공했으며, 동 대학원에서 교육평가 전공으로 석사 및 박사 학위를 받았다. 한국교육과정평가원 전문연구원, 한성대학교 연구교수를 거쳐 2019년 3월 호서대학교 교양대학 혁신융합학부 교수로 임용되었다. 학부와 대학원에서 교양 및 전공 강의로 통계 과목을 가르치고 있으며 대학 본부 IR센터의 센터장을 겸하고 있다. 주요 연구 분야는 쌍대비교, DIF, 잠재집단분석이다.

- **지은이 블로그**
  https://blog.naver.com/professor_mkjo

수학을 잊은 사람들을 위한 첫 번째 논문 통계

초판발행 2025년 3월 4일

지은이 조명근 / **펴낸이** 전태호
펴낸곳 한빛아카데미㈜ / **주소** 서울시 서대문구 연희로2길 62 한빛아카데미㈜ 2층
전화 02-336-7112 / **팩스** 02-336-7199
등록 2013년 1월 14일 제2017-000063호 / **ISBN** 979-11-7340-018-6 93310

총괄 김은정 / **기획·편집** 김은정 / **교정** 박정수
디자인 표지 윤혜원 내지 최연희 / **전산편집** 이소연 / **제작** 박성우, 김정우
영업 김호철, 김태진, 김성삼, 이정훈, 임현기, 이성훈, 김주성, 심지연

이 책에 대한 의견이나 오탈자 및 잘못된 내용에 대한 수정 정보는 아래 이메일로 알려주십시오.
잘못된 책은 구입하신 서점에서 교환해 드립니다. 책값은 뒤표지에 표시되어 있습니다.
홈페이지 www.hanbit.co.kr / 이메일 question@hanbit.co.kr

수학을 잊은 사람들을 위한

첫 번째 논문 통계

조명근 지음

한빛아카데미
Hanbit Academy, Inc.

지은이 머리말

통계를 두려워하는 당신께

많은 대학원생들에게 통계를 배우는 일은 큰 도전 과제가 됩니다. 논문을 작성하는 과정에서 통계 작업을 반드시 해야 하지만, 복잡한 수식과 어려운 기호들로 인해 통계에 대해 막연한 두려움을 느끼는 이들이 많습니다. 실제로 강의를 하다 보면 "교수님, 통계가 너무 어렵습니다. 어떻게 하면 좋을까요?", "저는 중학교 이후로 수학 책을 본 적이 없어요" 등과 같이 호소하는 학생들을 자주 만납니다. 어느 날 한 학생이 저에게 말했습니다.

"수식만 없다면 통계 책을 읽는 것이 훨씬 쉬울 텐데요."

이 말이 저에게 깊은 인상을 남겼고, 그때부터 통계를 좀 더 쉽게 전달할 방법을 고민하기 시작했습니다. 이 책『수학을 잊은 사람들을 위한 **첫 번째 논문 통계**』는 이러한 고민을 해소하기 위해 만든 결과물입니다.

이 책은 크게 두 파트로 구성되어 있습니다. 첫 번째 파트는 논문 작성을 하는 데 꼭 필요한 기초 통계 개념을 다루는 부분이며, 두 번째 파트는 SPSS 프로그램을 활용하여 실제 데이터를 분석하는 실습 부분입니다.

이론 설명에서는 수식을 최대한 배제하고, 이해하기 쉬운 언어로 개념을 설명하며, 연구자가 실제 연구 과정에서 접하게 되는 데이터 분석 절차를 단계별로 소개하는 방식을 취했습니다. 또한 초보 연구자들이 자주 범하는 실수나 궁금해할 만한 부분도 함께 다루었습니다. 필연적으로 수식을 포함해야 하는 경우에도 그 의미를 직관적으로 이해할 수 있도록 설명하는 데 중점을 두었습니다.

SPSS를 활용한 실습 부분에서는 프로그램 설치와 기본적인 화면 구성부터 시작하여, 실제 연구 데이터를 활용한 분석 방법을 차근차근 설명합니다. 단순한 기술적 조작을 넘어 분석 결과를 해석하는 방법과 논문에 적용하는 과정까지 포함하였으며, 실질적인 연구 수행에 필요한 능력을 배양할 수 있도록 구성하였습니다. 이 책을 끝까지 읽고 나면, SPSS를 활용하여 연구 데이터를 분석하고 해석하는 데 필요한 기초적인 능력을 갖출 수 있을 것입니다. 또 데이터를 다루는 과정에서 점차 자신감을 키워갈 수 있을 것입니다.

통계는 연구를 위한 도구이지, 장애물이 아닙니다. 이 책이 여러분이 통계를 더욱 친숙하게 받아들이고, 연구 과정에서 효과적으로 활용할 수 있도록 돕는 길잡이가 되기를 바랍니다.

마지막으로, 저를 길러주신 세 명의 여인, 문두희, 허정희, 장혜정 님께 깊은 감사의 마음을 전하며, 뱃속의 뿔라에게도 따뜻한 사랑을 보냅니다.

지은이 **조명근**

목차

Chapter 05. 표본

Chapter 06. 상관분석

Chapter 07. t−검정

Chapter 08. 분산분석(ANOVA)

Chapter 09. 이원분산분석

목차

Chapter 10. 회귀분석

PART 02

논문 통계분석

Chapter 11. 논문 작성법

Chapter 12. SPSS 열어보기

Chapter 13. 기술통계

Chapter 14. 상관분석

Chapter 15. t-검정

Chapter 16. 분산분석(ANOVA)

Chapter 17. 회귀분석

부록. SPSS 추가 기능

INTRO

통계란 무엇인가

여러분은 '통계'라고 하면 어떤 이미지가 떠오르나요? 매우 어렵고 복잡한 수식들이 난무하는 칠판과 교과서를 생각하는 분이 많을 겁니다. '통계(統計)'의 한자를 살펴보면, '합치다'라는 뜻의 통(統)과 '계산하다'라는 뜻의 계(界)로 구성되어 있음을 알 수 있습니다. 즉 통합하여 계산한다는 의미이죠. 생각보다 간단하지 않나요? 통계의 사전적 의미는 어떤 현상을 종합적으로 한눈에 알아보기 쉽게 일정한 체계에 따라 숫자로 나타낸 것입니다.

구약성서의 한 부분인 「민수기」는 백성의 수를 세어 기록해 놓았다는 뜻으로, 영어로는 numbers라고 씁니다. 단순히 사람의 수를 세는 것을 통계의 시작이라고 여겨도 좋습니다. 백성의 수를 세는 일이 얼마나 중요하기에 성서 중 한 권을 할애해야 했을까요? 백성의 수를 정확히 알아야 세금을 제대로 징수할 수 있고, 국력이 어느 정도인지 파악할 수 있었을 테니 이는 국가를 운영하는 데 중요한 자료라 할 만합니다. 우리나라의 역사만 살펴봐도 과중한 세금이 민란을 야기한 대표적인 원인이었으니, 정확한 통계 기록이 국가 유지의 기본이라고도 볼 수 있습니다. 조사 대상 전부를 조사한다는 의미의 '전수조사'를 영어로 census라고 합니다. census의 어원도 '세금을 부과하다'라는 뜻이라니 재밌지 않나요?

통계학이 학문의 지위를 얻기 시작한 때는 17세기에 들어서면서부터입니다. 17세기에 영국은 동인도 회사 등을 설립하여 무역 항로를 따라 이동하며 세계 여러 나라와 교역을 했는데, 이때 원하는 교역 물품만 들어온 것이 아니라 전염병도 함께 들어옵니다. 전염병 때문에 수많은 사람이 목숨을 잃게 되자

당국에서는 사태를 정확하게 파악하기 위해 사망자 수와 추세를 관찰하기 시작합니다. 성별, 연령별, 사망 원인별로 통계를 산출한 후 그 결과를 발표했는데, 이때를 근대 통계학의 출발로 보는 사람들도 있습니다. 이렇게 수집한 데이터는 당대를 정확하게 파악하는 데 도움을 주었습니다. 자살률, 범죄, 빈곤 등 사회의 여러 단면을 보여주는 자료가 통계 방식으로 제시되기도 하였습니다. 하지만 이때까지만 하더라도 통계적 기법을 사용하기보다는 다양한 데이터를 정리하는 일에 더 많은 시간이 소요되었습니다.

17~18세기에는 천문학과 물리학이 발달하면서 천체의 움직임을 계산하려는 노력이 있었습니다. 이때 천문학자가 측량한 값과 측량 기술자가 측량한 값이 서로 다르게 나타나는 문제가 발생하였고, 이 문제를 해결하는 과정에서 수리 통계학이 발전하였습니다.

19세기에 들어오면서 다양한 통계적 기법이 등장하기 시작합니다. '통계학'이라는 개념을 정립한 대표적인 학자로 프랑스 태생의 벨기에 학자인 케틀레 Adolphe Quetelet, 1796~1874를 들 수 있습니다. 그는 벨기에의 브뤼셀 왕립 천문대를 설립하는 등 조국의 천문학 발전에 기여하는 한편, 영국의 정치산술

political arithmetic, 독일의 국상학staatenkunde, 國狀學, 프랑스의 확률론을 결합한 근대 통계학을 확립해 나갑니다. 케틀레 이전까지만 하더라도 '통계'라는 개념이 모호했는데 정치산술이나 국상학 등의 이름에서도 알 수 있듯이 통계를 국가를 잘 다스리기 위해 숫자를 다루는 일의 일환 정도로 여겼습니다.

1835년 케틀레는 인구 통계, 범죄 통계 등의 조사 자료를 종합하여 이 통계 수치 간에도 모종의 규칙성이 존재함을 밝혔습니다. 즉 지역별, 시간별, 연령, 직업, 계절 등에 따른 신장, 체중, 성장률, 사망률, 음주, 정신병력, 자살, 범죄 등을 조사하여 자료에 제시된 사건들이 해마다 거의 일정한 수준으로 일어남을 밝혔습니다. 케틀레는 1835년 『인간과 능력 개발에 대하여Sur l'Homme et le Développement de ses Facultés, Ou Essai de Physique Sociale』라는 책을 발표했는데, 이 책은 범죄와 같은 개인 수준에서 일어나는 자발적 행위를 숫자로 표현할 수 있음을 밝혔다는 점에서 의의가 있습니다. 이 연구를 통해 이른바 '도덕 통계학'이라고 불리는 광범위한 연구가 진행되어 사회결정론의 토대가 마련되었다고 봐도 무방합니다. 이처럼 자연과학에서만 사용되던 통계학을 사회과학에도 적용할 수 있음을 밝히면서 이는 근대 통계학의 발전으로 이어집니다. 이후의 연구들을 통해 케틀레는 『사회 체계Du syste mé sociale et des lois qui le ré gissent』, 『사회 물리학Physique sociale:ou essai sur le dé veloppement de faculté s de l'homme』 등의 연구물을 발표하고, 국제통계학회를 최초로 조직하였습니다.

이후 19세기 중반부터 선진국은 통계 제도를 확립하고 통계 대상도 자연이나 물리적인 환경을 넘어 산업, 무역, 인간 사회 등으로 확장해 나갔습니다. 20세기부터는 가계 조사도 실시되어 지금의 인구 주택 조사의 기반을 마련하게 됩니다.

통계의 역사에서 살펴보았듯이, 인류는 과거 현상을 숫자로 기록하는 일련의 과정을 통해 미래의 일을 예상하고자 하였습니다. 우리가 논문을 쓰는 목적도 이와 같습니다. 논문 쓰기는 내가 실험한 내용이 다른 표본에서도 동일하게 나타나도록 일반화할 수 있는지를 확인하는 과정입니다. 우리 자신이 세상의 지식을 쌓는 일에 한 톨 기여하는 사람이 되어보면 어떨까요?

PART

01

기초 통계학

CHAPTER

01 변수의 종류와 역할

"이거… 변수인데?"

변수라는 단어를 들어보았나요? 어떤 상황을 대비하다가 예기치 못한 상황을 마주하는 경우에 "변수가 생겼다"라고 말하곤 합니다. 하지만 변수가 무엇인지 정확하게 설명하는 사람은 드뭅니다. 왜 그럴까요? 대개 변수가 매우 어려운 개념이라고 생각하기 때문입니다. 하지만 조금 가벼운 마음으로 생각해 보면 쉬운 말로 설명할 수 있습니다. 변수(變數)는 변한다는 의미인 '變', 숫자를 나타내는 '數'로 이루어져 있습니다. 따라서 누군가 변수가 무엇이냐고 물어본다면 '변하는 수'라고 대답하면 됩니다. 변수를 영어로는 variable이라고 쓰는데, '다르다/달라진다'는 의미인 vary에 형용사형인 -able을 붙인 단어

입니다. 즉 하나의 사건에 다양한 영향을 미칠 수 있는 변하는 수를 변수라고 부릅니다.

저는 학교에서는 교수이고 아내에게는 남편이며, 부모님께는 자식이고 동생에게는 형입니다. 실체는 조명근이라는 하나의 인격체이지만 제가 있는 곳이나 상대와의 관계에 따라 역할이 달라지고 그에 따라 다른 이름으로 불리게 되죠. 변수도 이와 같습니다. 실제로 측정된 변수는 하나이지만, 그것이 표현되는 방식이나 하는 역할에 따라 다른 이름이 붙습니다.

통계를 낸다는 것은 변수의 형태에 따라 어떤 통계 방법을 써야 하는지 선택하는 과정입니다. 학생들이 통계를 어려워하는 이유는 연구문제와 그에 맞는 변수를 제대로 설정하지 못하기 때문입니다. 엎친 데 덮친 격으로, 안 본 지 오래된 수식들이 마구 등장하니 학생들 입장에서는 통계를 포기해 버릴까 싶은 생각이 들기도 합니다. 어떻게 하면 통계를 쉽게 해결할 수 있을지 고민하다가 모 드라마에 나온 대사처럼 "돈으로 해결할 수 있는 문제가 제일 쉬운 문제야"라며 외부 통계 업체에 통계 과정 전체를 의뢰하기도 합니다. 하지만 이 경우 논문에서 다루고자 하는 내용이 제대로 다루어졌는지를 연구자 스스로 확인하기가 어렵고, 논문 심사 자리에서 자신의 연구에 사용한 통계분석에 대해 제대로 설명하기도 어렵습니다. 그러면 좋은 평가를 받을 수 없겠죠. 연구문제를 구체적으로 작성하고, 이를 해결하기 위한 변수들을 알맞게 설정하고, 해당 변수의 성격에 따라 적절한 통계 방법을 생각할 수만 있다면 실제로 논문 통계를 분석하는 일에 한시름 놓을 수 있습니다.

역할에 따른 변수 구분

먼저 역할에 따라 변수를 구분할 수 있습니다. 논문을 읽거나 쓸 때 독립변수 independant variable와 종속변수dependant variable라는 말을 들어보았을 겁니다. '독립'과 '종속'이라는 말에서 알 수 있듯이, 독립변수는 자유롭게 움직일 수 있는 변수이고 종속변수는 독립변수의 값에 따라 결정되는 변수입니다. 조금 더 살펴봅시다.

연구를 진행할 때 가장 먼저 연구문제를 설정하게 됩니다. 연구문제란, 연구자가 연구를 통해서 구체적으로 밝히고 싶은 사항이라고 할 수 있습니다. 연구문제를 찾아내기가 매우 어렵기 때문에 학위 과정에 있는 학생들은 고민에 고민을 거듭합니다. 읽는 사람들의 관심을 끌지 못하는 논문은 대부분 연구계획서 심사 단계에서 탈락하고 말 테니까요. 여하간, 연구문제를 구체적으로 정하고 나면 연구를 시작할 수 있습니다. 어떤 학생이 처음 박사 논문 주제를 정하면서 다음과 같은 연구 주제를 정했다고 가정해 봅시다.

"고등학생들은 성별에 따라 교우관계를 다르게 여길 것이다."

연구문제에서 원인이 되는 변수를 독립변수, 결과가 되는 변수를 종속변수라고 합니다. 위의 연구문제에서는 성별이 원인이 되고, 그에 따라 교우관계가 변화합니다. 따라서 성별이 독립변수가 되고 교우관계가 종속변수가 될 것입니다. 독립변수는 다른 변수의 변화를 일으키고 본인은 영향을 받지 않기 때문에 독립된 변수라 하여 이러한 이름이 붙습니다. 반면에 결과가 되는 변수는 원인이 되는 변수의 영향을 받기 때문에, 독립변수의 값에 따라 결괏값이 달라진다(종속된다)고 하여 종속변수라는 이름이 붙습니다. 또는 결과변수라는 말을 쓰기도 하죠. 독립변수와 종속변수를 잘 구분하는 것이 중요합니다. 그렇다면 변수의 역할은 이 두 가지뿐일까요?

제가 대학원생이었을 때 타 대학의 대학원생들을 대상으로 무료 통계 수업을 진행한 적이 있습니다. 그때 스터디를 준비하다가 보게 된 신문 기사가 있습니다. 주택 통계와 삶의 질에 관한 내용이었는데 기사 내용을 한 줄로 요약하면 다음과 같습니다.

"큰 집에 살수록 자녀의 키가 큰 것으로 나타났다."

통계학을 배우지 않았다면 '내 키가 작은 것은 내가 작은 집에 살았기 때문이구나!'라고 비탄에 빠질 뻔했으나, 통계학을 성실히 공부한 덕분에 그 문제가 아니라는 것을 금세 알아차렸습니다. 집의 크기 자체가 자녀의 키에 영향을 준다고 치면, 지방에 사는 학생들은 상대적으로 넓은 집에 사니까 키가 더 크고, 대도시에 사는 학생들은 지방보다 상대적으로 땅값이 비싼 지역에서 좁게 지어진 집에 사니까 키가 더 작아야겠죠? 하지만 실제로는 대도시의 학생들이 지방 학생들에 비해 평균적으로 키가 더 큽니다.

이 연구문제의 문제점은 무엇일까요? 실제 원인에 해당하는 것을 제대로 찾지 못했다는 데 있습니다. 집의 크기는 자녀의 키에 직접적인 영향을 미치지 않는다는 사실을 이미 눈치챈 분도 있을 겁니다. 집이 크다는 것은 경제적으로 풍요로운 가정일 확률이 높고, 경제적으로 풍요로운 가정일수록 양질의 음식과 양분을 섭취할 수 있는 기회가 주어질 것입니다. 수면의 질도 더 좋을 수 있고요. 즉 사는 집의 크기는 키에 직접적인 영향을 주는 원인이 되는 변수(독립변수)라기보다 독립변수의 영향을 받아 종속변수에 영향을 미치는 변수입니다. 이러한 변수를 매개변수라고 부릅니다.

연구를 올바르게 진행하려면 매개변수를 잘 찾아내는 일이 매우 중요합니다. 매개변수가 있는데 찾지 못하면 독립변수의 효과를 과도하게 부풀리거나 심각하게 줄일 수도 있기 때문입니다. 대부분의 연구에서는 [그림 1-1(a)]와 같은 매개효과가 나타나는데 이를 부분 매개효과라고 부릅니다. 따라서 [그림 1-1(a)]는 부분 매개모형이 됩니다. 반면에 [그림 1-1(b)]와 같이 독립변수가 종속변수에 주는 영향이 0에 가깝고 매개효과를 통해서만 영향을 미치는 경우를 종종 발견할 수 있는데, 이를 완전 매개효과라고 부릅니다. 따라서 [그림 1-1(b)]는 완전 매개모형이 됩니다.

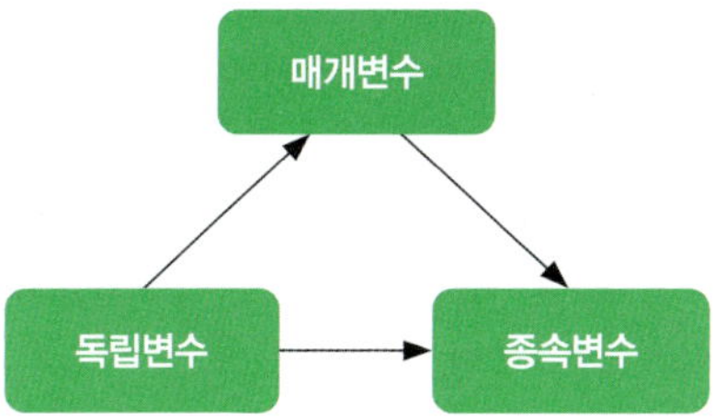

(a) 부분 매개모형

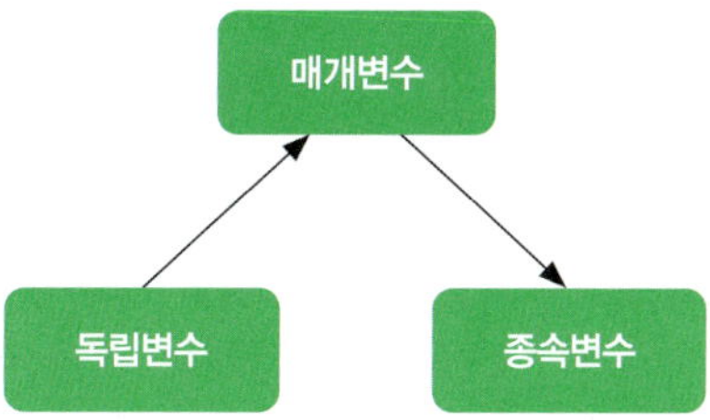

(b) 완전 매개모형

그림 1-1 매개효과 모형

다음으로 알아볼 변수는 조절변수입니다. 조절변수는 독립변수가 종속변수에 영향을 줄 때 이를 중간에서 조절한다moderate고 하여 붙은 이름입니다. 조절변수는 [그림 1-2]와 같이 관계의 강도나 방향에 영향을 미치는 변수입니다.

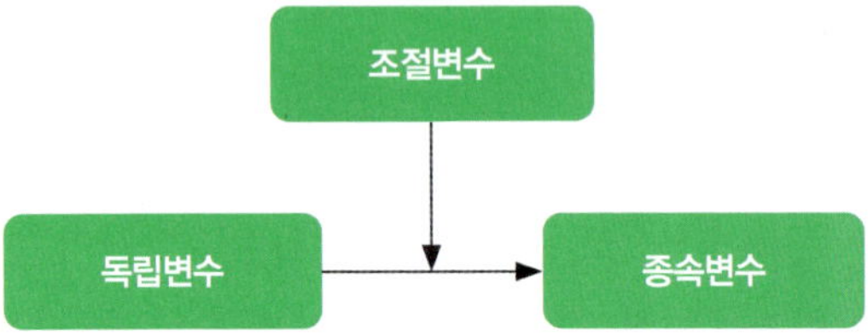

그림 1-2 조절변수

요즘 대학에는 학사경고(학점 2.0 미만)를 받은 학생들이 무사히 학위를 마칠 수 있도록 도와주는 비교과 프로그램들이 있습니다. 학사경고를 받게 되는 이유를 보면, 학업의 어려움, 학업 흥미 저하, 정서적인 문제 등 다양합니다. 이렇게 학업을 이어가는 데 어려움을 겪는 학생들을 도와주기 위해 학습법 특강을 진행하거나 학교생활에 잘 적응할 수 있도록 돕는 프로그램을 만들어 학생들에게 제공합니다.

이 프로그램을 수강한 학생들의 학점은 전부 괄목할 만큼 좋아졌으나 자아효능감이 성별에 따라 다르게 나타났다고 가정해 봅시다. 여학생들은 이러한 프로그램에 참여한 것 자체를 부끄러워하거나 자존심 상해 하는 경향이 있었던 반면, 남학생들은 프로그램 참여 여부와 무관하게 성적이 많이 향상되었다는 사실을 자랑스럽게 생각하여 자아효능감이 높게 나타났습니다. 학사경고자 대상 프로그램이 남학생들의 자아효능감은 크게 올렸지만 여학생들의 자아효능감은 오히려 낮추는 효과가 있었다면, 이 연구문제에서 성별이 조절변수가 됩니다.

여기서 한 단계 더 나아가면, 매개된 조절효과나 조절된 매개효과 등을 파악하는 연구도 진행할 수 있습니다. 이러한 효과를 확인하는 연구는 연구모형 설정도 어렵고 해석도 어렵기 때문에 이 책에서 다루는 통계의 수준을 넘어서므로 구체적으로 다루지는 않겠습니다. 간략히 설명하면 다음과 같습니다.

[그림 1-3(a)]의 조절변수는 독립변수와 종속변수의 영향력을 조절하지 않고 매개변수가 종속변수에 미치는 영향력을 조절하고 있습니다. 반면에 [그림 1-3(b)]의 조절변수는 독립변수와 종속변수 사이의 영향력을 조절하지 않고, 독립변수와 매개변수 사이의 영향력을 조절하고 있습니다. 그래서 붙은 이름이 각각 '매개된 조절효과'와 '조절된 매개효과'입니다. 이 책에서 다루는 대부분의 통계는 SPSS로 분석할 수 있습니다. 매개된 조절효과나 조절된 매개효과의 경우 대개 SPSS Process Macro라는 별도의 애드온 프로그램을 활용하여 분석합니다.

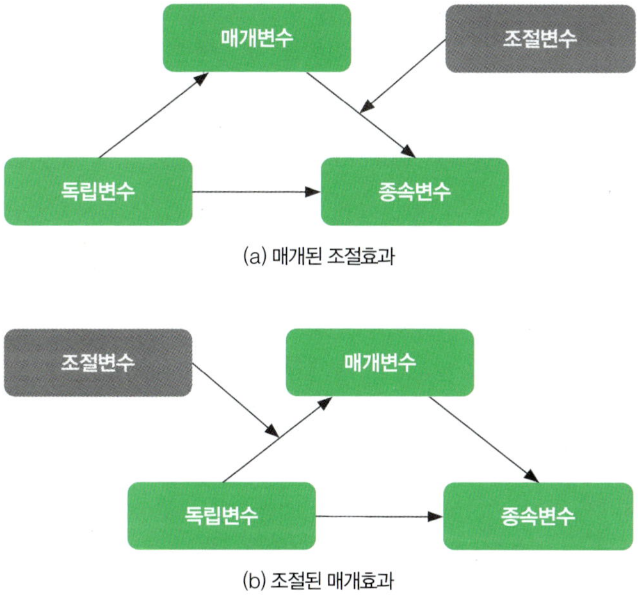

그림 1-3 매개된 조절효과와 조절된 매개효과

형태에 따른 변수 구분

다음으로 형태에 따라 변수를 구분할 수 있습니다. 가장 크게는 양적변수와 질적변수로 구분할 수 있습니다. 이름에서 나타나듯이, 양적변수는 수량으로 표현할 수 있는 변수이고, 질적변수는 수량으로 표현하기 어려운 변수입니다.

양적변수의 예로 키, 몸무게, 자산, 온도, 습도 등을 들 수 있습니다. 질적변수의 예로 성별, 종교, 국적 등을 들 수 있습니다.

양적변수는 다시 크게 두 가지로 구분됩니다. 이산형 변수와 연속형 변수입니다. 이산형 변수는 하나하나 셀 수 있는 변수입니다. "우리 반에 속한 학생의 수는 몇 명인가?"라는 질문에 "20.5명 있습니다"라고 대답하거나 "우리 집에 자동차가 몇 대 있는가?"라는 질문에 "1.4대 가지고 있습니다"라고 대답하는 학생은 없을 겁니다. 이처럼 정수로 떨어지는 변수를 이산형 변수라고 부릅니다. 연속형 변수는 이산형 변수와 달리 소수점으로 표현할 수 있는 변수입니다. 저는 제 키가 170cm라고 우기지만 친구들은 169.7cm라고 놀리곤 하는데요, 이처럼 키, 몸무게 등은 소수점으로 표현하는 데 문제가 없습니다. 또는 가구의 연간 소득이나 쌀 소비량도 소수점으로 나타낼 수 있겠죠?

범주형 변수라고도 하는 질적변수는 어떤 특정한 범주category로 나타낼 수 있는 변수를 말합니다. 질적변수도 다시 크게 두 가지로 나뉩니다. 서열변수와 비서열변수입니다.

비서열변수는 각 범주에 서열이 없는 경우에 사용합니다. 대표적으로 성별이나 국가 등을 들 수 있습니다. 실제로 논문 통계를 분석하다 보면, 남성을 1, 여성을 2로 코딩하는 경우가 많습니다. 여기서 1과 2는 어떤 의미를 가질까요? 여성이 2이니까 남성 둘을 더해야 여성 한 명이 된다는 의미일까요? 그렇지 않습니다. 여기서 숫자는 아무런 의미가 없고 단순히 구분하는 용도로만 사용됩니다. 학교에서 각 반을 나타내는 숫자도 마찬가지죠. 1반에 있다고 해서 1등이 되는 구조도 아니고 10반에 있다고 해서 10등이 되는 것도 아닙니다. 즉 단순히 구분하기 위해서만 사용하는 변수를 비서열 질적변수 또는 명목변수nominal variable라 부릅니다.

반면에 구분 용도이긴 하지만 위계(또는 서열)가 존재하는 경우가 있습니다. 직장 내에서의 직급이 대표적입니다. 대리, 과장, 차장, 부장, 임원과 같이 각각의 직급으로 범주화되지만, 그 안에 순서가 있습니다. 과장이 대리보다 직급이 높고, 부장이 차장보다 직급이 높은 것처럼요. 하지만 그 간격이 일정하지 않습니다. 즉 대리와 과장 사이의 간극과 과장과 차장 사이의 간극이 일정하지 않습니다. 이러한 변수를 서열변수ordinal variable라고 부릅니다.

지금까지 살펴본, 형태에 따른 변수 구분법을 정리하면 [표 1-1]과 같습니다.

표 1-1 변수의 형태에 따른 구분

대구분	중구분	예시
양적변수 (Quantitative variable)	이산형변수 (discrete variable)	가족의 수, 자동차 보유 대수
	연속형변수 (continuous variable)	키, 몸무게, 소득
질적변수 (Qualitative variable)	비서열변수/명목변수 (nominal variable)	성별, 국가, 종교
	서열변수 (ordinal variable)	군인 계급, 직급

지금까지 변수를 어떻게 구분하는지에 대해 살펴보았습니다. 이렇게 변수를 구분하는 것이 왜 중요할까요? 연구문제를 보고 통계분석 계획을 세울 때 변수를 명확하게 설정할 수 있다면 어떠한 분석을 해야 하는지를 정확히 알 수 있기 때문입니다. 독립변수가 양적변수이냐 질적변수이냐에 따라, 종속변수가 양적변수이냐 질적변수이냐에 따라 사용하는 통계가 달라집니다. 이 문제는 뒤에서 차차 다루도록 하겠습니다.

척도

척도는 측정의 단위입니다. 우리는 연구에 필요한 다양한 조사를 하고 조사 결과를 정리하여 분석합니다. 즉, 사람들의 응답을 숫자로 바꾸는 과정을 거쳐서 통계분석을 하는 것이 일반적입니다. 이때 유의해야 할 점이 바로 척도입니다. 척도는 각 변수가 어떻게 측정되어야 하는가에 대한 문제입니다. 저는 출근 전 항상 스마트폰에 있는 날씨 어플을 열어 날씨를 확인합니다. 날씨에 맞게 옷을 입거나 눈 또는 비에 대비하기 위해서죠. 1월 어느 날, 출근 전에 날씨 어플을 열어보고 두 눈을 의심했습니다. 아래 [그림 1-4]와 같이 날씨가 표시되어 있었기 때문이죠. 지구 종말의 날이 온 줄 알았습니다. 1월 날씨가 영상 50도 가까이 되다니!

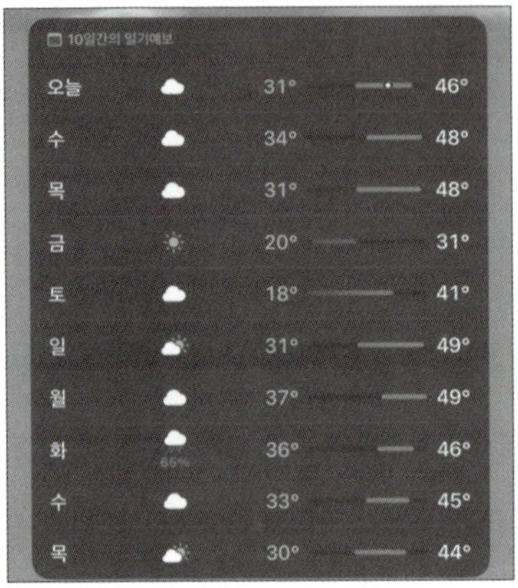

그림 1-4 1월 어느 날의 날씨

알고 보니 스마트폰 설정이 바뀐 탓에 섭씨온도가 아닌 화씨온도로 나타난 것이었습니다. 이처럼 척도에서 단위를 알맞게 표시하지 않으면 상황을 정확히 이해하기가 어려워집니다.

척도의 종류는 크게 네 가지로 분류합니다. 앞서 설명한 형태에 따른 변수 구분과 유사한데, 척도별 특성이 있으므로 이 점에 유의해야 합니다. 척도에는 명목척도nominal scale, 서열척도ordinal scale, 등간척도interval scale, 비율척도ratio scale가 있습니다.

명목척도는 앞의 명목변수와 같은 의미입니다. 구분 이외의 기능을 하지 않는 변수입니다. 서열척도도 앞의 서열변수와 같은 의미입니다. 구분도 되고 위계도 가지고 있는 변수이지만, 양적인 척도가 아니므로 사칙연산을 할 수 없습니다. 사원을 1, 대리를 2, 과장을 3, 차장을 4, 부장을 5, 임원을 6이라고 코딩한 경우에 사원 6명이 임원 1명과 비슷한 역할을 할 수는 없습니다.

등간척도의 대표적인 예는 온도입니다. 물의 어는점은 1기압에서 섭씨 0도이며, 끓는점은 섭씨 100도입니다. 어떤 사람은 이런 물의 성질을 매우 신비롭게 여깁니다. '어떻게 어는점이 −1도도 아니고 1도도 아니고 딱 0도일 수 있지?' 하면서요. 하지만 실상을 말하자면, 처음 섭씨온도를 제안한 안데르스 셀시우스Anders Celsius가 물의 어는점을 0도, 끓는점을 100도로 정했기 때문입니다. 그는 0도와 100도로 기준을 정해놓은 뒤 이를 100 등분하여 현재의 온도를 측정하고자 하였습니다. 이 경우 5도와 7도의 온도 차와, 88도와 90도의 온도 차는 똑같이 2도입니다. 사칙연산 중 덧셈과 뺄셈이 가능하다는 뜻입니다. 덧셈과 뺄셈이 가능한 이유는 무엇일까요? 수직선상에서 간격이 일정하기 때문입니다. 하지만 곱셈과 나눗셈은 불가합니다. 한편 우리나라에서는 섭씨온도를 사용하지만, 미국을 비롯한 몇몇 나라에서는 화씨온도를 사용합니다. 섭씨온도를 화씨온도로 계산하는 식은 다음과 같습니다.

$$\text{섭씨온도} = (\text{화씨온도} - 32) \times 0.55$$

섭씨 5도는 화씨 41도입니다. 여기서 섭씨로 2도 올라가면 화씨도 동일하게 2도 상승하는 것이 아니라 섭씨온도는 7도, 화씨온도는 44.6도로 3.6도 상승하게 됩니다. 왜 이런 문제가 발생할까요? 같은 단위에서는 수직선의 간격이 일정하지만, 단위가 달라지면 수직선의 간격도 함께 달라지기 때문입니다.

비율척도는 연속형 변수와 비슷합니다. 소속된 사람의 수, 기업의 매출액, 가구 소득 등이 모두 비율척도에 해당합니다. 비율척도는 사칙연산이 모두 가능합니다. 2021년 테슬라의 창업자 일론 머스크의 연봉은 약 7조 원이었다고 합니다. 같은 시기 애플의 CEO인 팀 쿡이 받은 연봉의 약 25배였다고 하니 사칙연산이 됨을 쉽게 확인할 수 있습니다.

등간척도와 비율척도의 가장 큰 차이는 영점입니다. 고정된 0이 있느냐 없느냐에 따라 등간척도와 비율척도가 구분된다고 생각하면 쉽습니다. 가령 온도가 0도라는 것은 온도가 전혀 없다는 의미가 아니라 물이 어는점을 의미합니다. 하지만 지갑 속에 있는 돈이 0원이라고 하면 실제로 지갑에 돈이 하나도 없다는 의미가 됩니다. 실제로 의미가 있는 진짜 0인지, 아니면 우리가 임의로 정한 가짜 0인지에 따라 등간척도와 비율척도가 구분됩니다. 임의로 정한 0을 임의영점이라고 부르고, 진짜 존재하는 0을 절대영점이라고 부릅니다.

표 1-2 척도의 구분과 특징

척도의 구분	사칙연산	영점	예
명목척도	불가	–	국가, 성별, 종교
서열척도	불가	–	군인 계급, 직급, 학급 석차
등간척도	덧셈, 뺄셈	임의영점	온도
비율척도	덧셈, 뺄셈, 곱셈, 나눗셈	절대영점	키, 몸무게, 가구 소득

지금까지 변수의 역할과 형태에 대해 알아보았으며, 변수를 나타내는 단위인 척도에 대해 살펴보았습니다. 연구모형을 만드는 과정에서 가장 기초가 되는 부분을 배운 셈입니다. 여러분이 연구해 보고 싶은 연구 주제를 작성해 보고, 그 연구에 알맞은 독립변수와 종속변수는 무엇인지, 혹시 매개변수나 조절변수로 고려할 것은 없을지 등을 생각해 보기 바랍니다. 그리고 각 변수의 척도로 무엇을 써야 할지 생각해 보세요. 그러면 이 장에 대한 충분한 복습이 될 것이라 생각합니다. 다음 장에서는 여러 자료를 한눈에 파악할 수 있는 방법 중 하나인 기술통계에 대해 살펴보겠습니다.

CHAPTER

02 기술통계

"자료를 한눈에!"(1)

처음 통계학을 배울 때 기술통계라는 말을 듣고 두근거리는 마음을 감출 수 없었습니다. 드디어 뭔가 기술적인 것을 배우는구나! 그러나 기대와는 다르게 '기술통계'의 '기술'은 Technical이 아니라 Descriptive였습니다. 즉 자료의 윤곽을 실제처럼 묘사한다는 의미입니다. 기술통계는 말 그대로 전체 데이터를 한눈에 파악할 수 있도록 그림 그리듯 설명하는 통계입니다. 여러분도 기

술통계라는 거창한 단어 앞에서 저처럼 가슴이 두근거릴 수 있지만 막상 그 내용을 살펴보면 “아, 고작 이런 것이었어?” 할 수도 있습니다.

기술통계는 논문을 작성할 때 내가 연구에 활용한 데이터의 특성을 보여주기 위한 목적으로 사용합니다. 대표적으로 활용되는 기술통계량에는 자료가 어느 값을 중심으로 분포하고 있는지를 보여주는 중심화 경향값(평균, 중앙값, 최빈값)과 자료가 얼마나 흩어져 있는지를 보여주는 표준편차가 있습니다.

중심화 경향값

■ 평균

기술통계량 중에서 가장 많이 사용하는 것이 중심화 경향값입니다. 예를 들어 설명해 보겠습니다. 고등학교 3학년 한 반의 학생들 모두가 수능시험을 치르고 수능 점수(원점수)를 취득했다고 해봅시다. 그렇다면 [표 2-1]과 같은 데이터를 수집할 수 있을 겁니다.

표 2-1 수능시험 취득 원점수 데이터

번호	이름	국어	수학	영어	한국사	탐구	총점
1	a	75	80	45	37	84	321
2	b	92	95	98	50	100	435
3	c	55	41	33	27	49	205
4	d	78	72	82	45	78	355
5	e	42	22	23	11	8	106

이 자료를 간략하게 나타낼 수 있는 방법은 무엇일까요? 가장 익숙한 방법은 평균mean을 구하는 것입니다. 어떤 반의 성적이 높고 어떤 반의 성적이 낮은지를 평균을 통해 비교할 수 있습니다. 그렇다면 평균을 구하는 식을 알고 있나요? 대부분 잘 알고 있듯이 평균은 다음과 같이 계산합니다.

$$평균 = \frac{\sum x_i}{n}$$

평균은 주어진 데이터의 값들을 다 더하고 자료의 수로 나누어 구합니다. 초등학생도 쉽게 계산할 수 있을 만큼 간단하기 때문에 많은 사람이 평균을 사용합니다(사실 통계적인 엄정성을 바탕으로 생각해 본다면 위 수식은 제한적으로만 맞는 말입니다. 엄밀하게 하려면 각 값에 확률밀도함수를 곱해주어야 합니다. 이외에도 고등학교 때 배운 기하평균, 조화평균 등 다양한 평균이 있습니다). 중심화 경향값에서 가장 많이 쓰이고, 대표적으로 쓰이는 값이 바로 평균입니다.

■ 중앙값

2008년 국회 공직자윤리위원회가 공개한 국회의원 재산 변동 사항을 다룬 기사에 따르면 2007년 한 해 동안 국회의원들의 재산 증액 금액은 평균 89억 원이었습니다. 아무리 국민을 대표하는 국회의원이라고는 하지만, 2007년 한 해에 평균적으로 90억 원 가까운 재산이 증액되었다는 사실에 국민은 허탈감을 느꼈습니다. 2007년에 압구정 현대아파트가 11억 원 정도였다고 하니 1년 새에 압구정 현대아파트가 여덟 채 늘어난 셈이죠. 인플레이션을 감안해 2023년의 시세를 반영하면 약 300억 원 정도가 늘었다고 봐도 무방해 보입니다. 하지만 바로 여기에 평균의 함정이 숨어 있습니다.

2007년 당시 재산이 가장 크게 증가한 의원은 한나라당의 정몽준 의원(현대중공업 총수)으로 당시 재산 증가액이 무려 2조 6천억 원이었습니다. 정몽준 의원 한 명만 제외해도 재산 증가액이 1억 8천만 원으로 확 낮아집니다. 이처럼 평균은 특잇값의 영향을 크게 받습니다(이를 통계학에서는 강인성 robustness이라고 부릅니다). 공개한 자료는 국회의원 재산 증가량 전체를 종합한 내용이지만, 89억 원이 증대된 평균을 사용하는 것이 자료를 제대로 대표한다고 보기는 어렵습니다. 이럴 때 대신 사용할 수 있는 값이 중앙값입니다. 중앙값median은 자료를 가장 낮은 값부터 높은 값까지 순서대로 줄을 세

워서 정가운데에 오는 숫자를 대푯값으로 활용하는 방법입니다. 앞의 기사에서 중앙값을 사용했을 때의 값은 7억 8천만 원 정도였다고 합니다. 이처럼 특잇값이 자료의 대표성을 위협한다는 생각이 들 경우에는 중앙값을 사용하는 것도 한 방법입니다.

[그림 2-1]은 학생 100명의 지능(IQ) 분포를 나타낸 것입니다. IQ 지수는 평균 100, 표준편차 15를 따르는 표준정규분포를 보이는데, 간혹 본인의 IQ가 일반인보다 훨씬 높다고 주장하는 사람들이 있습니다. 본인의 IQ가 500이라고 주장하는 사람 세 명이 자료에 포함된다면 기존 100이었던 자료의 평균값은 112로 변하는 반면, 100이었던 중앙값은 101로 변하는 것을 알 수 있습니다. 이처럼 중앙값보다는 평균이 극단 값에 더 영향을 많이 받음을 알 수 있습니다.

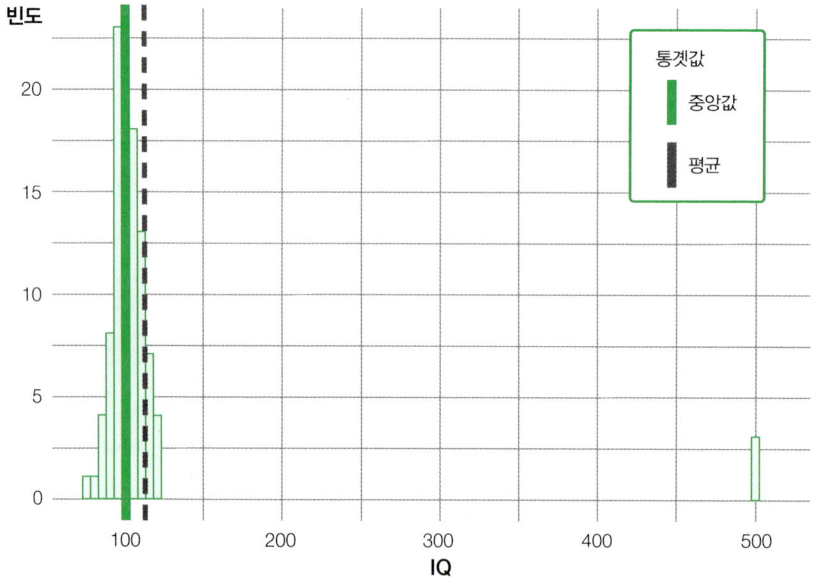

그림 2-1 극단적인 값을 포함한 경우의 평균과 중앙값

대표적으로 부동산 분야에서 중앙값(중위값)을 사용합니다. 중앙값은 전체 자료 중 정가운데에 오는 수이므로 상위 50%의 값과 동일하다고 볼 수 있습

니다. 이러한 의미에서 중앙값 대신 중위값이라는 표현을 쓰기도 합니다. 자산 증식에 관심이 많은 사람이라면 부동산 관련 기사에서 중위값이라는 말을 많이 들어보았을 것입니다. 2022년 12월 서울 아파트 가격의 평균은 12억 8,220만 원인 반면, 중위가격은 10억 642만 원이었습니다. 서울 초고가 아파트의 매매가인 130억 원, 대형 평형 하이엔드 오피스텔의 매매가인 145억 원 같은 데이터들이 평균값에 포함되면 시장의 데이터를 왜곡할 위험이 있기 때문에 중위가격을 사용합니다. 가구 소득 등을 조사할 때에도 같은 이유로 중위소득이라는 말을 사용합니다.

■ 최빈값

또 다른 대푯값은 없을까요? 다소 바보 같은 질문처럼 보이지만, 대한민국 성인을 대상으로 신발을 제작해서 판다고 할 때 평균값이나 중앙값을 사용하면 어떤 문제가 발생할까요? 성별에 따라 발 크기가 서로 다를 것이므로 [그림 2-2]와 같은 양봉분포가 나타납니다. 이런 경우 평균값은 중앙에 위치하게 되며, 이 평균값으로 신발을 제작하면 여자가 신기엔 크고 남자가 신기엔 작은 신발들이 만들어져 회사가 망하게 될 것입니다.

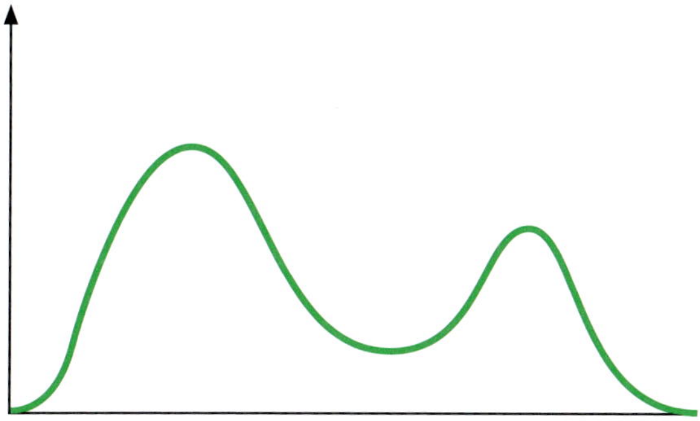

그림 2-2 양봉분포

이럴 때 사용할 수 있는 대푯값이 최빈값mode 입니다. 최빈값은 주어진 값 중에서 가장 자주 나오는 값을 말합니다. 선거에서 가장 지지하는 후보가 누구인지 물어야 하는 경우, 교사가 학급별로 맞춤형 수업을 한다고 할 때 어떤 기준에 맞춰야 할지 판단해야 하는 경우(조별 활동, 강의식 활동, 문제 중심 활동 등)에 최빈값을 사용할 수 있습니다.

[그림 2-3]은 양봉분포의 평균, 중앙값, 최빈값을 나타낸 그림입니다. 가장 오른쪽을 기준으로 '평균 > 중앙값 > 최빈값' 순으로 이루어져 있음을 확인할 수 있습니다. 대푯값은 자료를 한눈에 보기 위해 사용하는 값인데, 이 그림에서 대푯값 중 가장 널리 활용하는 평균은 빈도가 가장 낮은 부분에 위치합니다. 따라서 자료를 분석할 때 오류를 줄이려면 여러 기술통계량을 활용하여 자료를 살펴보는 것이 중요합니다.

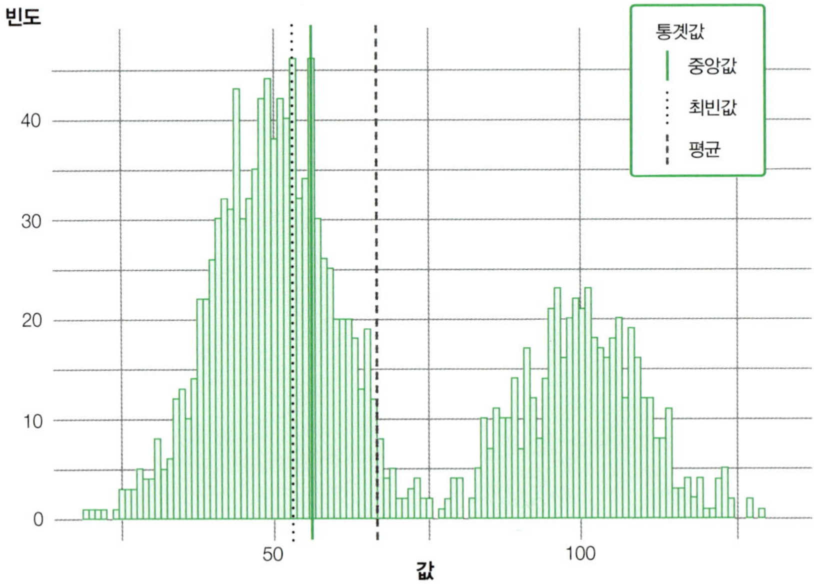

그림 2-3 양봉분포의 평균, 중앙값, 최빈값

▪ 분포에 따른 중심화 경향값

한발 더 나아가 여러 가지 자료 분포에서 평균과 중앙값, 최빈값이 어디에 위치하는지를 확인해 봅시다. 첫 번째는 정규분포normal distribution 입니다. 정규분포는 종 모양의 대칭형 분포입니다. 정규분포에서는 평균과 중앙값, 최빈값이 모두 같은 값(또는 비슷한 값)을 가집니다. [그림 2-4]는 정규분포상에 평균, 중앙값, 최빈값을 나타낸 것으로, 세 값의 크기가 모두 같게 나타나 그림에서는 하나의 선으로 보입니다.

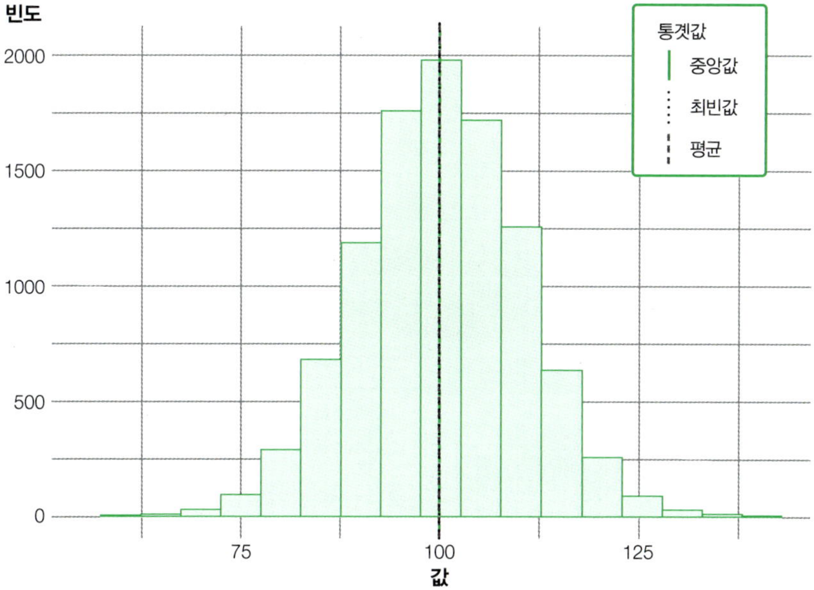

그림 2-4 정규분포의 평균, 중앙값, 최빈값

분포별로 가장 찾기 쉬운 대푯값은 최빈값입니다. [그림 2-4]의 데이터 분포에서도 밀도가 가장 높은 곳이 바로 최빈값이므로 따로 계산하지 않더라도 한눈에 알 수 있습니다.

그런데 자료가 찌그러져 있다면 어떨까요? 우리가 실생활에서 마주하는 데이터들은 대부분 조금씩 뒤틀린 데이터들입니다.

문과 학생들의 수학 교과목 성적을 보면, 수학을 잘하는 학생은 고득점을 얻지만 그 수는 상대적으로 적고 낮은 점수를 받은 학생의 수는 상대적으로 많은 현상이 발생합니다. 그런 경우에는 자료가 [그림 2-5]와 같이 나타납니다. 이때 평균, 중앙값, 최빈값의 위치는 어떻게 될까요? '최빈값 < 중앙값

< 평균' 순으로 나타납니다. 이렇게 오른쪽으로 꼬리가 긴 분포를 정적편포라고 부릅니다. 자료의 특성 중 왜도Skewness는 자료의 비대칭 정도를 나타내는 기술통계량입니다. 왜도의 값이 양수이면 자료가 정규분포보다 왼쪽으로 더 많이 치우쳐 있고 오른쪽으로 긴 형태의 꼬리를 지니는데, 이러한 형태의 분포에 대해 "정적편포를 가진다"라고 표현합니다.

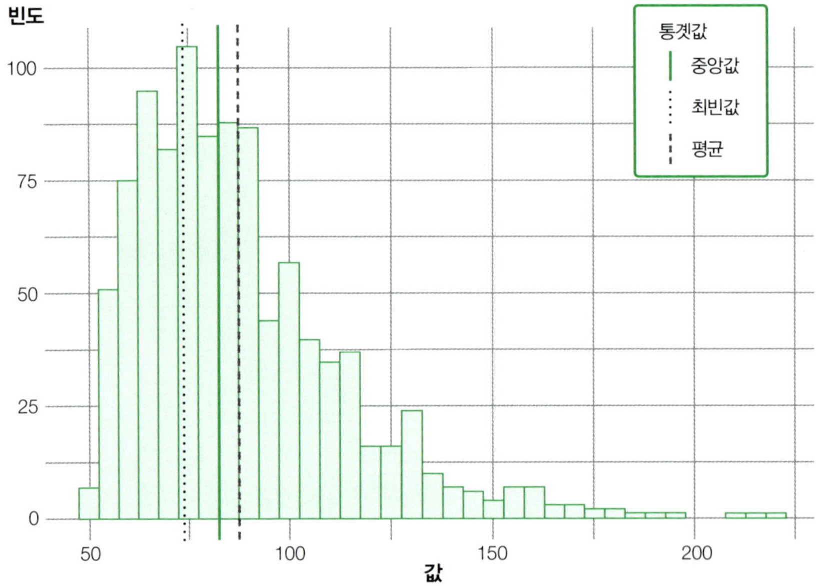

그림 2-5 정적편포의 평균, 중앙값, 최빈값

한편 국어 교과목의 경우, 문과 학생들의 국어 성적 평균이 상대적으로 높게 나타납니다. 이때는 [그림 2-6]과 같은 분포를 보입니다. 이 경우에는 '평균 < 중앙값 < 최빈값' 순으로 나타납니다. 자료의 모양을 보면 최빈값이 어디에 있는지는 쉽게 파악할 수 있습니다. 중앙값은 특잇값의 영향을 가장 덜 받는다고 했으니 항상 중간에 온다고 생각하면 기억하기 쉽습니다. 이렇게 왼쪽으로 꼬리가 긴 분포를 부적편포라고 부릅니다. 왜도가 음수이면 자료가 정규분포보다 오른쪽으로 더 많이 치우쳐 있고 왼쪽으로 긴 형태의 꼬리를 지니는데, 이러한 형태의 분포에 대해 "부적편포를 가진다"라고 표현합니다.

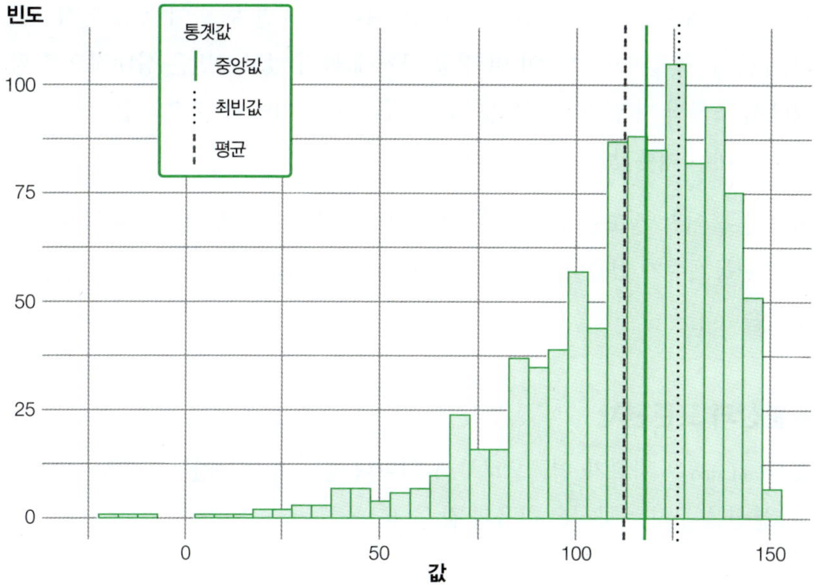

그림 2-6 부적편포의 평균, 중앙값, 최빈값

자료가 흩어진 정도를 나타내는 대푯값

그렇다면 중심화 경향값 외에 다른 대푯값은 없을까요? 자료의 흩어진 정도를 나타내는 대푯값도 있습니다. 중심화 경향값만 제공해서는 자료의 윤곽을 파악하기 어렵습니다. 한 예로 중학교 1학년 두 반의 국어 성적을 살펴봅시다.

예시 2-1 | 중학교 1학년 두 반의 국어 성적

1반

70, 70, 75, 75, 80, 80, 85, 85, 90, 90, 95, 95, 100, 100

2반

70, 70, 70, 80, 80, 80, 80, 90, 90, 90, 90, 100, 100, 100

1반과 2반 모두 평균은 85점으로 동일합니다. 하지만 두 반이 동일한 집단이라고 할 수 있을까요? 1반이 더 평균 근처에 몰려 있고, 2반은 상대적으로 평균에서 조금씩 더 떨어져 있음을 알 수 있습니다. 이럴 때 자료의 흩어진 정도를 나타내는 대푯값을 사용합니다.

자료가 흩어진 정도를 나타내는 대푯값에는 대표적으로 범위, 분산(표준편차), 변동계수가 있습니다. 이 중 가장 많이 사용되는 분산에 대해 먼저 알아보겠습니다.

■ 분산과 표준편차

분산variance은 자료가 평균으로부터 얼마나 떨어져 있는지를 나타낸 값입니다. 분산을 구하는 공식은 다음과 같습니다.

$$\text{분산} = \frac{\sum (X - \overline{X})^2}{n-1}$$

식이 어려워 보이지만 찬찬히 뜯어보면 매우 간단한 수식입니다. 우선 각 자료의 값(X)에서 평균($\overline{X}$)을 빼줍니다. 우리는 이 값을 편차deviation라고 부릅니다. 즉 편차는 평균으로부터 떨어진 거리입니다. [예시 2-1]에 있는 각각의 국어 성적에서 평균인 85점씩 빼면 어떻게 될까요? 다음과 같이 순위는 바뀌지 않고 평균까지의 거리만 산출됩니다.

1반

−15, −15, −10, −10, −5, −5, 0, 0, 5, 5, 10, 10, 15, 15

2반

−15, −15, −15, −5, −5, −5, −5, 5, 5, 5, 5, 15, 15, 15

수학적으로 편차의 합은 언제나 0이 됩니다. 앞의 자료에서는 1반 편차의 합도 0, 2반 편차의 합도 0이 됩니다. 분명 2반이 더 많이 흩어져 있는 것 같은데 편차의 합이 항상 0이 되어버리니 난감합니다.

이 문제를 해결하기 위해 여러 방법이 고안되었습니다. 첫 번째는 절댓값을 취하는 방식입니다. 각 편차에 절댓값을 취해서 모두 양수로 바꾸고 이들의 평균을 내는 방식입니다. 두 번째는 제곱을 취하는 방식입니다. 음수도 제곱을 하면 양수가 된다는 점을 이용한 방법입니다. 두 방법 중 일반적으로 활용되는 방법은 제곱을 취하는 방법입니다. 조금 어려운 통계 용어를 사용하면, 이 방법이 불편추정량unbiased estimate을 제공하기 때문입니다. 불편추정량은 우리가 추정한 값이 모수와 같아지는 값을 의미합니다. 아직 모수의 개념을 배우지 않아 잘 이해되지 않겠지만, 대략 큰 오차 없이 추정이 가능하다는 의미로 생각하면 됩니다.

분산을 구하는 공식을 다시 한 번 살펴봅시다.

$$\text{분산} = \frac{\sum (X - \overline{X})^2}{n - 1}$$

식에서 분자 부분은 평균에서 떨어진 거리를 양수로 나타내기 위해 제곱을 하여 모두 더한 것임을 알 수 있고, 분모 부분은 표본의 수임을 알 수 있습니다. 즉 흩어진 거리의 평균을 내는 방식입니다. 그렇다면 또 하나의 의문이 생깁니다. 평균을 내려면 그냥 n으로 나눠야지 왜 $(n-1)$로 나누냐는 것입니다. 이것도 앞서 언급한 불편추정량을 제공하기 위함이라고만 이해하고 우선 넘어갑시다. 통계 패키지를 이용하면 클릭 한 번으로 분산을 구할 수 있으므로 그냥 이렇게만 알고 있어도 무방합니다.

분산을 있는 그대로 사용하면 문제가 생깁니다. 기존에 사용한 값을 제곱하여 범위가 훨씬 커졌기 때문입니다. 이런 문제를 해결하기 위해 제곱근을 활용합니다. 제곱했던 값을 원래의 척도로 조정해 주기 위해 제곱근을 사용했다고 이해하면 됩니다.

$$분산 = (표준편차)^2$$

$$표준편차 = \sqrt{분산}$$

[예시 2-1]을 다시 가져와 살펴봅시다. 계산식을 이용하여 각 반의 분산과 표준편차를 구해봅니다. [예시 2-2]의 계산 과정을 보면, 1반의 분산은 107.7, 표준편차는 10.4이고 2반의 분산은 119.2, 표준편차는 10.9입니다. 따라서 1반이 평균 근처에 더 모여 있음을 알 수 있습니다.

예시 2-2 | 각 반의 분산과 표준편차

1반

70, 70, 75, 75, 80, 80, 85, 85, 90, 90, 95, 95, 100, 100

2반

70, 70, 70, 80, 80, 80, 80, 90, 90, 90, 90, 100, 100, 100

각 반의 분산과 표준편차 계산 과정

❶ 1반의 평균: 85, 2반의 평균: 85

❷ 1반의 편차: $X-\overline{X}$

−15, −15, −10, −10, −5, −5, 0, 0, 5, 5, 10, 10, 15, 15

❸ 2반의 편차: $X-\overline{X}$

−15, −15, −15, −5, −5, −5, −5, 5, 5, 5, 5, 15, 15, 15

❹ 1반 편차 제곱: $(X-\overline{X})^2$

225, 225, 100, 100, 25, 25, 0, 0, 25, 25, 100, 100, 225, 225

❺ 2반 편차 제곱: $(X-\overline{X})^2$

225, 225, 225, 25, 25, 25, 25, 25, 25, 25, 25, 225, 225, 225

❻ 1반 편차 제곱합: $\sum(X-\overline{X})^2$

225+225+100+100+25+25+0+0+25+25+100+100+225+225=1400

❼ 2반 편차 제곱합: $\sum(X-\overline{X})^2$

225+225+225+25+25+25+25+25+25+25+25+225+225+225=1550

❽ 1반 편차 제곱합의 평균=분산: $\frac{\sum(X-\overline{X})^2}{n-1}$

225+225+100+100+25+25+0+0+25+25+100+100+225+225
=1400/13=107.7

❾ 2반 편차 제곱의 평균=분산: $\frac{\sum(X-\overline{X})^2}{n-1}$

225+225+225+25+25+25+25+25+25+25+25+225+225+225
=1550/13=119.2

- 1반의 표준편차 = = $\sqrt{\text{분산}} = \sqrt{\frac{\sum(X-\overline{X})^2}{n-1}} = \sqrt{107.7} = 10.4$
- 2반의 표준편차 = = $\sqrt{\text{분산}} = \sqrt{\frac{\sum(X-\overline{X})^2}{n-1}} = \sqrt{119.2} = 10.9$

▪ 범위

범위는 분산이나 표준편차보다 더 쉽게 계산할 수 있습니다. 범위는 자료의 최솟값부터 최댓값까지의 거리를 나타낸 것입니다. [예시 2-1]에서 1반의 성적은 70점부터 100점까지 분포하므로 성적 범위는 30점이 되고, 2반의 성적 범위도 마찬가지로 30점이 됩니다. 범위는 주택 가격 데이터나 소득 데이터에서 자료의 분포가 어떠한지 간략히 살펴볼 때 종종 사용됩니다.

▪ 변동계수

저도 학생 시절에 변동계수를 배웠지만, 사회과학 통계자료를 분석하면서부터는 거의 본 적이 없습니다. 변동계수(CV)coefficient of variation는 자료가 얼마나 움직이는지를 보여주는 값으로 표준편차를 표본평균으로 나눈 값입니다. 즉 변동계수는 다음과 같은 식으로 나타낼 수 있으며, 이 식을 통해 평균을 기준으로 자료의 편차가 얼마나 움직이는지를 알 수 있습니다.

$$\text{변동계수(CV)} = \frac{\text{표준편차}}{\text{평균}}$$

[예시 2-2]에서 구한 표준편차를 대입하면 1반의 변동계수는 0.122, 2반의 변동계수는 0.128로 2반의 변동계수가 더 큽니다([예시 2-3] 참고). 이를 통해 2반의 성적이 더 균등하지 않음을 확인할 수 있습니다.

예시 2-3 | 각 반의 변동계수

- 1반의 평균: 85, 1반의 표준편차: 10.4
  $\text{1반의 변동계수} = \frac{10.4}{85} = 0.122$
- 2반의 평균: 85, 2반의 표준편차: 10.9
  $\text{2반의 변동계수} = \frac{10.9}{85} = 0.128$

다른 예시를 들어보겠습니다. 초등학생의 평균 한 달 용돈이 5만 원이고 표준편차가 1만 원이며, 대학생의 평균 한 달 용돈이 50만 원이고 표준편차가 20만 원이라고 가정해 봅시다. 두 집단이 받는 용돈의 평균이 차이 나기 때문에 표준편차의 영향력이 어느 정도인지 확인하기 힘듭니다. 그럴 때 변동계수를 써서 확인할 수 있습니다. 초등학생의 경우 변동계수는 (1만 원)/(5만 원)이므로 0.2가 되고, 대학생의 경우 변동계수는 (20만 원)/(50만 원)이므로 0.4가 됩니다. 따라서 대학생의 용돈이 더 불평등하게 분포한다고 결론 내릴 수 있습니다.

CHAPTER

03 통계와 그래프

"자료를 한눈에!"(2)

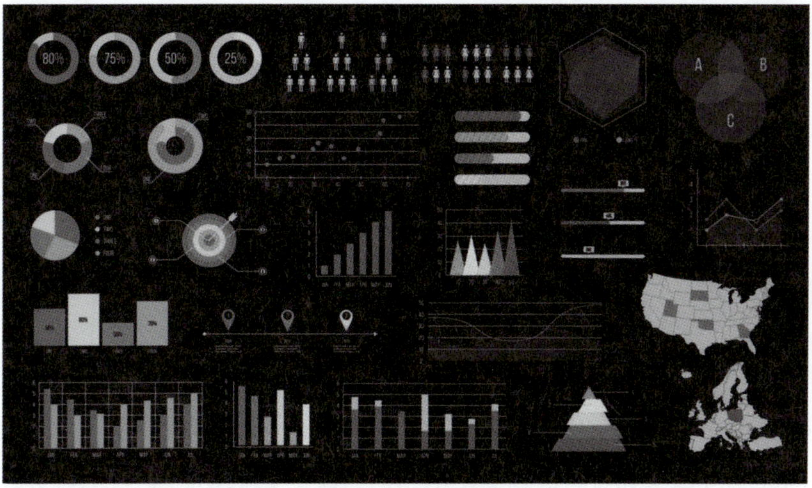

2장에서 기술통계는 자료의 내용을 한눈에 볼 수 있도록 요약한 통계량이며, 기술통계에 나타난 여러 대푯값을 통해 자료의 윤곽을 파악할 수 있음을 배웠습니다. 3장에서는 더욱 직관적인 방식으로 데이터에 생명을 불어넣는 그래프의 세계를 알아보겠습니다. 그래프graph는 통계자료를 일정한 형식에 따라 한눈에 보기 쉽게 정리한 그림입니다.

중·고등학교 수학 시간에 배운 벤 다이어그램Venn Diagram을 기억하나요? 벤 다이어그램은 도형으로 집합 관계를 설명하는 대표적인 방법으로, 시각적 도구를 사용하여 집합과 같은 추상적인 개념을 좀 더 구체적으로 보여줍니다.

추상적이었던 집합의 개념을 두 눈으로 직접 볼 수 있게 되면서 사람들은 더 쉽게 해당 내용을 이해하고, 이해한 것을 바탕으로 집합 연산과 이론을 발전시킬 수 있었습니다. 벤 다이어그램은 양적 자료를 시각적 자료로 표현하는 방법을 보여주는 대표적인 예입니다.

2장에서 살펴보았듯이 기술통계는 여러 데이터를 하나의 값으로 표현하여 이를 통해 데이터의 특성을 파악하는 방법입니다. 자료를 대표하는 하나의 값만 보여주기 때문에 전체 자료의 모양을 잘 보여주지 못한다는 단점이 있습니다. 이러한 단점을 보완할 수 있는 도구가 그래프입니다. 단순히 숫자로 보여주던 값을 그림으로 나타낸다고 무엇이 크게 달라질까 싶겠지만, 실제로 통계학을 연구하는 사람들은 어떻게 하면 자료들을 예쁘게 시각화visualization할 수 있을지 고민하고 있습니다. 그만큼 시각화의 효과가 강력하기 때문이죠. 이 책에서 모든 종류의 그래프를 설명할 수는 없습니다. 거의 매일 새로운 형태의 그래프가 생겨나기 때문입니다.

그래프를 그리는 목적은 데이터의 형태를 한눈에 보기 쉽게 나타내기 위함입니다. 변수의 형태에 따라 사용할 수 있는 그래프가 달라지므로 이 점에 유의하여 적합한 그래프를 선택해야 합니다. 지금부터 다양한 그래프의 세계로 들어가봅시다.

비서열 질적변수를 보여주는 그래프

1장에서 설명한 비서열 질적변수는 변수 내에 위계가 없고 구분하는 역할만 합니다. 이 경우에는 단순히 빈도나 각 비서열 질적변수가 가지는 평균값 등을 그래프로 제시할 수 있습니다. 비서열 질적변수의 특징을 시각적으로 보여줄 수 있는 그래프는 다음과 같습니다.

■ 막대그래프

막대그래프는 데이터의 양을 막대 모양의 길이로 나타낸 것으로, 집단 간의 차이를 한눈에 볼 수 있도록 만든 그래프입니다. 막대그래프의 예를 보겠습니다.

동아시아 국가 남성의 평균 키는 2020년 기준으로 한국 173.5cm, 중국 171.8cm, 일본 171.6cm로 나타났습니다. 이를 그래프로 나타내 보면 [그림 3-1]과 같습니다.

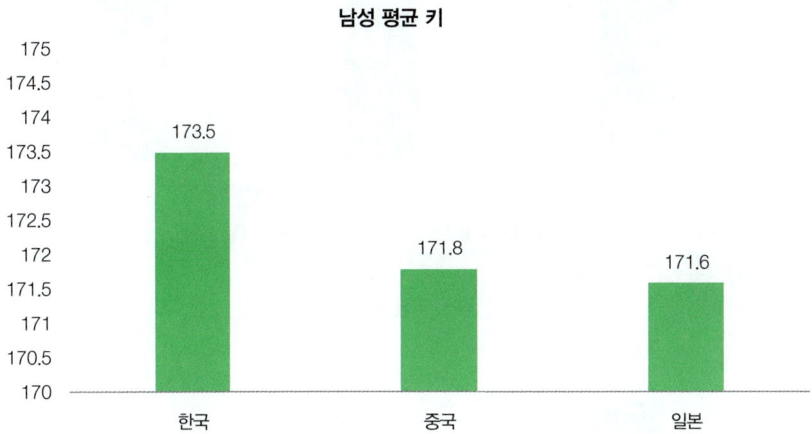

그림 3-1 한·중·일 남성 평균 키 그래프

[그림 3-1]의 막대그래프를 통해 국가별 남성의 키 차이를 한눈에 볼 수 있습니다. 다만 주의할 점은 y축의 범위입니다. y축의 범위를 너무 좁게 잡거나 너무 넓게 잡으면 데이터의 특성이 왜곡되어 독자들에게 잘못된 정보가 전달될 수 있습니다. 가끔 이러한 점을 활용하여 의도적으로 왜곡된 정보를 제공하려는 경우도 있으니 주의해야 합니다.

같은 데이터를 바탕으로 그래프를 그렸지만, y축의 범위를 서로 다르게 설정한 경우 시각적 효과가 어떻게 달라지는지 살펴봅시다. [그림 3-2(a)]는 y축의 범위를 160~180cm로 설정한 경우입니다. 한·중·일 3개국의 남성 평균 키 차이가 상대적으로 작아 보이는 시각적 효과가 있습니다. [그림 3-2(b)]는 y축의 범위를 171~174cm로 설정한 경우입니다. [그림 3-2(a)]보다 한·중·일 3개국의 남성 평균 키 차이가 상대적으로 커 보이는 효과가 있습니다.

(a) y축의 범위를 160~180cm로 설정한 경우

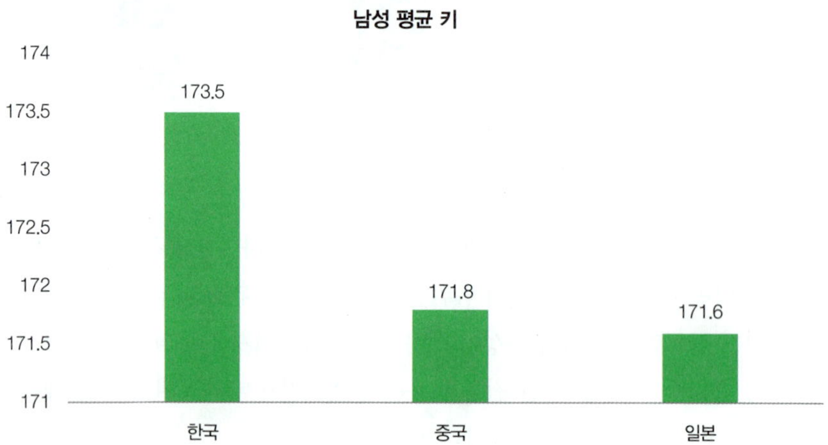

(b) y축의 범위를 171~174cm로 설정한 경우

그림 3-2 y축 범위를 다르게 설정한 한·중·일 남성 평균 키 그래프

여러 집단을 하나의 막대그래프로 표현할 수도 있습니다. 앞에 제시한 동아시아 국가 남성의 평균 키 데이터에 여성의 키도 각각 추가해 보겠습니다. 여성의 평균 키는 2020년 기준으로 한국 160.9cm, 중국 159.7cm, 일본 158.5cm라고 합니다. 이때 막대그래프로 표현할 수 있는 방법은 두 가지입니다.

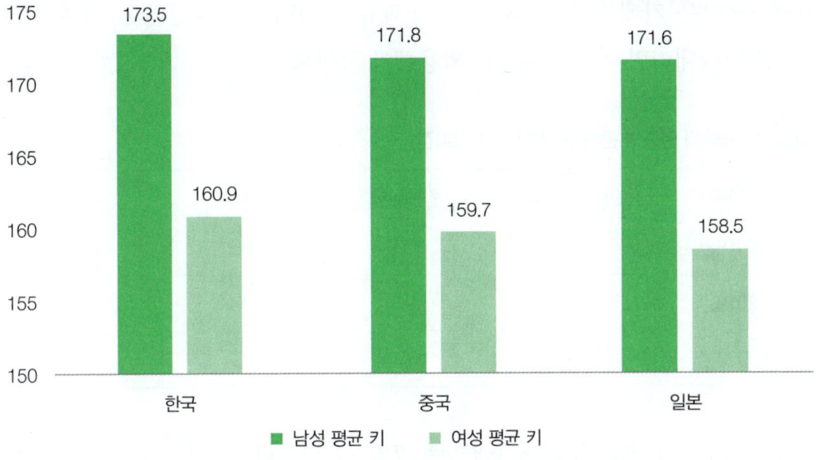

(a) 한·중·일 남녀 평균 키 그래프(국가별 기준)

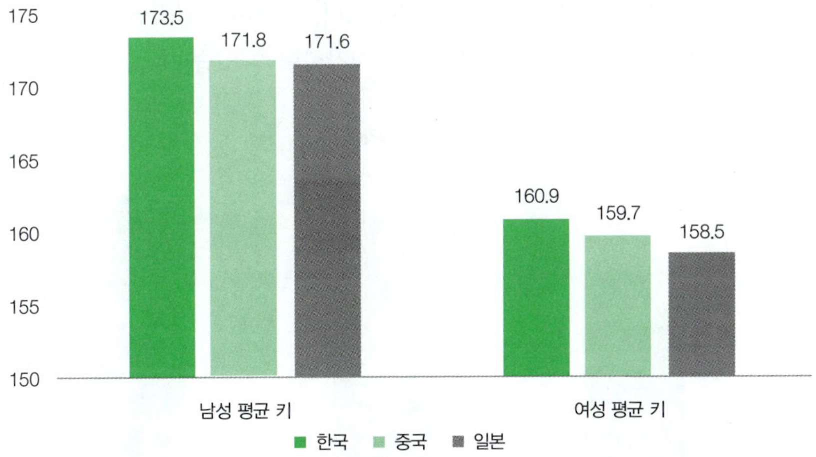

(b) 한·중·일 남녀 평균 키 그래프(성별 기준)

그림 3-3 한·중·일 남녀 평균 키 그래프

국가별로 구분하여 보는 것을 중요하게 생각한다면 [그림 3-3(a)] 그래프를, 성별로 구분하여 보는 것을 더 중요하게 생각한다면 [그림 3-3(b)] 그래프를 활용할 수 있습니다.

[표 3-1]은 카페에서 판매한 음료의 매출을 정리한 자료입니다. 이 데이터를 잘 나타내려면 어떤 그래프를 활용해야 할까요?

표 3-1 카페의 연도별 판매 실적(단위: 1,000잔)

연도	아메리카노	카페라떼	티	계
2018년	78	63	25	166
2019년	82	95	23	200
2020년	95	105	25	225

여기서도 개별 항목을 막대그래프로 그릴 수 있으나, 개별 음료가 전체에서 어느 정도의 비율을 차지하고 있는지를 함께 보여주는 형태로 작성하면 독자에게 더 많은 정보를 제공할 수 있을 것입니다. 이 경우 [그림 3-4]와 같은 누적형 막대그래프를 활용하면 보기 좋게 시각화할 수 있습니다.

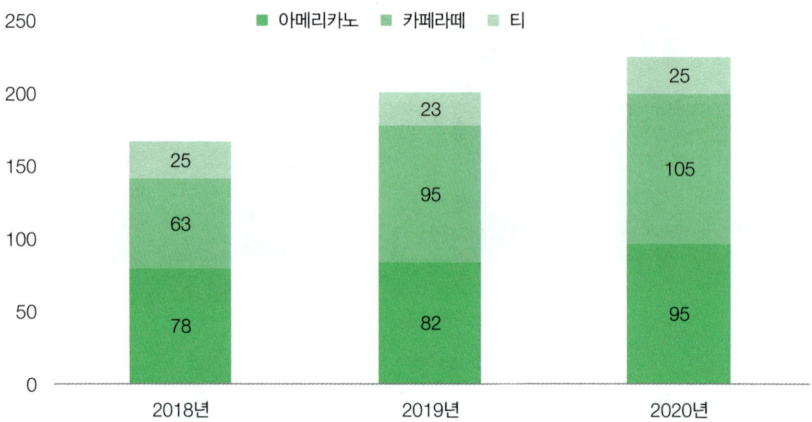

그림 3-4 카페의 연도별 음료 판매 실적 추이 그래프

[그림 3-4]를 통해 연차별로 전체 매출액이 증가하고 있으며 각 음료의 매출 또한 성장하는 추세임을 한눈에 볼 수 있습니다. 이처럼 전체 양의 증감과 막대그래프를 구성하는 하위 항목의 비율 변화를 볼 수 있다는 점이 누적형 막대그래프의 장점입니다.

■ 파이 차트

어린 시절, 어머니가 케이크나 파이를 사오시면 동생과 공평하게 나눠 먹기 위해 같은 크기로 잘라야 했습니다. 하지만 내 파이가 더 작다며 서로 싸우곤 했던 기억이 납니다.

그림 3-5 파이를 자른 모습: 전체 중 어느 정도의 비중을 차지하는지 한눈에 볼 수 있다.

파이를 잘라놓은 것과 같은 모양의 그래프를 파이 차트pie chart 또는 원그래프circle graph라고 부릅니다. 파이 차트는 어떠한 변수의 구성 비율을 보여줄 때 편리하게 활용할 수 있습니다. 앞서 누적형 막대그래프에서 예로 들었던 [표 3-1]을 다시 가져와 보겠습니다.

표 3-1 카페의 연도별 판매 실적(단위: 1,000잔)

연도	아메리카노	카페라떼	티	계
2018년	78	63	25	166
2019년	82	95	23	200
2020년	95	105	25	225

[표 3-1]의 데이터에서 전체 판매량 중 각 품목이 차지하는 비율을 수치로 보여주고 싶다면 [표 3-2]와 같이 나타낼 수 있을 것입니다.

표 3-2 카페의 연도별 음료 판매 비율

연도	아메리카노	카페라떼	티	계
2018년	47.0%	38.0%	15.1%	100%
2019년	41.0%	47.5%	11.5%	100%
2020년	42.2%	46.7%	11.1%	100%

[표 3-2]와 같이 각 품목이 전체에서 차지하는 비율로 표현하면, 2020년에는 2018년에 비해 아메리카노와 티의 비중이 조금 줄어들고 카페라떼의 비중이 높아진 것을 볼 수 있습니다. 이 표는 다음 [그림 3-6]과 같이 파이 차트로 표현할 수 있습니다.

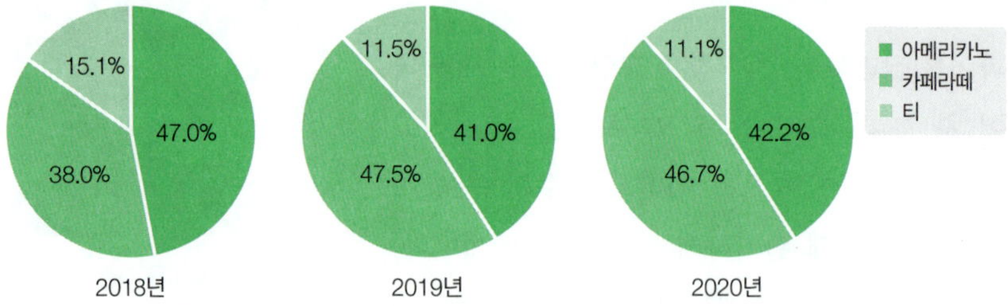

그림 3-6 카페의 연도별 음료 판매 비율 파이 차트

단순히 숫자로 표현한 것보다 [그림 3-6]과 같이 파이 차트로 표현했을 때 훨씬 더 직관적으로 이해할 수 있습니다. 이와 동일한 원리로 그릴 수 있는 그래프 중에 도넛 차트가 있는데, 파이 차트에서 가운데 구멍만 뚫어놓은 모양입니다. 도넛 차트는 이름에서 알 수 있듯 마치 도넛처럼 생겼다고 하여 붙은 이름입니다. [표 3-2]에서 2019년도의 자료를 도넛 차트로 만들어보면 [그림 3-7]과 같습니다. 각종 설명을 넣어서 표기하고 싶을 때, 연도별 변화를 보여주고 싶을 때 도넛 차트를 종종 사용합니다.

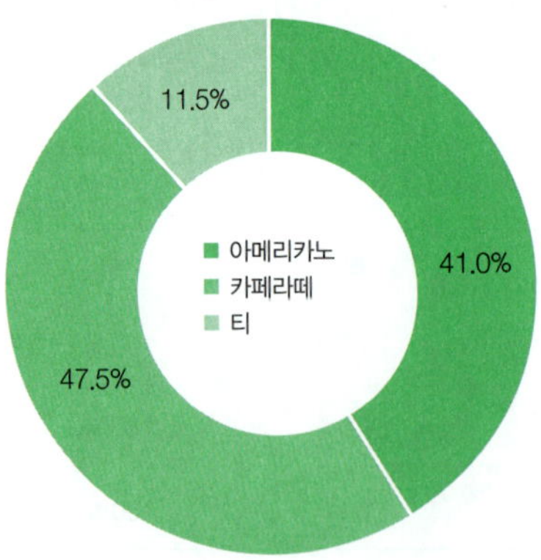

그림 3-7 카페의 2019년도 음료 판매 비율 도넛 차트

■ 박스플롯

박스플롯box plot은 막대그래프의 한계를 보완한 그래프의 한 종류로 상자도표라고도 합니다. 이 책에서는 이 중 더 많이 사용되는 '박스플롯'으로 부르겠습니다. 한·중·일 3국 남성의 평균 키를 비교하고자 할 때는 일반적으로 평균값을 활용하여 하나의 도표로 나타내며, 이때 주로 앞의 예시에서와 같이 막대그래프를 활용합니다. 그러나 막대그래프를 활용하는 경우 자료의 흩어진 정도를 보여줄 수 없다는 단점이 있습니다. 앞서 2장에서 배웠듯이, 평균뿐 아니라 분산 정도에 따라 자료에 대한 해석이 달라질 수 있는데 막대그래프는 자료 전체를 한눈에 보기엔 어려움이 있으니까요. 이럴 때 사용하는 그래프가 박스플롯입니다.

한·중·일 3국의 남성 평균 키와 표준편차가 [표 3-3]과 같다고 할 때 평균 키에 대한 박스플롯은 [그림 3-8]과 같이 그릴 수 있습니다.

표 3-3 한·중·일 남성의 평균 키와 표준편차

국가	평균	표준편차
한국	173.5	6
중국	171.8	5
일본	171.6	5.5

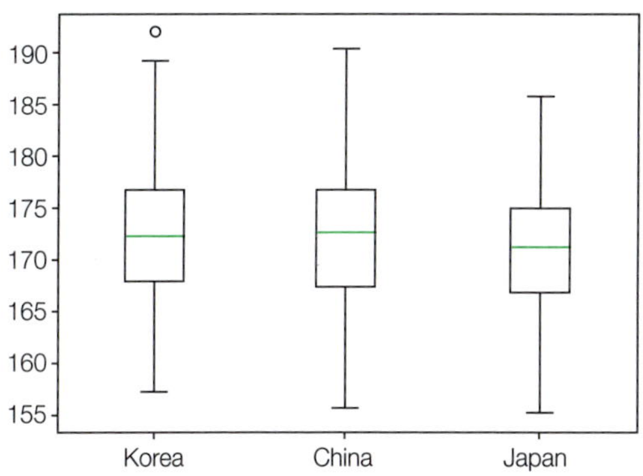

그림 3-8 한·중·일 3개국 남성 평균 키의 박스플롯

[그림 3-8]에서 볼 수 있듯이 박스플롯은 가운데에 사각형이 있고 위아래로 꼬리가 달려 있는 모양입니다. 사각형 중 윗변에 해당하는 부분은 상사분위값(3Q)으로서 말 그대로 상위 25%의 값이 표시됩니다.[1] 사각형의 가운데에 있는 선은 이 자료의 중앙값을 나타냅니다. 사각형 아랫변에 해당하는 부분은 하사분위값(1Q)으로서 자료의 하위 25%의 값이 표시됩니다. 사각형에 연결된 윗꼬리와 아랫꼬리는 각각 최댓값에서 상사분위값까지, 최솟값에서 하사분위값까지를 나타냅니다. 그래프를 통해서 해당 국가의 자료 범위와 상·하위 25% 값을 알 수 있으니 전체적인 데이터의 분포를 더 쉽게 이해할 수 있습니다. 이것이 박스플롯의 장점입니다.

양적변수를 보여주는 그래프

양적변수를 보여주는 그래프들도 존재합니다. 이 그래프들은 그래프상에서 x축에 양적변수가 표시될 수 있기 때문에 시간의 흐름에 따른 변화나 두 변수 간의 관계를 보여주는 데 적합합니다.

■ 꺾은선그래프

양적변수를 보여주는 대표적인 그래프로 꺾은선그래프가 있습니다. [그림 3-9]는 꺾은선그래프의 한 예로, 미국 주식시장의 대표 주식들을 모아놓은 S&P 500지수의 그래프입니다.

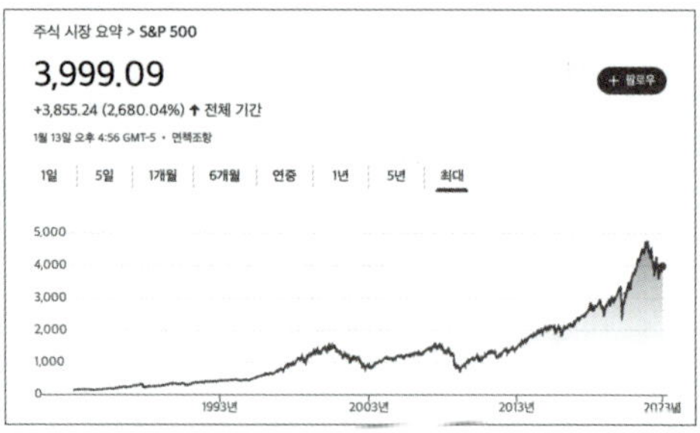

그림 3-9 S&P 500의 꺾은선그래프

1 상위 25% 값을 상사분위값 3Q, 상위 50% 값을 중위값 2Q, 하위 25% 값을 하사분위값 1Q로 표기하기도 합니다.

x축에는 시간이라는 양적변수를, y축에는 해당 자료의 값을 둔다면 꺾은선그래프로 표현하는 것이 좋습니다. 시간의 흐름에 따라 자료의 움직임을 쉽게 파악할 수 있기 때문입니다.

주식시장에서 [그림 3-10]과 같은 그래프(캔들 차트candle chart)도 자주 볼 수 있습니다. 캔들 차트는 박스플롯과 꺾은선그래프를 연결하여 그렸다고 생각하면 이해하기 쉽습니다.

그림 3-10 한국 주가지수(kodex200)의 캔들차트

■ 산점도

산점도는 두 변수 간의 관계를 시각적으로 나타내는 데 사용되는 그래프입니다. 산점도에서 각 점은 두 변수에 있는 하나의 데이터 포인트를 나타내며, 한 변수는 x축에, 다른 변수는 y축에 대응됩니다. 산점도를 통해 변수 간 상관관계, 패턴, 분포 및 특잇값outlier을 쉽게 파악할 수 있다는 장점이 있습니다.

산점도는 키와 몸무게처럼 두 변수 모두 연속형 변수인 경우에 활용할 수 있습니다. [그림 3-11]은 키 173cm에 표준편차 6cm, 몸무게 75kg에 표준편차 10kg인 데이터 1,000개를 활용해서 그린 산점도입니다. 키가 커질수록 몸무게가 증가하는 경향이 있음을 확인할 수 있습니다.

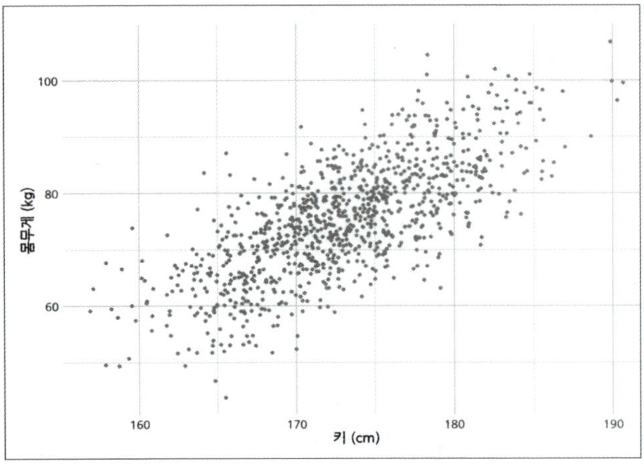

그림 3-11 키와 몸무게에 대한 산점도 예

[그림 3-11]을 보면 x축의 값이 증가할수록 y축의 값이 증가하는 경향을 확인할 수 있습니다. 이처럼 산점도는 데이터의 성격을 대강 파악하는 데 도움을 줍니다.

앞의 산점도 예에서 데이터의 개수가 더 많아진다면 데이터가 많이 몰린 곳이 지저분하게 표시될 수 있습니다. 이 경우 [그림 3-12]와 같은 형식으로 색을 변경하여 표시할 수도 있습니다.

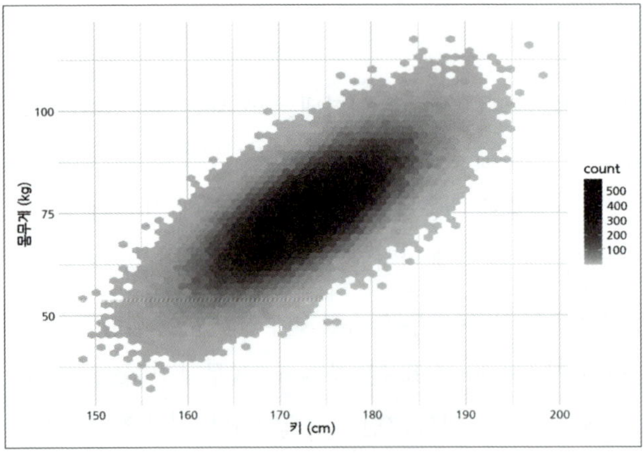

그림 3-12 키와 몸무게에 대한 산점도 응용 예

■ 히스토그램

수집한 데이터를 몇 개의 구간으로 나누고 각 구간에 해당하는 빈도를 계산하여 만든 표를 도수분포표라고 합니다. 자료의 크기에 따라 적절하게 급간을 나누고 각 계급 안에 위치한 값들을 세면 도수가 되죠. 즉 도수분포표를 통해 도수가 어떻게 분포하고 있는지를 알 수 있습니다.

다음과 같이 학생 10명의 키 데이터가 있습니다.

예시 3-1 | 학생 10명의 키

(단위: cm)

169, 176, 177, 170, 179, 176, 168, 161, 172, 171

이 자료에서 최솟값은 161, 최댓값은 179입니다. 이를 바탕으로 도수분포표를 그리면 [표 3-4]와 같이 나타낼 수 있습니다.

표 3-4 키에 대한 도수분포표

키	도수
160~164.9	1
165~169.9	2
170~174.9	3
175~179.9	4

도수분포표를 [그림 3-13]과 같은 그래프로 나타낼 수 있는데, 이처럼 급간에 따른 도수를 나타낸 그림을 히스토그램histogram이라고 부릅니다. 히스토그램을 사용하면 자료의 분포를 눈으로 확인할 수 있고 대략적인 평균도 계산할 수 있습니다. 히스토그램의 x축에는 자료의 구간이 표시되고 y축에는 빈도가 표시됩니다. 자료 구간의 중앙값과 빈도를 곱한 뒤 전체 도수로 나누면 평

균을 구할 수 있습니다. [표 3-4]의 예에서 첫 번째 급간의 중앙값은 162.5, 두 번째 급간의 중앙값은 167.5입니다. 여기에 빈도를 곱하여 전체적으로 계산하면 (162.5×1+167.5×2+172.5×3+177.5×4)/10이므로 172.5cm라는 평균이 도출됩니다. 이는 원자료의 평균인 171.9cm와 유사합니다. 빈도의 수가 커질수록 평균값에 가까워집니다.

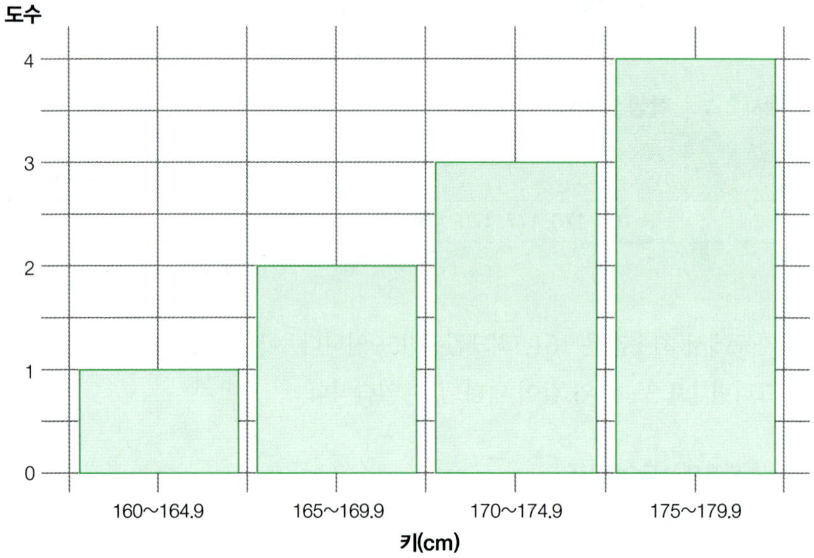

그림 3-13 [표 3-4]의 히스토그램

CHAPTER

04 통계적 가설검정의 원리

"당신은 범인이 아닙니다"

가설은 어떤 생각이나 사실을 과학적으로 검증하기 위해 세운 하나의 아이디어입니다. '그것이 알고싶다'나 '꼬리에 꼬리를 무는 이야기'와 같은 TV교양 프로그램에 자주 등장하는 단어이기도 합니다. 연구자들은 가설을 설정하고 본인이 설정한 가설이 참인지, 거짓인지를 판단하여 본인이 주장하고자 하는 바를 과학적으로 증명합니다. 가설을 검정하는 과정은 범죄를 수사하는 방법과 매우 유사합니다.

무죄 추정의 원칙이라는 말을 들어보았나요? 무죄 추정의 원칙이란 피의자의 유죄가 증명되기 전까지는 무죄로 추정한다는 원칙입니다. 가설검정을 진행할 때도 이와 비슷한 논리를 적용합니다. 즉 연구자의 주장(대립가설)이 아닌 통용되는 주장(영가설)을 참이라고 가정하고 분석을 수행합니다. 그리고 데이터를 수집하여 계산한 결과를 바탕으로 영가설이 참인데도 불구하고 이러한 데이터 값이 나올 확률이 낮으므로 영가설이 틀렸다는 주장을 논리적으로 전개합니다.

가설검정을 이해하기 위해 알아야 할 개념 중에 영가설과 대립가설이 있습니다. 영가설은 기존 주장과 동일한 주장 또는 특정한 변인의 차이가 없거나 효과가 없음을 주장하는 가설이며, 대립가설은 영가설을 제외한 나머지 전부입니다. 즉 영가설이 참이면 대립가설은 참이 아니게 되고, 대립가설이 참이면 영가설은 참이 아니게 됩니다. 재판에서도 특정 사안에 대해 유죄인 동시에 무죄이거나, 무죄인 동시에 유죄인 경우는 없으니 재판과 비슷하다고 생각하면 됩니다.

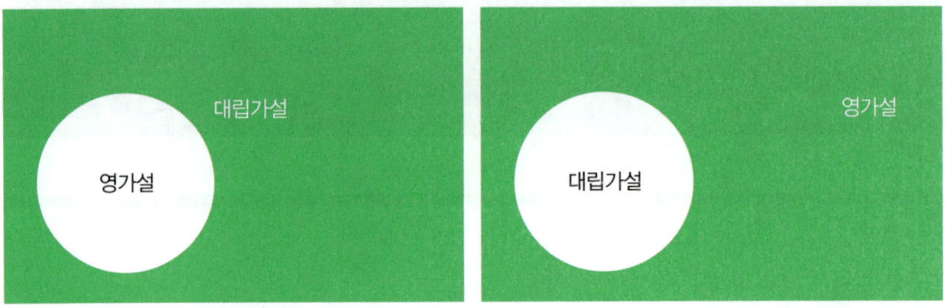

그림 4-1 영가설과 대립가설의 관계

가설검정이 재판과 비슷하다면 연구자들의 역할은 무엇에 비유할 수 있을까요? 연구자는 가설검정 상황에서 주로 검사의 역할을 하게 됩니다. 드라마에서 피고인은 변호사를 고용해 본인의 무죄를 주장하고, 검사는 이러한 무죄 주장이 잘못되었다는 증거를 찾아내어 논리의 빈틈을 파고듭니다. 연구자가 해야 할 일도 바로 이것입니다. 그 출발점에는 앞서 말한 무죄 추정의 원칙이 있습니다. 먼저 영가설이 참이라고 가정하는 것이지요. 영가설이 참이라고 가정하면, 그 후 해야 할 일은 변호사 논리의 빈틈을 찾는 일입니다. 연구자는 영가설이 참이라는 가정하에 데이터를 수집하고, 영가설이 참임에도 데이터가 말하는 값이 우연에 의해 영가설과 차이가 있을 확률을 계산합니다. 그리고 그 확률이 너무나 낮다면 영가설이 틀렸다고 주장하며(영가설을 기각) 대립가설을 선택하는 형식인 거죠.

검사가 피고인을 심문할 때 어떻게 하나요? 여러 가지 증거를 들이밀면서 이야기하죠. "왜 그 시각에 범행 현장 근처에 있었죠? 왜 하필 원한 관계가 있는 ○○ 씨 집 근처에 있었죠? 왜 하필 범행 도구에선 당신의 지문이 발견되었죠?" 이러한 질문들에 제대로 대답하지 못하면 피고인은 유력 용의자로 지목되어 범죄자가 될 확률이 더욱 높아집니다. 그리고 피고인의 무죄 확률이 매우 낮은 경우에 양형을 하고 선고하는 절차를 거쳐서 범인을 잡게 됩니다.

영가설이 참이라고 가정할 때 우리가 얻은 데이터가 우연히 발생했을 확률을 유의확률p-value이라고 합니다. 유의확률이 일정한 기준보다 낮다면 영가설이 참이라는 주장을 기각합니다. 이때 기준이 되는 값을 유의수준이라 하고 α(알파alpha)로 표기합니다. 즉 유의수준보다 유의확률이 낮을 때 영가설을 기각하게 됩니다.

그렇다면 유의수준은 어떻게 정할까요? 유의수준은 연구자가 임의로 결정합니다. 이런! 과학적으로 어떠한 사실을 입증하는 데에 임의로 결정하는 일이 있을 수 있을까요?

저는 대학생 때 과외 아르바이트를 포함해 여러 아르바이트를 해보았습니다. 그때 시간은 적게 들이면서 돈은 많이 받는 일이 있으면 좋겠다는 생각을 종종 했습니다. 하지만 실제로 그런 아르바이트는 별로 없죠. 그러던 중 대학 내 게시판에서 우연히 한 아르바이트를 발견했습니다. 생물학적 동등성 실험의 피실험자를 구하는 공고였는데요, 이 실험은 어떤 약물이 시판되기 전에 그 약이 안전한지, 합병증은 없는지 등을 알기 위해 평범한 사람들을 대상으로 진행하는 실험입니다. 1박 2일 실험에 70만 원을 주는 아르바이트였습니다. 저는 이 아르바이트를 했을까요? 하지 않았습니다. 왜냐하면 명시된 부작용이 '치매성 발작'으로 되어 있었기 때문입니다. 치매성 발작이라니, 이름만 들어도 너무 무섭죠. 만약 이 실험에서 합병증 등의 문제가 일어날 확률이 5%라고 한다면 여러분은 이 실험에 참여하겠습니까? 아마 대부분 참여하지 않을 겁니다. 왜냐하면 5%라는 비율이 너무 높기 때문입니다. 반면에 부작용이 일어날 확률이 0.01%라고 하면 어떨까요? 5%의 확률일 때보다 훨씬 많은 인원이 참여하겠다고 이야기할 것입니다. 이처럼 공통적으로 적용되는 유의확률의 기준값을 정하기 어려우므로 연구자가 연구 주제와 상황에 따라 유의수준을 임의로 결정합니다. 연구 주제에 따라서 엄정하게 유의수준을 정해야 하는 경우도 있지만, 사회과학 연구처럼 어떤 현상이 명확하게 차이가 나지 않는 경우에는 유의수준을 조금 높여 정할 필요도 있습니다.

영가설과 대립가설의 표현

영가설은 영어로 null hypothesis라고 씁니다. 말 그대로 0가설입니다. H_0로 표현하며, 이는 '차이가 없다', '효과가 없다', '영향이 없다'라는 의미합니다. 앞서 설명한 바와 같이 영가설과 대립가설은 대조의 관계에 있으므로 대립가설은 0이 아니라는 의미에서 H_1으로 표현하거나, 영가설의 대안alternative으로 쓴다는 의미에서 H_A로 표현하기도 합니다.

■ 서술적 가설과 수리적 가설, 등가설과 부등가설

영가설과 대립가설을 기술하는 방법으로 서술적 가설과 수리적 가설이 있습니다. 다음과 같은 연구문제가 있다고 할 때 서술적 가설과 수리적 가설을 어떻게 기술하는지 살펴봅시다.

> **연구문제:** 새로 만든 교육 방법은 기존 교육 방법보다 더 효과적일 것이다.

연구를 수행하기 위해서는 먼저 영가설과 대립가설을 명확하게 기술해야 합니다. 아래처럼 내용을 기술하는 형태로 작성하는 것을 서술적 가설이라 합니다.

- H_0: 기존 교육 방법과 새로운 교육 방법에는 차이가 없다.
- H_1: 기존 교육 방법과 새로운 교육 방법에는 차이가 있다.

같은 연구문제에 영가설과 대립가설을 수리적으로 쓴다면 각각 다음과 같이 나타낼 수 있습니다.

- H_0: 새로 만든 교육 방법으로 가르친 반의 평균 점수 = 전통적 교육 방법으로 가르친 반의 평균 점수
- H_1: 새로 만든 교육 방법으로 가르친 반의 평균 점수 ≠ 전통적 교육 방법으로 가르친 반의 평균 점수

이것을 조금 더 간략하게 쓰면 평균mean을 나타내는 그리스어 μ에 첨자를 넣어 다음과 같이 표기할 수 있습니다.

- H_0: $\mu_A = \mu_B$
- H_1: $\mu_A \neq \mu_B$

이처럼 같은 내용을 글로 기술하느냐, 수식으로 쓰느냐에 따라서 서술적 가설과 수리적 가설로 나뉩니다. 특히 수리적 가설을 표현하는 방식은 다시 등가설과 부등가설로 나눌 수 있습니다. 등가설은 영가설과 대립가설을 등호로 나타낸 가설이고, 부등가설은 부등호로 나타낸 가설입니다.

등가설

- H_0: $\mu_A = \mu_B$
- H_1: $\mu_A \neq \mu_B$

부등가설

- H_0: $\mu_A > \mu_B$
- H_1: $\mu_A < \mu_B$

단순히 등호와 부등호를 바꾼 것처럼 보이는데 굳이 구분하는 이유는 무엇일까요? 여기에는 조금 복잡한 가설검정의 논리가 들어 있습니다.

앞서 영가설이 참이라고 할 때 우리가 수집한 데이터에서 우연히 이러한 값이 나왔을 확률을 유의확률이라고 부른다고 했습니다. 유의확률은 영가설이 참임을 가정하고 도출한 데이터의 평균이 영가설에서 주장하는 평균과 얼마나

떨어져 있는지를 확률적으로 나타내는 값입니다. 이때 사용하는 값이 검정통계량test statistic 입니다. 검정통계량은 가설검정에서 사용되는 통계량으로, 통계분석 방법에 따라 사용하는 검정통계량이 달라집니다. 예를 들어 두 집단의 평균차이를 검정하는 t-검정의 경우 t-값을 사용하고, 세 집단의 평균을 비교하는 분산분석의 경우 F-값을 사용합니다. 그리고 검정통계량의 크기에 따라 유의확률을 계산합니다. 유의확률이 사전에 정해진 유의수준보다 작으면 영가설을 기각하고, 그렇지 않으면 영가설을 기각하지 않습니다.

[그림 4-2]는 영가설에서 추출한 평균의 확률분포를 나타내는 확률밀도 함수로 전체 면적이 1인 그래프입니다. 이 그림에서 음영으로 표시한 부분이 유의수준에 해당합니다. 즉 유의수준을 $\alpha = .05$로 설정한 경우 음영의 면적은 0.05가 됩니다. 이때 기준이 되는 값을 임곗값critical value 이라고 합니다. 우리가 연구에서 수집한 데이터가 그림의 왼쪽 음영에 해당하는 통계치statistic 로 나타나거나, 오른쪽 음영에 해당하는 통계치로 나타난다면 두 집단의 평균이 같다는 영가설을 기각하고 대립가설을 선택하게 됩니다. 연구가설을 등가설로 세우면 두 집단 중 어느 집단의 평균이 큰지 알기 어렵기 때문에 그림과 같이 양쪽에 유의수준이 반반씩 나뉘어 위치하게 됩니다. 이때 임곗값이 양쪽에 위치한다고 하여 양측검정이라고 부릅니다.

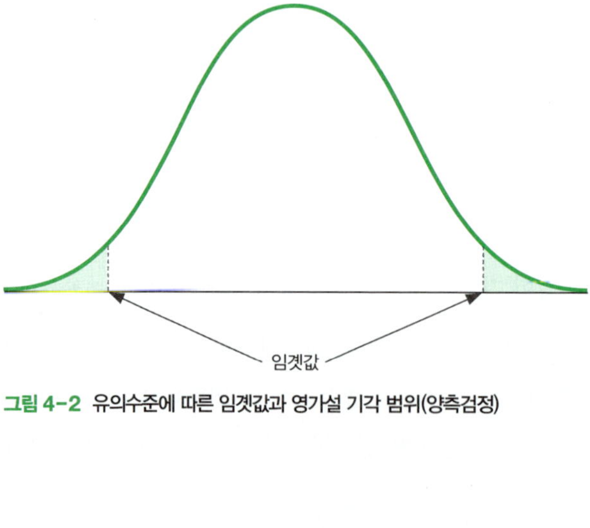

그림 4-2 유의수준에 따른 임곗값과 영가설 기각 범위(양측검정)

반면에 부등가설을 세우는 경우 [그림 4-3]과 같이 표현할 수 있습니다. 동일한 유의수준을 가지고 검정하더라도 유의수준에 해당하는 면적이 한쪽에 위치하게 되어 임곗값이 달라집니다. 그림에서 데이터를 추출하여 구한 통계치가 b라고 가정하면 등가설(양측검정)에서는 '임곗값 1'을 넘지 못하여 영가설을 기각할 수 없으나 부등가설을 활용하는 경우(단측검정) 영가설을 기각할 수 있습니다. 이처럼 영가설을 등가설로 세우느냐, 부등가설로 세우느냐에 따라 임곗값이 달라지므로 연구문제에 따라 잘 설정하면 됩니다.

그림 4-3 유의수준에 따른 임곗값과 영가설 기각 범위(단측검정)

부등가설을 활용하는 것이 영가설 기각에 유리하다고 해서 무조건 부등가설을 사용해서는 안 됩니다. 충분한 이론적 근거가 있거나 모두가 납득할 만한 상식적인 경우에만 부등가설을 사용할 수 있습니다.

■ 유의확률의 논문 표기

이렇게 검정을 하고 난 후에 통계적으로 유의하다는 결론이 나왔다면 유의한 통계치에는 * 표시를 해줍니다. 앞서 언급했듯이 통상 영가설이 참이라는 가정하에 데이터를 수집하는데, 이때 영가설이 참임에도 데이터가 말하는 값이 우연에 의해 영가설과 차이가 있을 확률을 유의확률p-value이라 합니다. 유의확률이 0.05보다 작은 경우에는 *, 0.01보다 작은 경우에는 **, 0.001보다 작은 경우에는 ***로 표시합니다. 이때 *를 위첨자로 표시해 주며, 통계표 아래에 다음과 같은 주석을 달아줍니다.

$$^{*}<.05,\ ^{**}<.01,\ ^{***}<.001$$

1종 오류와 2종 오류

사형제도 폐지에 대해서 어떻게 생각하나요? 극악무도한 범죄자들을 보면 반드시 사형을 선고해 엄벌해야 한다는 주장이 있는 반면, 인도적인 차원에서 사람의 생명을 침해해서는 안 되며 만에 하나 오판의 가능성도 있으므로 사형제도가 폐지되어야 한다는 주장도 있습니다. 영가설을 기각하는 문제에도 동일한 논리가 제기됩니다. 실제로 영가설이 참인데 기각할 가능성도 있고, 영가설이 거짓인데 기각하지 못할 수도 있기 때문입니다. 이렇게 잘못된 결정을 내리는 것을 '오류'라고 부릅니다.

살인범으로 지목된 피의자가 있다고 가정해 봅시다. 이 사람이 실제로 살인을 저질렀는데도 관련 증거가 부족하여 처벌하지 못하는 오류가 발생할 수 있습니다. 반면, 피의자가 실제로는 무고한 사람이지만 실수로 사형시키는 오류가 있을 수 있습니다. 어떤 오류가 더 치명적인 오류인가요? 사람마다 생각이 다를 수 있지만 후자의 오류가 훨씬 큰 오류입니다. 국가가 살인범을 잡겠다고 무고한 사람을 죽인 셈이니까요. 이처럼 영가설이 참일 때 기각하는 오류를 '1종 오류'라 부르고, 영가설이 거짓인데 기각하지 못하는 오류를 '2종 오류'라 부릅니다. 1종 오류는 α로 표기하고 $(1-\alpha)\times100\%$를 신뢰도reliability라 부르는데, 여기서 쓰는 α는 앞서 유의수준에서 쓴 α와 다른 의미입니다. 2종 오류는 β로 표기하고 $(1-\beta)*100\%$를 검정력power이라고 부릅니다.

표 4-1 검정 오류 유형

	영가설이 참이라 판단	영가설이 거짓이라 판단
실제 영가설이 참	참$(1-\alpha)$	1종 오류(α)
실제 영가설이 거짓	2종 오류(β)	참$(1-\beta)$

1종 오류를 나타내는 α는 유의수준을 나타내는 α와 동일한 철자를 쓰지만 그 의미는 다릅니다. 왜 이렇게 헷갈리게 썼을까요? 이는 현대 통계학의 아버지라 불리는 R. A. 피셔Ronald A. Fisher가 유의수준과 통계적 가설검정을 연결하여 설명하는 노력을 했기 때문으로 알려져 있습니다. 우리가 앞서 배운 바와 같이 유의수준을 5%로 설정하는 경우 영가설이 참임에도 5%의 확률로 영가설을 기각하는 결정을 내릴 수 있기 때문입니다. 즉 앞에서 설정한 5%는 유의수준 α, 영가설이 참임에도 기각하는 결정은 1종 오류 α가 됩니다.

사실 이렇게 배우면 별로 어렵지 않은데 막상 논문을 스스로 쓰려고 하면 이 부분이 매우 헷갈립니다. 이때 다음 차례를 기억하면 쉽습니다.

❶ 영가설을 설정한다. → 자동으로 대립가설이 설정된다.

❷ 데이터를 수집한다.

❸ 분석의 종류에 따라 검정통계량을 계산한다.

❹ 검정통계량을 바탕으로 영가설이 참임에도 지금과 같은 값이 나왔을 확률을 계산한다. → 유의확률(p-value)을 구한다.

❺ 유의확률(p-value)과 유의수준(α)을 비교한다.→ 유의확률이 유의수준보다 낮으면 영가설을 기각한다. 반대의 경우엔 영가설을 기각하지 못한다.

❻ 최종 의사결정을 내린다.

CHAPTER

05 표본

"하나를 보면 열을 안다"

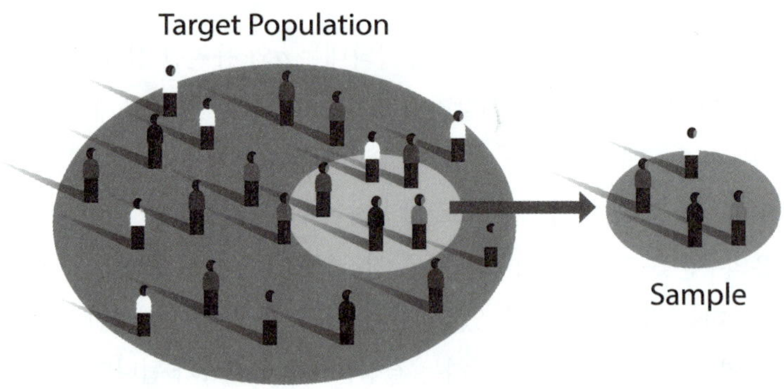

한국갤럽 여론조사에서 윤석열 대통령 직무수행 긍정평가가 37%로 6일 나타났다. 윤 대통령 지지율은 지난달부터 상승곡선을 그리며 최근 들어서는 30% 중후반대를 유지하고 있다. 여론조사기관 한국갤럽은 지난 3~5일 **전국 성인 1002명에게 윤 대통령이 직무를 잘 수행하고 있다고 보는지 물은 결과** '잘하고 있다'는 긍정평가가 37%를 기록했다고 이날 밝혔다. 지난달 16일 공개한 직전 조사결과보다 1%포인트 오른 수치다. '잘못하고 있다'는 부정평가는 직전 조사보다 2%포인트 하락한 54%로 나타났다.

(경향신문 23. 1. 6.)

위 자료는 뉴스를 통해 자주 접하게 되는 기사입니다. 특히 선거철에는 어느 당을 지지하는지, 어느 인물을 지지하는지에 대한 설문을 거의 매일 접하게 됩니다. 혹자는 대한민국 국민이 몇 명인데 고작 1,000명의 표본을 뽑아서 정확한 통계를 추출할 수 있겠느냐며 조작 의혹을 제기하곤 합니다. 2022

년 제20대 대통령 선거는 역대급 초박빙 승부였는데, 출구조사 결과(0.6% 차이로 윤석열 후보 승리)가 실젯값(0.73% 차이로 윤석열 후보가 승리)과 매우 근접한 결과를 보여주었습니다. 어떻게 3,000만 명 이상이 참여한 투표를 5,000여 명의 인원으로 예측할 수 있을까요? 이것이 바로 통계의 놀라운 점입니다.

연구자들은 표본sample을 선정하여 연구를 수행합니다. 왜 표본을 뽑아서 연구를 진행할까요? 그 이유는 모든 연구 대상(모집단)을 조사하는 것이 매우 어려울 뿐만 아니라 정확도가 더 좋아진다는 보장도 없기 때문입니다. 이러한 논리를 이해하려면 먼저 다음 용어의 개념을 알고 있어야 합니다.

모집단, 모수, 표본, 표집, 통계량, 표본추출단위, 표본틀

표본조사를 이해하기 위한 주요 용어

▪ 모집단

모집단은 연구하고자 하는 전체 대상을 의미합니다. 앞서 살펴본 한국갤럽 여론조사 예시에서 모집단은 유권자 전체가 됩니다. 연구자가 궁극적으로 알고자 하는 내용은 모집단의 특성입니다.

▪ 모수

모집단의 특성을 나타내는 통곗값을 모수라 부릅니다. 모집단에 궁금한 점이 있어 설문조사를 수행할 때, 금전적 제약이나 시간적 제약 때문에 전수조사를 하지 못하는 경우가 있습니다. 이때 일부 표본을 추출하여 조사를 진행하게 되는데 이를 표본조사라고 합니다. 표본조사의 목적은 모집단의 특성을 추론하는 것입니다. 앞서 한국갤럽 여론조사 예시에서 궁극적으로 알고 싶은 내용은 '전체 유권자가 대통령의 국정 수행에 대해 얼마나 지지하고 있는가'이며, 표본을 통해 조사된 국정 수행 지지율을 바탕으로 전체 유권자의 국정 수행 지지율을 예측합니다. 여기서 '대통령 국정 수행에 대한 전체 유권자의 지지율'이 모수가 되며 모수를 잘 추정하는 것이 표본조사의 목적이라 할 수 있습니다.

■ 표본

모집단 전체를 대상으로 분석하기에는 시간적·공간적·금전적 제약이 따르기 때문에 전체 대상 중 일부를 뽑아서 조사를 실시하는데, 이 일부를 표본sample이라 부릅니다. 화장품 가게에서 화장품을 구입하면 내가 구입한 본품 외에도 샘플 화장품을 같이 받아본 적이 있죠? 표본을 사용하는 것도 같은 의미입니다. 일부를 떼서 써보고 마음에 든다면 전체를 사서 써보라는 의미입니다. 요리하는 중에 간을 본다며 음식을 전부 먹으면 안 되겠죠? 양념이 골고루 퍼져 있다면 한 숟가락만 먹어봐도 전체적으로 간이 어떤지를 알 수 있을 것입니다. 이것도 표본의 특성을 잘 설명하는 예라 하겠습니다.

■ 표집

표집sampling은 모집단에서 표본을 추출하는 과정을 의미합니다. 표본을 추출하는 방법은 다양한데, 크게 확률표집과 비확률 표집으로 분류합니다. 어떤 방법이 더 좋다고 할 수 없고 연구의 주제와 내용에 따라 선택할 수 있습니다.

■ 통계량

통계량statistic은 표본의 특징을 나타내는 값입니다. 앞서 한국갤럽 여론조사 결과에서 표집을 진행한 뒤 얻게 된 지지율 값을 예로 들 수 있습니다. 이 값을 통해 모집단의 특성이나 모수를 추정하는 과정을 거칩니다.

표본조사가 이루어지는 과정을 [그림 5-1]과 같이 정리할 수 있습니다. 모집단의 특성을 나타내는 값인 모수를 알기 위해 모집단을 잘 대표하는 표본을 표집합니다. 표집된 표본의 특징을 나타내는 값인 통계량을 계산하고 이 통계량을 바탕으로 모수를 추정합니다.

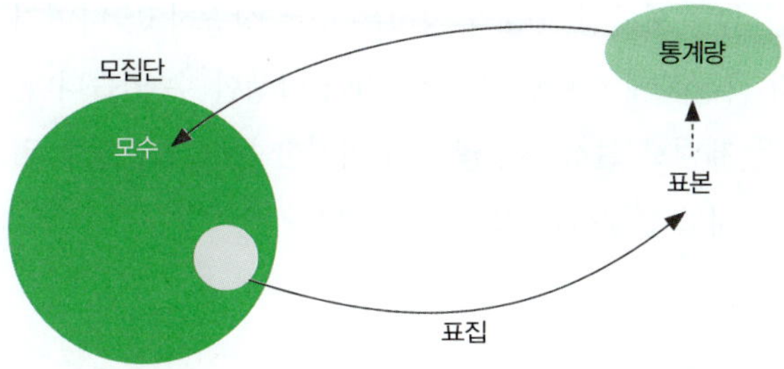

그림 5-1 표본조사 과정

■ 표본추출단위

표본추출단위sampling unit는 표집 시 조사 대상의 기본 단위를 의미합니다. 연구 주제에 따라 집단을 표집할 수도 있고 개인을 표집할 수도 있습니다. 학생 개인의 능력 변화를 조사하는 연구라면 표본추출단위는 개별 학생이 되겠으나, 특정 정책 시행 이후 학교의 교육 수준 변화를 조사하는 연구라면 학교 단위로 표집할 수도 있습니다.

■ 표본틀

표본틀sampling frame은 표본추출단위를 모두 정리해 놓은 틀입니다. 학교 대상의 조사를 하는 경우 전국에 존재하는 학교 목록이 표본틀이 됩니다. 표본조사를 진행할 때 표본틀을 제대로 설정하는 것이 중요합니다. 표본틀을 제대로 설정하지 않으면 편의bias가 발생할 수 있기 때문입니다.

- (편의bias) = (실젯값) − (추정값)
- 오차 없이 추정을 잘했다면 편의bias는 0이 됩니다. 이러한 추정량을 통계학에서는 '불편추정량unbiased estimate'이라고 부릅니다.

예를 들어 연구의 목적이 학생 특성을 분석하는 것인데 표본틀이 '학교'로 되어 있거나, 반대로 학교 특성을 분석하려 하는데 표본틀이 '학생'으로 되어 있다면 편의가 발생할 수 있습니다. 한 학교에서 재학생 70%의 성적이 향상되었다는 말과 이 학교의 평균 성적이 하락했다는 말은 양립할 수 있을까요? 정답은 "양립할 수 있다"입니다. 재학생 70%의 성적은 소폭 상승하고, 나머지 학생인 30%의 성적이 더 극심하게 하락하면 이런 일이 발생할 수 있습니다. 연구문제에 따라 표본틀을 제대로 설정하지 않으면 이러한 문제가 발생할 위험이 있으므로 표본틀을 제대로 설정하는 일이 중요합니다.

확률표집과 비확률표집

표집은 크게 확률표집과 비확률표집으로 구분할 수 있습니다. 해당 표본이 표집될 확률을 계산할 수 있으면 확률표집, 표집될 확률을 계산할 수 없으면 비확률표집입니다. 표집될 확률을 계산할 수 있다는 말은 표집을 통해 발생할 오차를 계산할 수 있다는 의미이므로, 더 정확한 조사가 필요한 경우에 확률표집을 진행합니다. 반대로 그렇게 조사할 수 없거나 시간과 비용을 절감하고 싶은 경우에 비확률표집을 수행하는 것이 일반적입니다.

■ 확률표집

모집단에서 표본이 추출될 확률을 계산할 수 있을 때 확률표집이라는 말을 사용합니다. 각 표본이 표집될 확률을 계산할 수 있으므로 표집에서 오차가 발생할 확률을 계산할 수 있고, 이를 바탕으로 추정의 정확성을 계산하여 더욱 정밀한 추정을 할 수 있다는 것이 확률표집의 장점입니다. 대표적인 확률표집으로 단순무작위표집, 계통표집, 층화표집, 군집표집, 층화군집표집, 행렬표집이 있습니다. 각각에 대해 살펴보겠습니다.

❶ 단순무작위표집

처음 논문을 쓰려는 사람들이 가장 많이 오해하는 표집이 단순무작위표집 simple random sampling입니다. SNS를 활용하여 자료를 수집하는 것을 단순무작위표집이라고 생각하는 경우가 많기 때문입니다. 하지만 이러한 표집 방법은 정확히 말하면 비확률표집 방법의 하나인 편의표집 convenience sampling에 해당합니다. 해당 표본이 추출될 확률을 구하는 것이 불가능하기 때문입니다.

단순무작위표집이 성립하기 위해서는 앞서 말한 표본틀이 있어야 합니다. 표본틀이란 모집단의 리스트를 의미하는데, 선거에서는 선거등록명부, 의료보험 통계에서는 의료보험 가입자 명부 등이 될 수 있습니다. 이러한 틀이 있어야만 단순무작위표집이 성립합니다.

단순무작위표집의 가장 큰 장점은 누구나 쉽게 이용할 수 있다는 점이지만, 반면에 다른 확률표집에 비해 상대적으로 오차가 높을 수 있다는 단점이 있습니다. 무작위로 표본을 골라 뽑는 방법, 난수(임의로 발생시킨 수)를 뽑아서 해당되는 숫자의 표본을 뽑는 방법 등이 있습니다.

❷ 계통표집

계통표집 systematic sampling은 체계적 표집이라고도 부릅니다. 단순무작위표집과 크게 다르지 않은데, 유일한 차이점이라고 하면 뽑기를 조금 체계적으로 한다는 것입니다. 100명의 인원 중 10명을 뽑는다고 할 때 단순무작위표집이 1, 5, 17, 23, 48, 52, 66, 71, 89, 91, 99, … 식으로 무작위로 추출한다면, 계통표집은 조금 더 체계적인 기준이나 규칙에 따라 3, 13, 23, 33, 43, 53, 63, 73, 83, 93, … 식으로 추출합니다. 표본을 몇 개 뽑느냐에 따라 숫자가 뽑힐 간격과 첫 번째 나오는 수만 설정해 주면 나머지 수는 저절로 추출할 수 있는 방법입니다. 단순무작위표집과 마찬가지로 사용이 편리하다는 장점이 있습니다.

❸ 층화표집

층화표집 stratified sampling은 모집단 아래에 서로 배타적인 여러 개의 하위 모집단이 있다고 가정하고 표집하는 방법입니다. 구분된 하위 모집단들을 '층 strata'으로 구분하고, 분류된 층으로부터 표본을 추출하는 방법입니다. 가령 대도시와 중소도시, 읍면 지역의 사교육비 차이를 알아보는 연구를 수행하려고 할 때 도시의 규모별로 표집을 진행하는 것이 층화표집에 해당합니다. 또는 모집단의 성별 비율이 남성 80%, 여성 20%로 구성되어 있다면 표집할 때 남성을 80%, 여성을 20% 비율로 뽑는 것도 층화표집의 한 방법이라 볼 수 있습니다. 이러한 방식은 각 층에 서로 다른 특징이 있다는 이론적 근거를 바탕으로 수행할 수 있으며 확률적 표본오차를 줄일 수 있다는 장점이 있습니다.

층화표집에는 비례층화표집과 비비례층화표집이 있습니다. 비례층화표집은 모집단 내에서 각 층이 가지는 비율만큼 표집하는 방법입니다. 앞서 설명했듯이 남성 80%, 여성 20%의 모집단에서 표본을 추출할 때 동일하게 남성 80%, 여성 20%로 뽑는 방식이 비례층화표집입니다. 이와 달리 비비례층화표집은 비율을 따르지 않고 층에서 표집하는 방법입니다. 어떻게 그런 방법이 있을 수 있을까요? 사전 정보가 있는 경우에 가능합니다. 가령 남성이 80%인 모집단이지만 남성들이 매우 동질적인 그룹이어서 굳이 많이 뽑지 않아도 정보를 충분히 얻을 수 있다면 여성의 표본 수를 늘리는 편이 모집단의 성격을 더 잘 추정할 수 있습니다. 이런 경우 비비례층화표집을 활용할 수 있습니다.

사후층화라는 방법도 있습니다. 다양한 패널조사에서 주로 활용하는 방법입니다. 연구문제에 주요한 영향을 미칠 것으로 예상하는 변수에 대해서 층화를 진행하고 싶은 경우가 있습니다. 가령 "가구 소득에 따라서 교육에 대해 기대하는 바가 다를 것이다"라는 내용을 조사하고 싶다면 먼저 표집을 진행해야 해당 가구의 소득을 알 수 있습니다. 이럴 때 가중치를 조절하여 사후층화 방식을 적용할 수 있습니다.

④ 군집표집

군집표집cluster sampling은 모집단 안에 동일한 하위 집단이 여러 개 있다고 가정하는 표집 방법입니다. 층화표집(층화추출)과 마찬가지로 모집단 내에 여러 개의 하위 모집단이 있다고 가정하는데, 층화표집과 달리 이 집단들을 특성이 동일한 집단으로 여기고 '군집'이라는 이름으로 부릅니다. 군집표집의 대상이 되는 하위 모집단은 집단 내에서는 서로 이질적이지만, 집단 간에는 서로 동질하다고 여깁니다.

전국 고등학교 1학년 학생의 학업 성취 수준을 알고 싶은 경우에 모든 고등학교에 있는 1학년 학생들을 조사하는 방법도 있겠지만, 각 고등학교의 1학년

1반만 조사해도 비슷한 결과를 얻을 수 있습니다. 각 학교의 1학년 1반이 특수하게 구성된 반만 아니라면 1반부터 10반까지의 성적이 대강 비슷할 것이기 때문입니다. 이렇게 조사하면 원래 조사하려던 집단 크기의 1/10만 조사하더라도 원하는 결과를 얻을 수 있습니다.

⑤ 층화군집표집

층화표집과 군집표집에는 공통점과 차이점이 있습니다. 공통점은 모집단에 여러 개의 하위 모집단이 있다고 생각한다는 점입니다. 반면, 하위에 구성된 여러 모집단의 특성이 서로 동질하다고 보는 경우에는 하위 모집단을 '군집'으로, 하위 모집단의 특성이 서로 이질적이라고 보는 경우에는 하위 모집단을 '층'으로 표현합니다. 군집표집과 층화표집 둘 다 단순무작위표집, 계통표집에 비해서 효율적으로 조사할 수 있다는 장점이 있습니다.

그렇다면 군집표집과 계통표집을 섞으면 더 좋은 추출 방법이 되지 않을까요? 그래서 고안된 방법이 층화군집표집입니다. 층화군집표집을 간단히 설명하자면, 모집단을 서로 이질적인 '층strata'으로 먼저 구분하고, 층화된 하위 모집단에서 자연스럽게 분류된 '군cluster'을 뽑는 방법입니다. 가령 대도시에 학교가 100개, 중소도시에 50, 읍면 지역에 30개가 있을 때 도시 규모에 따라 구분된 각 층strata에서 몇 개의 학교를 군집cluster으로 뽑는 방법을 생각해 볼 수 있습니다. 층화군집표집은 표본이 모집단을 대표하기에 용이하고 시간과 비용을 절약할 수 있으며, 모수를 더 정확하게 추정할 수 있다는 장점이 있습니다.

⑥ 행렬표집

고등학생 때 행렬에 대해 배웠던 걸 기억하나요? 행렬은 여러 숫자를 직사각형 형태로 배열한 모양입니다. 행렬표집은 이러한 행렬 형태로 표집을 진행하는 방법입니다. 행렬표집은 조사를 수행하고 모수를 추정하는 과정이 매우 어렵다는 특징이 있으나, 어려운 만큼 확실한 성능과 경제성을 보여줍니다. 국가 간의 학업 성취도를 비교하는 국제학업성취도 비교연구(PISA, TIMSS

등)에서 행렬표집이 주로 활용되는데, 학생 개개인의 성적을 평가하기보다 각 나라의 학업 성취도를 비교하는 것이 연구의 목적이기에 행렬표집이 유용합니다. 학생들의 개별 성적을 평가하는 경우 모든 학생이 모든 문항에 응답하는 것이 아니므로 행렬표집을 진행하는 것은 적합하지 않습니다.

▪ 비확률표집

확률표집이 모집단의 구성 비율 등 확률적인 부분을 계산하여 더욱 경제적으로 조사를 진행할 수 있도록 하는 방법이라면, 비확률표집은 이와 같은 표집을 사용할 수 없거나 시간과 비용을 더 단축하고 싶을 때 활용되는 표집 방법입니다. 비확률표집은 모집단 전체를 대표하려는 표집의 노력에서 조금 벗어나 있으나, 그렇다고 해서 언제나 과학적이지 않은 것은 아니며 필요에 따라 활용할 수 있으므로 기억해 두어야 합니다. 비확률표집에는 편의표집, 목적표집, 스노우볼 표집, 최대빈도 표집 등이 있습니다.

❶ 편의표집

편의표집은 통계를 배워본 적이 없는 사람도 실시할 수 있는 가장 기본적인 표집 방법입니다. 연구자 마음대로 표본을 설정하고 편한 대로 표본을 수집하는 방법이기 때문입니다. 그래서 표집 방법 중에서 가장 편하고 가장 범용적입니다. 학생들에게 과제를 주었을 때 설문조사를 진행한다면 편의표집을 진행하는 경우가 대다수입니다. 편의표집의 '편의'는 영어로 bias가 아닌 convenient를 씁니다. 말 그대로 쓰기 편해서 활용하는 표집입니다. 연구자 입장에서는 간편하게 조사할 수 있고 절차도 간단하므로 쉽게 사용할 수 있으나, 편하게 사용한 만큼 결과를 일반화하기 어렵다는 단점이 있습니다. 연령별로 동성애에 대한 생각이나 느낌을 조사할 때 SNS를 활용하여 주사했다고 가정해 봅시다. 이때 원하는 수만큼 표집할 수는 있겠으나, 나이가 많을수록 소셜네트워크를 사용하는 비중이 줄어들 것이므로 결과를 일반화하기가 쉽지 않습니다.

❷ 목적표집

목적표집은 연구자가 모집단의 특성을 잘 대표한다고 생각하는 대상에 대해 특정한 목적을 가지고 표집을 실시하는 방법입니다. 연구자의 의도가 포함되기 때문에 유의표집이라고도 부릅니다. 예를 들어 주짓수 체육관을 오픈하기 위해 체육관의 입지를 선정하기 위한 설문조사를 진행한다고 해봅시다. 이때 체육관의 주요 등록 대상인 20~40대 남성들이 접근하기 편한 곳으로 선택해야 하므로 20~40대 남성들을 대상으로 표집하여 조사를 시행할 수 있습니다. 이와 같이 목적성을 가지고 대상을 표집하는 것을 목적표집이라 합니다.

❸ 스노우볼 표집

스노우볼 표집은 목적표집의 한 갈래입니다. 연구자가 조건에 부합한다고 판단하는 표본을 조사하고 응답자에게 새로운 응답자를 소개받아서 진행하는 방식입니다. 그래서 조사 속도도 느리고 천천히 진행됩니다. 어떤 경우에 이런 조사 방법을 채택할까요? 주로 발견하기 어려운 표본이나 공개하기 어려운 표본, 사회적으로 환영받지 못하는 대상들을 표집할 때 활용됩니다. 예를 들어 동성애자의 생활 실태 조사 등을 계획한다고 할 때 공개적으로 조사·관리된 표본틀이 없으므로 조사 대상을 찾기가 어려울 것입니다. 이런 경우 한 명의 동성애자를 찾아 조사를 진행하고, 동성애 커뮤니티에 포함된 다른 대상자를 소개받아 연구를 진행할 수 있습니다. 다만 이 경우에는 표본이 특정한 편의bias를 가질 확률이 있습니다.

❹ 최대빈도 표집

벚꽃이 피는 순서대로 대학이 문을 닫을 것이라는 기사를 본 적이 있나요? 지방 도시의 소멸 위기와 지방 대학의 재정 위기가 맞물려 이러한 기사가 나오게 된 것이지요. 지방 대학에서는 어떻게든 학생들을 유치하기 위해 갖가지 노력을 합니다. 강원권에 있는 대학이나 충청권에 있는 대학들은 서울과의 접근성이 좋다는 점을 들어 학교를 홍보하기도 하며, 다양한 수요조사 등을 활용하여 대학의 만족도를 관리합니다. 지방에 있는 대학인데 서울에서 통학하는 학생들이 꽤 많다면 이 학생들을 잘 관리하는 것도 대학이 생존하는 비결 중 하나가 될 것입니다. 이처럼 어떤 범주에서 다수를 대상으로 조사를 수행하는 것을 최대빈도 표집이라고 합니다.

표집의 장점과 단점

표본조사의 장점은 무엇보다 경제성에 있습니다. 전체 대상을 조사하지 않아도 되기 때문이죠. 국민은행에서 매년 조사·발표하는 〈한국 부자 보고서〉는 한국에 있는 모든 부자를 조사한 것이 아니라 국민은행이 보유한 자료를 종합하여 금융자산(주식, 예금, 적금, 주거 외 부동산 등) 10억 원 이상인 사람을 부자로 명명하고 분석을 수행한 것입니다. 전국의 모든 부자를 다루지 않는다는 점에서 시간을 대폭 절약할 수 있고, 조사 기간이 짧아짐에 따라 소요되는 경비도 줄일 수 있습니다. 이처럼 경제적 측면에서 표본조사는 강력한 힘을 발휘합니다. 또한 놀라울 정도의 정확성을 보여줍니다. 정확성이 높다는 것은 그만큼 오차가 적다는 뜻이기도 합니다.

오차에는 크게 확률적 오차와 비확률적 오차가 있습니다. 확률적 오차는 컨트롤이 가능하기 때문에 전수조사보다 표본조사가 더 정확하게 이루어지기도 합니다. 어떻게 전수조사보다 표본조사의 오차가 더 작을 수 있을까요? 이에 대한 답을 천천히 찾아가 보도록 하겠습니다.

표본을 추출할 때도 오차가 발생할 수 있습니다. 표본오차도 크게 확률적 표본오차와 비확률적 표본오차로 구분합니다. 말 그대로입니다. 확률적 표본오차는 우리가 표본을 뽑았을 때 해당 표본이 뽑힐 확률 때문에 바뀔 수 있는 오차이고, 비확률적 표본오차는 이러한 오차와 별개로 자료를 수집하는 과정에서 발생할 수 있는 오차를 의미합니다.

널리 알려진 방법으로, 중심극한정리를 활용하여 표본 크기와 오차를 확인하는 방법이 있습니다. 모집단의 분산은 표본 크기의 제곱근에 반비례하기 때문에 표본의 크기를 늘리면 표본 평균의 표준편차가 작아집니다. 이를 활용하여 계산할 수 있으나, 무조건 표본을 늘리는 것이 능사는 아닙니다. 대표적인 확률적 표본오차의 예가 1936년 미국 대통령 선거입니다. 당시 리터러리 다이제스트literary digest 사는 방대한 수의 인원을 대상으로 조사를 실시하였습니다. 이때 1,000만 명이나 되는 독자를 대상으로 표본조사를 하여 공화당 후보인 랜던이 이긴다는 조사 결과를 발표한 반면, 중소 조사업체였던 갤럽은 약 2만 명의 표본을 조사하여 루즈벨트가 이긴다는 결과를 내놓았습니다. 실제 결과는 여러분이 아는 대로 루즈벨트의 승리였습니다. 이 상황을 어떻게 설명할 수 있을까요? 리터러리 다이제스트 독자들이 대부분 중산층 이상이었기 때문에 이들의 답변만 조사 결과에 반영되어 예측이 크게 빗나간 것이지요. 즉 표본이 대표성을 가지지 못했기 때문입니다.

표본조사를 할 때 무조건적으로 인원수를 늘리기보다 체계적으로 표본을 설계하는 것이 더 중요합니다. 전수조사에서는 연구자가 통제할 수 없는 비확률적 표본오차만 발생하는 반면, 표본조사에서는 확률적 표본오차를 통제할 수 있고 전수조사 대비 더 적은 수의 표본을 대상으로 조사하므로 비확률적 표본오차를 줄일 수 있습니다. 즉 적정한 수준의 표본 크기를 결정하여 표본오차를 줄인다면 전수조사 대비 비확률적 표본오차를 크게 줄일 수 있는 표본조사를 선택하는 것이 더 정확할 수 있습니다.

표본조사는 모집단을 잘 대표하는 표본을 선정하여 모집단의 특성을 예측하는 과정입니다. 모집단을 잘 대표하는 표집을 하는 경우 높은 경제적 효과를 얻을 수 있습니다. 하지만 모집단을 잘 대표하지 못하는 표본을 선정하는 경우에는 모집단의 특성을 제대로 예측하지 못하거나, 심지어 반대로 예측하는 경우가 생겨 큰 시간적·경제적 손실이 발생할 수도 있습니다.

표본조사 시 유의할 점

표본조사를 할 때 여러 요인이 자료의 특성을 감추기도 합니다. 따라서 편의가 발생하지 않도록 최선을 다해야 합니다. 표본조사를 오프라인으로 진행한다면 큰 문제가 없겠으나, 온라인 조사를 어려워하는 노인이나 아동을 대상으로 조사할 때는 조사관이 직접 설문을 진행하기도 합니다. 이때 사람의 마음이 생각보다 참 예민해서 조사자의 말투나 행동에 따라 다르게 응답하기도 하므로 설문 문항을 통해 응답자의 신뢰도를 파악하기도 합니다.

한 가지 예를 들어보겠습니다. 일부 설문조사에서는 설문 대상자가 한 번호로 무성의하게 응답하는 것을 방지하기 위해 동일한 내용의 설문을 정문항과 역문항으로 물어보고 둘 사이에 차이가 있다면 불성실한 응답으로 간주하기도 합니다. 다음의 두 문항을 살펴보겠습니다.

- 나는 수학을 좋아한다.
  (5점 척도: 1. 전혀 그렇지 않다. ~ 5: 매우 그렇다.)
- 나는 수학을 좋아하지 않는다.
  (5점 척도: 1. 전혀 그렇지 않다. ~ 5: 매우 그렇다.)

설문조사에 대해 배워본 적이 없는 사람이라면 "나는 수학을 좋아한다."라는 설문 문항과 "나는 수학을 좋아하지 않는다."라는 설문 문항을 동일한 유형의 문항으로 생각할 수 있습니다. 그래서 "나는 수학을 좋아하지 않는다."에 5점으로 응답한 학생이 "나는 수학을 좋아한다."에 1점으로 응답할 것이라 생각하고, 단순 역변환하여 계산하는 경우가 있습니다. 하지만 정말 그럴까요? 그렇다면 또 다른 예로 아래 두 문항에 대해 스스로 응답해 보세요.

- 나는 성실하다.
  (5점 척도: 1. 전혀 그렇지 않다. ~ 5: 매우 그렇다.)
- 나는 성실하지 않다.
  (5점 척도: 1. 전혀 그렇지 않다. ~ 5: 매우 그렇다.)

"나는 성실하다."라는 문항에는 몇 점으로 응답하고, "나는 성실하지 않다."라는 문항에는 몇 점으로 응답했나요? 이와 관련한 재미있는 연구가 있습니다. 동아시아 학생들의 경우 북미권 학생들보다 대개 이런 문항에서 겸양의 대답을 한다는 것입니다. "나는 성실하다."라는 문항에 대해 실제로는 매우 성실하더라도 4번 "그렇다."에 응답하며 겸양의 모습을 보여주는 반면, 문항을 변경하여 "나는 성실하지 않다."라고 질문하는 경우에는 발끈하며 1번으로 응답을 바꾼다는 것입니다. 이렇게 되면 연구자들이 막연히 생각했던 바와는 다른 결과가 도출되겠지요. 즉 [표 5-1]과 같이 단순히 역문항의 응답을 바꾸는 경우 응답자의 특성을 왜곡할 수도 있는 것입니다.

표 5-1 역문항에서 문항의 응답 변환 예시

나는 성실하다.	나는 성실하지 않다.
1: 전혀 그렇지 않다.	5: 매우 그렇다.
2: 그렇지 않다.	4: 그렇다.
3: 보통이다.	3: 보통이다.
4: 그렇다.	2: 그렇지 않다.
5: 매우 그렇다.	1: 전혀 그렇지 않다.

석·박사 논문을 심사할 때 보면 설문 응답을 바탕으로 논문을 작성한 경우가 있습니다. 이때 자료의 전처리 과정을 설명하며 "불성실한 응답은 제거하였다."라는 표현을 자주 쓰는데, 불성실한 응답을 어떻게 판단할 수 있을까요? 온라인으로 설문을 수행한 경우에는 응답에 소요된 시간이 표기되기도 하므로 이를 바탕으로 불성실한 응답을 제거하는 방법도 고려할 수 있습니다. 또는 앞에서 예로 든 것처럼, 동일한 내용의 정문항과 역문항을 곳곳에 배치하여 두 개의 응답이 일치하는지를 보고 판단하는 방법을 사용하기도 합니다. 이 방법은 주로 응답자가 본인의 생각 그대로 설문에 응답하는 것이 아니라 사회적으로 올바른 대답을 할 수 있는 경우에 사용합니다.

CHAPTER

06 상관분석

"아빠와 아들"

통계분석을 아주 개괄적으로 두 갈래로 구분해 보면, ❶ 집단 간의 평균을 비교하는 것과 ❷ 변수 간의 관계를 분석하는 것으로 나눌 수 있습니다. 이 두 가지 안에서 연구방법론이 무수히 파생되는 형태이므로 큰 윤곽만 익혀 두고 실제로 본인이 연구에서 사용할 연구방법론에 대해 다시 자세히 배우는 것이 효과적입니다. 이번 6장에서는 두 변수 간의 관계를 나타내는 가장 기초적인 방법에 대해 알아보겠습니다.

상관이란 무엇인가

친구들 중에 많이 먹고도 살이 찌지 않는 체질인 친구가 있었습니다. 너무 궁금해서 물었습니다.

"너는 어떻게 그렇게 먹고도 살이 안 쪄? 나는 이렇게 찌는데."

그 친구는 얄밉게도 본인은 오히려 살이 안 쪄서 고민이라는 말만 했습니다. 그런데 저는 왜 이런 궁금증이 들었을까요? 제 의식 속에 많이 먹는 사람은 그만큼 몸무게가 많이 나간다는 사실이 상식처럼 들어 있기 때문입니다. 이처럼 "연관이 있어 보이는 두 변수 사이의 관계를 하나의 수식으로 표현할 수 있지 않을까?"라는 질문에서 생겨나게 된 분석이 바로 상관분석입니다.

이 문제를 해결하기 위해 여러 학자가 고민을 거듭했습니다. 조금 거리가 있어 보이는 이야기이지만, 2장에서 배운 분산의 개념을 떠올려 봅시다. 분산은 자료가 얼마나 흩어져 있는가를 하나의 값으로 표현한 것입니다.

$$\text{분산} = \frac{\sum(X-\overline{X})^2}{n-1} \qquad (6.1)$$

2장에서 식 (6.1)을 설명할 때 평균에서 각 값들까지의 거리인 편차($X-\overline{X}$)를 측정하되, 모든 편차를 더하면($\sum(X-\overline{X})$) 0이 되므로 제곱하여 계산 ($\sum(X-\overline{X})^2$)한다고 했던 것을 기억할 겁니다. 아마 초기의 학자들은 여기서 아이디어를 얻었던 것 같습니다. 두 변수가 어떻게 움직이는지 알기 위해 각 값들의 편차를 곱하는 시도를 해본 것이지요.

한 예를 들어보겠습니다. [표 6-1]은 임의로 선택한 남성 10인의 키와 몸무게 데이터입니다.

표 6-1 남성 10인의 키와 몸무게

번호	키(cm)	몸무게(kg)
1	164	65
2	165	64
3	168	70
4	171	77
5	173	75
6	174	74
7	176	80
8	177	82
9	180	84
10	181	100
평균	**172.9**	**77.1**

이때 키의 평균은 172.9cm, 몸무게의 평균은 77.1kg으로 산출되었습니다. 대략 보기에도 키가 커질수록 몸무게가 함께 증가함을 알 수 있습니다. 이것을 하나의 숫자로 표현하기 위해 각각의 편차를 계산해 봅니다. 각 사람의 값에서 전체 평균을 빼면 됩니다.

표 6-2 남성 10인의 키 편차와 몸무게 편차

번호	키 편차(cm)	몸무게 편차(kg)
1	−8.9	−12.1
2	−7.9	−13.1
3	−4.9	−7.1
4	−1.9	−0.1

5	0.1	−2.1
6	1.1	−3.1
7	3.1	2.9
8	4.1	4.9
9	7.1	6.9
10	8.1	22.9
평균	**0**	**0**

[표 6-2]와 같이 평균을 기준으로 각각의 흩어진 정도를 표시할 수 있습니다. 앞서 설명한 대로 키가 큰 사람들은 몸무게가 상대적으로 높은 경향성을 보입니다. 키가 평균(172.9cm)보다 큰 사람들은 두 명(5, 6번)을 제외하고 모두 평균보다 몸무게가 많이 나가는 것을 볼 수 있죠. 이때 키 편차의 방향성과 몸무게 편차의 방향성을 같이 가져가기 위해 둘을 곱해줍니다.

표 6-3 남성 10인의 키와 몸무게

번호	키(cm)	몸무게(kg)	키 편차(cm)	몸무게 편차(kg)	(키 편차)×(몸무게 편차)
1	164	65	−8.9	−12.1	107.69
2	165	64	−7.9	−13.1	103.49
3	168	70	−4.9	−7.1	34.79
4	171	77	−1.9	−0.1	0.19
5	173	75	0.1	−2.1	−0.21
6	174	74	1.1	−3.1	−3.41
7	176	80	3.1	2.9	8.99
8	177	82	4.1	4.9	20.09
9	180	84	7.1	6.9	48.99

10	181	100	8.1	22.9	185.49
평균	**172.9**	**77.1**	**0**	**0**	**50.61**

[표 6-3]에서 볼 수 있듯이, 같은 부호를 가진 값끼리 곱하면 양의 값을 가지게 되고, 다른 부호를 가진 값끼리 곱하면 음의 값을 가지게 됩니다. 이 값들의 평균을 계산하면 50.61이 나옵니다. 키를 X, 몸무게를 Y라 하고 수식으로 나타내면 다음과 같습니다.

$$COV(X,Y) = \frac{\sum(X-\overline{X})(Y-\overline{Y})}{n-1} \tag{6.2}$$

식 (6.2)의 형식이 앞서 배운 분산과 상당히 흡사합니다. 이처럼 두 변수 사이의 관계를 분산과 비슷한 모양으로 나타낸 식 (6.2)의 값을 공분산이라고 부르며 $COV(X, Y)$로 표현합니다. COV는 공분산covariance의 약자입니다.

이렇게 하나의 값으로 두 변수 사이의 관계를 나타내 보았습니다. 하지만 사람들은 여기서 불편함을 느끼게 됩니다. 앞에서 계산하면서 자세히 적지는 않았지만, 키 편차와 몸무게 편차를 계산할 때 단위가 같이 붙어서 다니기 때문에 [표 6-3]에서 평균의 (키 편차)×(몸무게 편차) 값은 엄밀히 말하면 50.61cm·kg이 됩니다. 같은 데이터를 미국식으로 인치(inch)와 파운드(lb)로 각각 표기하면 [표 6-4]와 같습니다.

표 6-4 남성 10인의 키 편차와 몸무게 편차를 인치(inch)와 파운드(lb)로 변환

번호	키(inch)	몸무게(lb)	키 편차(inch)	몸무게 편차(lb)	(키 편차)×(몸무게 편차)
1	64.6	143.3	−3.5	−26.7	93.5
2	65.0	141.1	−3.1	−28.9	89.8
3	66.1	154.3	−1.9	−15.7	30.2
4	67.3	169.8	−0.7	−0.2	0.2

5	68.1	165.3	0.0	−4.6	−0.2
6	68.5	163.1	0.4	−6.8	−3.0
7	69.3	176.4	1.2	6.4	7.8
8	69.7	180.8	1.6	10.8	17.4
9	70.9	185.2	2.8	15.2	42.5
10	71.3	220.5	3.2	50.5	161.0
평균	**68.1**	**170.0**	**0.0**	**0.0**	**43.9**

[표 6-3]과 [표 6-4]가 같은 데이터인데도 키와 몸무게의 단위가 변하면서 최종적으로 계산한 공분산 값이 달라진 것을 확인할 수 있습니다. 여기서 중요한 문제는 단위가 살아서 돌아다닌다는 것입니다. 이 문제를 어떻게 해결할 수 있을까요?

단위를 없애기 위해 고민하던 학자들은 각각의 표준편차로 공분산을 나눠주는 방안을 생각해 냈습니다. 각 변수의 표준편차는 처음 측정했을 때의 단위가 남아 있기 때문에 두 변수 각각의 표준편차로 나눠주면 단위가 모두 사라져 단위 조정이 일어납니다. 우리는 이것을 상관계수correlation coefficient라고 부릅니다. 상관계수를 계산하는 식은 다음과 같습니다.

$$Corr(X,Y) = \frac{COV(X,Y)}{\delta_X \delta_Y} \tag{6.3}$$

앞에서 cm·kg으로 계산한 데이터의 공분산 50.61을 키와 몸무게 각각의 표준편차인 5.90(cm)과 10.47(kg)로 나눠주면 단위가 모두 제거되고 0.82라는 상관계수가 도출됩니다($\frac{50.61\text{cm} \cdot \text{kg}}{5.9\text{cm} \cdot 10.47\text{kg}} = 0.82$). 또한 inch·lb로 계산한 데이터의 공분산인 43.9를 각각의 표준편차인 2.32와 23.09로 나눠주면 동일하게 0.82라는 상관계수가 산출되는 것($\frac{43.9\text{inch} \cdot \text{lb}}{2.32\text{inch} \cdot 23.09\text{lb}} = 0.82$)을 알 수

있습니다. 이처럼 상관계수는 동일한 데이터에 대해 단위가 다르더라도 동일한 계수를 산출해 주므로 더 편리하고 직관적으로 두 변수의 관계를 이해할 수 있습니다. 상관계수는 −1~1 사이의 값을 가지며, 절댓값이 클수록 상관이 강하다고 표현하고 0에 가까울수록 상관이 약하다고 표현합니다. 상관계수를 표시할 때에는 correlation의 앞 글자를 따서 $Corr(X, Y)$의 형태로 표시하거나 알파벳 R에 해당하는 그리스어인 ρ[1]를 활용하여 $\rho_{X,Y}$로 표기합니다.

[표 6-1]의 데이터를 활용하여 산점도scatter plot를 그려보면 [그림 6-1]과 같습니다.

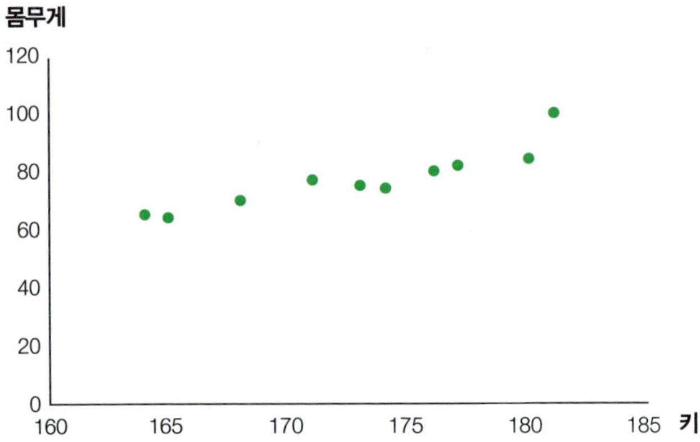

그림 6-1 남성 10인의 키와 몸무게 산점도

육안으로도 키가 커질수록 몸무게가 올라감을 확인할 수 있습니다. 이처럼 산점도를 그려보면 대강의 상관계수를 시각적으로 확인할 수 있습니다.

앞서 설명했듯이 상관계수는 언제나 −1~1 사이의 값을 가지며 절댓값이 클수록 강한 상관, 0에 가까울수록 약한 상관으로 표현합니다. [그림 6-2]는 상관계수의 강도에 따른 산점도를 보여줍니다. 상관계수가 1 또는 −1일 때는 완전한 선형상에 위치함을 확인할 수 있습니다. 또한 상관이 강할수록 강한 경향성을 가지고, 상관이 약할수록 약한 경향성을 가짐을 확인할 수 있습니다.

---

1 ρ는 '로(rho)'라고 읽습니다.

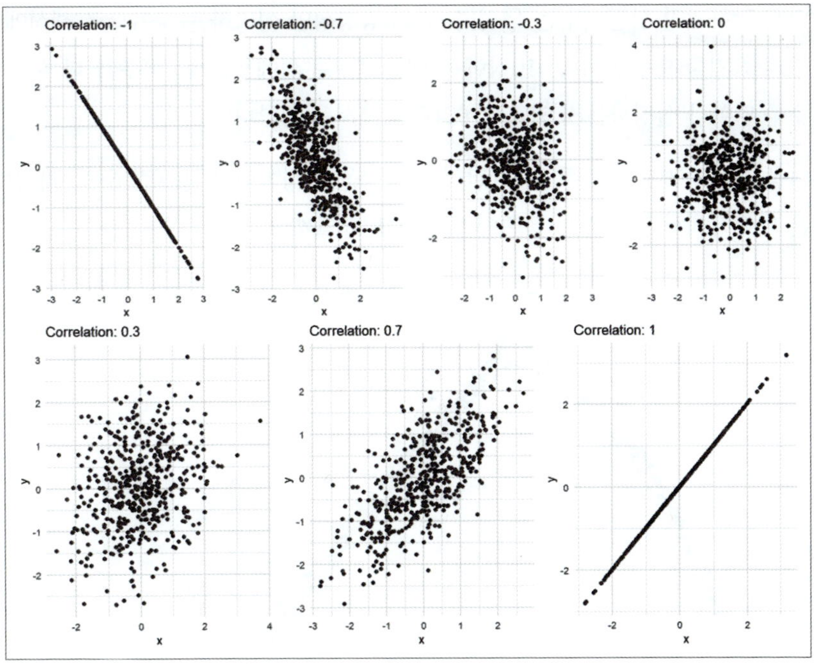

그림 6-2 상관계수별 산점도

상관계수를 분석할 때 주의할 점

상관분석을 처음 배운 사람들이 상관분석을 수행하고 나서 두 변수의 관계를 인과관계로 해석하는 실수를 범하곤 합니다. 상관계수는 두 변수 간의 관계 또는 관계의 강도를 나타낼 뿐, 두 변수 간의 인과관계를 설명하지는 않습니다. 앞서 든 예시에서 키가 큰 사람들이 몸무게가 높은 방향성을 보였다고 하여, 큰 키가 무조건 몸무게가 많이 나가는 원인이 되는 것은 아니라는 말입니다. 지구온난화가 심해질수록 해적의 수가 줄어든다는 내용의 데이터를 본 적이 있습니다. 이는 해적의 수와 지구 평균온도라는 두 개의 데이터가 전혀 상관이 없음에도 상관계수가 높게 산출될 수 있음을 보여줍니다. 그러니 두 변수의 상관계수가 높게 나왔다고 해서 지구온난화를 해결하기 위해 해적을 양성하는 일은 없어야 하겠습니다.

다시 말하지만 상관계수는 두 변수 간의 방향성만 설명하는 것이므로 해석에 주의를 기울여야 합니다. 10장에서 배울 회귀분석에서는 한 변수가 다른 변수를 얼마나 설명하는지 인과관계의 관점에서 설명합니다.

다음으로 상관분석은 두 변수 간의 선형성을 가정합니다. [그림 6-3]과 같은 데이터에서 두 변수는 상관이 있을까요, 없을까요?

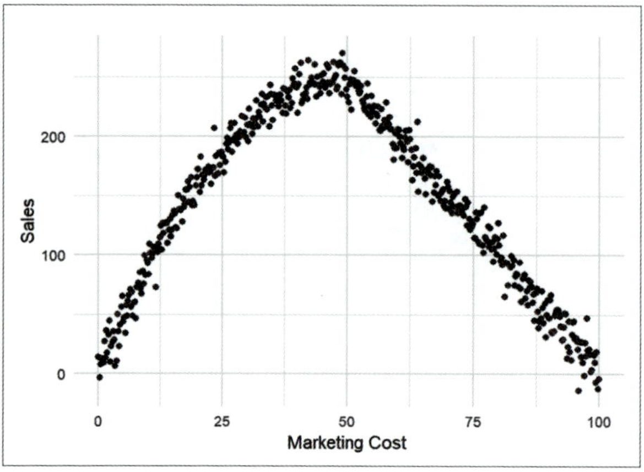

그림 6-3 마케팅 비용과 매출의 산점도

[그림 6-3]은 두 변수가 일정 구간까지는 양의 상관관계를 보이다가 일정 구간부터는 강한 음의 상관관계를 보입니다. 이 경우에 계산해 보면 실제 상관계수는 0이 나옵니다. 상관계수가 0이 나왔으니 상관이 없다고 할 수 있을까요? 아닙니다. 육안으로도 명확한 상관관계가 있는 것을 확인할 수 있습니다. 이런 경우에는 선형성 가정을 만족하지 못하였기 때문에 상관분석을 사용하는 것이 적절하지 않을 수 있습니다.

상관계수는 또한 특잇값에 민감합니다. [그림 6-4]와 [그림 6-5]는 각각 선형성이 강한 데이터에 특잇값이 포함된 경우와 선형성이 약한 데이터에 특잇값이 포함된 경우를 보여줍니다. [그림 6-4]에서는 특잇값이 실제 데이터의 선형성을 약화하는 역할을 하고, [그림 6-5]에서는 특잇값이 실제 데이터의 선형성을 강화하는 형태로 데이터를 왜곡할 수 있습니다.

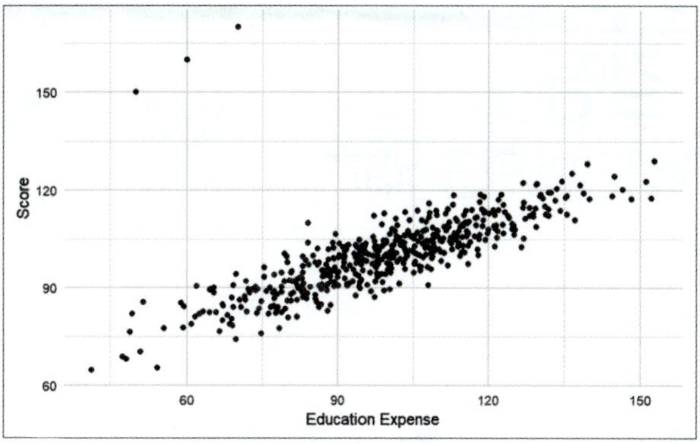

그림 6-4 선형성이 강한 데이터에 특잇값이 포함된 경우

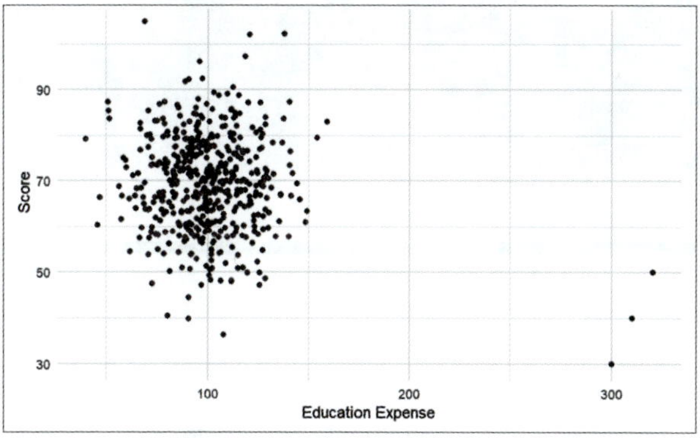

그림 6-5 선형성이 약한 데이터에 특잇값이 포함된 경우

특잇값의 영향을 받았으므로 특잇값을 지우는 판단을 할 수도 있습니다. 이때 특잇값을 어떤 기준에서 지웠는지, 왜 그 값을 특잇값으로 판단했는지 등도 연구자가 판단해야 할 영역입니다. 일전에 한 대학에서 사교육비 조사를 수행하였는데 월 평균 사교육비로 3,000만 원을 적은 학생이 있었습니다. 조사자들은 이 금액이 연간 사교육비를 잘못 적었거나 불성실한 응답이라고 생각했으나 해당 학생에게 연락해 본 결과 실제로 월간 3,000만 원의 사교육비를 썼음을 확인할 수 있었습니다. 이럴 때 어떤 판단을 내릴지 결정하는 것은 어려운 일이 될 수도 있습니다.

CHAPTER

07 *t*-검정

"두 집단의 평균 비교"

집단 간의 평균을 비교하는 가장 기초적인 형태는 두 집단의 평균을 비교하는 것입니다. 7장에서는 이 방법에 대해 알아보려 합니다. 처음 통계를 배울 때에는 두 집단의 평균을 비교 분석한다는 말이 잘 이해되지 않을 수 있습니다. 집단의 평균은 2장의 기술통계에서 배운 것처럼 단순히 값을 계산하여 제시하면 되는 것인데 굳이 '분석'이라는 거창한 말이 들어가야 할까 싶은 거지요.

두 집단의 평균을 통계적으로 비교하기

다음과 같은 상황을 가정해 봅시다. A반과 B반의 중간고사 성적 평균이 각각 80점과 90점으로 나온다면 두 집단의 평균에는 차이가 있는 것일까요? 아마 대다수 사람들이 차이가 있다고 대답할 것입니다. 그렇다면 83점과 85점은 어떤가요? 또 80.5점과 80.7점은 어떤가요? 이러한 질문에 좀 더 체계적으로 대답하는 과정이 두 집단의 평균을 비교하는 t-검정입니다. 논문을 읽다 보면 가장 많이 볼 수 있는 분석 중 하나가 t-검정입니다. 두 집단의 평균을 비교하는 것이 가장 기본적인 연구문제이기 때문입니다.

예를 들어보겠습니다. 연구자가 새롭게 개발한 교수법 프로그램이 있다고 가정해 봅시다. 해당 교수법을 개발한 연구자는 이 교수법을 가지고 학생들을 가르치면 기존보다 성적이 더 오를 것이라고 주장하고 싶을 겁니다. 그렇지 않다면 해당 교수법이 별로 필요하지 않을 테니까요. 연구를 통해서 연구자의 주장이 옳다는 것을 밝히려면 어떤 절차를 거쳐야 할까요? 먼저 실험군과 대조군을 설정해야 합니다. 실험군은 우리가 새로운 처치를 적용하는 집단입니다. 예를 들어 새로운 교수법을 적용한 학급이 실험군이 될 수 있습니다. 반면 대조군은 기존 방법을 유지하는 집단으로 실험군의 효과를 비교하기 위한 기준점이 됩니다. 새로운 교수법과 비교하기 위해 대조군은 기존 교수법으로 수업을 진행한 학급이 될 것입니다. 실험을 진행하기 위해서는 성적이 비슷한 두 개의 반을 선정하고, 그중 한 반을 실험군으로, 다른 한 반을 대조군으로 설정합니다. 그리고 실험군 학급에서는 새로운 교수 방법으로 수업을 진행하고 대조군 학급에서는 기존 교수 방법으로 수업을 진행한 뒤 시험을 치릅니다. 마지막으로 두 반의 시험 성적을 비교하여 교수 방법의 성과를 확인합니다.

그렇다면 두 그룹의 시험 성적이 몇 점 차이가 나야 통계적으로 유의하다고 할 수 있을까요? 정답은 '그때그때 다르다'입니다. 표본의 수가 적으면 비교적 큰 차이가 나야 통계적으로 유의한 차이가 발생하겠지만, 표본의 수가 많으면 차이가 조금만 나더라도 통계적으로 유의한 차이라고 볼 수 있습니다. 같은 원리로 실험 대상인 학생 수가 적은 경우에 결과를 일반화하려면 상대적으로 큰 점수 차이가 필요하겠죠? 이것을 어떻게 수식으로 표현할 수 있을까요? 앞서 4장에서 배운 영가설(H_0)과 대립가설(H_1)을 만들고 유의수준을 설정한 뒤 유의확률을 계산하여 영가설을 기각할지 말지를 결정하면 됩니다. 이 예시에서는 다음과 같은 영가설과 대립가설을 세울 수 있습니다.

- 영가설(H_0): 기존 교육법과 새로운 교수법의 성과에는 차이가 없을 것이므로 두 집단의 평균은 같다.
- 대립가설(H_1): 기존 교육법보다 새로운 교수법이 더 효율적일 것이므로 두 집단의 평균에 차이가 있다.

앞서 영가설과 대립가설은 서로 대조적인 관계에 있다고 설명한 바 있습니다. 영가설을 참이라 가정하고 표본을 추출하여 영가설이 참(두 집단의 평균차이가 없다)임에도 불구하고 연구자가 추출한 표본에서만 차이가 발생하였을 확률(유의확률)을 계산한 후 그 결과 유의확률이 유의수준보다 낮으면 영가설을 기각합니다. 즉 두 집단의 평균차이가 없다는 영가설을 기각하였으므로 두 집단 간에 차이가 있다고 최종 결론을 내립니다. 이를 통해 연구자는 본인이 개발한 새로운 연구법이 효과적이라는 주장을 할 수 있게 됩니다.

여기서 다시 근원적인 물음이 생깁니다. 얼마나 차이가 나야 통계적으로 유의한 차이라고 말할 수 있을까요? 다음 식을 살펴봅시다.

$$t = \frac{\overline{X_1 - X_2} - \overline{\mu_1 - \mu_2}}{\frac{S_{\overline{X_1 - X_2}}}{\sqrt{n}}} \quad (7.1)$$

위 수식이 복잡하지만 너무 어려워하지 말고, 수식도 하나의 언어라고 생각하고 차분히 바라봅시다. 그러면 수식이 전달하려는 의미가 좀 더 잘 전달될 것입니다. 먼저 식 (7.1)의 분자부터 살펴보겠습니다. $\overline{X_1 - X_2}$는 표본집단 1과 표본집단 2의 차이의 평균이며, $\overline{\mu_1 - \mu_2}$는 가설 설정에서 제시한 모집단 1과 모집단 2의 차이의 평균입니다. 따라서 실제로 $\overline{\mu_1 - \mu_2}$는 0이 되므로 식 (7.1)을 식 (7.2)와 같이 바꿀 수 있습니다.

$$t = \frac{\overline{X_1 - X_2}}{\frac{S_{\overline{X_1 - X_2}}}{\sqrt{n}}} \quad (7.2)$$

식 (7.2)에서 다시 분자 부분을 살펴보면, $\overline{X_1 - X_2}$는 표본집단 1과 표본집단 2의 차이의 평균입니다. 앞의 예에서 표본집단 1은 실험군에 해당하는 집단으로 새로운 교육 방법으로 교육을 받은 집단, 표본집단 2는 대조군에 해당하는 집단으로 기존 방법으로 교육받은 집단에 해당합니다. 이때 $\overline{X_1 - X_2}$의 차이가 클수록 전체 t-값의 크기는 커집니다(당연히 두 집단의 평균차이가 커야 통계적으로 유의한 차이가 있을 것이라는 사실을 예상할 수 있겠죠?). 식 (7.2)의 분모 $\dfrac{S_{\overline{X_1-X_2}}}{\sqrt{n}}$에서 $S_{\overline{X_1-X_2}}$는 두 집단(실험군과 대조군)의 평균차이의 표준편차이고, 이를 표본 크기의 제곱근인 $\sqrt{n}$으로 나눠준 것입니다. 즉 표본을 많이 추출하면 분모 전체가 작아지는 효과가 있어서 t-값의 크기가 커지는 효과가 생깁니다. 결국 두 집단의 평균차이가 클수록, 표본의 수가 많거나 표준편차가 작을수록 t-값의 크기가 커질 것입니다. 이렇게 계산된 t-값을 그래프로 나타내면 [그림 7-1]과 같은 모양이 됩니다.

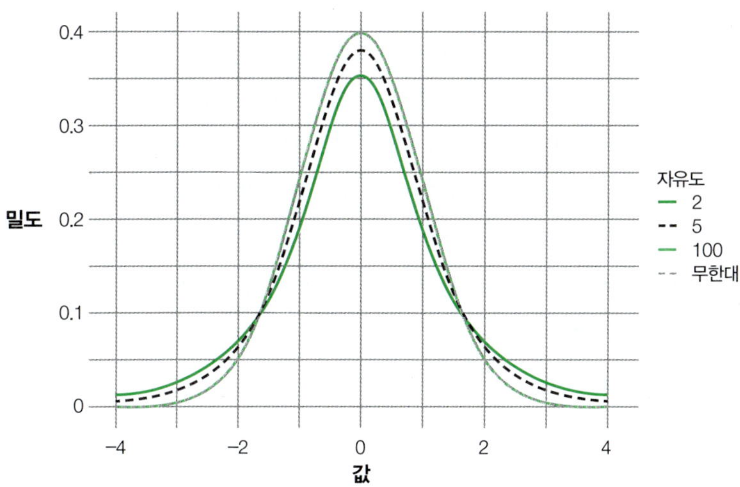

그림 7-1 자유도에 따른 t-분포

[그림 7-1]의 제목에 '자유도'라는 단어가 들어가 있습니다. 자유도Degree of Freedom는 통계학에서 매우 중요한 개념 중 하나입니다. 처음 들으면 약간 헷

갈릴 수 있지만, 쉽게 설명해 보겠습니다. 반에서 학생 10명을 무작위로 뽑아서 그들의 시험 성적을 조사한다고 가정합시다. 학생 10명의 시험 성적 평균을 계산하려고 합니다. 평균을 계산하려면 10명의 성적을 모두 더한 뒤 그 합을 10으로 나누어야 하는데, 만약 전체 평균의 값이 이미 정해져 있다면, 10명의 성적 중 9명은 자유롭게 아무 값이나 가질 수 있지만 마지막 한 명의 성적은 이미 정해져 있어야 합니다. 이 경우에 자유도는 10−1=9가 됩니다. 일반화해 보면, *n*개의 표본이 있을 때 자유도는 보통 *n*−1로 계산됩니다. 즉 자유도는 표본의 평균을 계산할 때 하나의 값이 이미 정해져 있기 때문에 나머지 값들이 자유롭게 변할 수 있는 정도를 나타냅니다.

자유도는 특히 *t*-검정이나 카이제곱 검정과 같은 통계분석에서 중요한 역할을 합니다. 예를 들어 두 집단의 평균을 비교할 때 각 집단의 자유도를 고려하여 *t*-값을 계산합니다. 이렇게 계산된 *t*-값이 *t*-분포상에서 어디에 위치하는지를 파악함으로써 두 집단 간의 평균차이가 통계적으로 유의미한지 판단할 수 있습니다.

[그림 7-1]을 보면 자유도가 커질수록(표본이 커질수록) 극단값이 나타날 확률이 낮아지므로 그래프의 꼬리가 얇아지고, 자유도가 낮아질수록 극단값이 나타날 확률이 높아지므로 그래프의 꼬리가 두꺼워집니다. 이때 자유도가 일정 수준 이상 큰 값이 되면 *z*-분포를 따르게 됩니다. 표준정규분포라고도 하는 *z*-분포는 평균이 0, 표준편차가 1인 정규분포를 말합니다. 정규분포는 자료가 평균을 중심으로 대칭적으로 분포하는 형태를 띠며 여러 값을 비교하기가 좋아 자주 사용됩니다.

어떤 연구자들은 표본의 수가 30개 이상일 때, 어떤 연구자들은 표본의 수가 100개 이상일 때 *z*-분포를 따른다고 이야기하기도 하지만, 이 책에서는 통계 패키지를 사용해 *t*-검정을 수행할 것이므로 자료가 몇 개 이상일 때 정규분포에 근사하는지는 잘 몰라도 됩니다. PC가 보급되지 않던 시절에는 표본 수에 따라 일일이 표본 평균과 표본 분산 등의 값을 계산해야 했으며 [그림 7-2]와 같은 *t*-분포표를 활용하여 그 값들이 통계적으로 유의한지를 판단해야 했습니다. 하지만 이제 통계 패키지에서 자유도에 따른 유의확률을 자동으로 계산해 주기 때문에 걱정할 필요가 없습니다.

d.f \ α	0.25	0.20	0.15	0.10	0.05	0.025	0.02	0.01	0.005	0.0025	0.001	0.0005
1	1.000	1.376	1.963	3.078	6.314	12.71	15.89	31.82	63.66	127.3	318.3	636.6
2	0.816	1.061	1.386	1.886	2.920	4.303	4.849	6.965	9.925	14.09	22.33	31.60
3	0.765	0.968	1.250	1.638	2.353	3.182	3.482	4.541	5.841	7.453	10.21	12.92
4	0.741	0.941	1.190	1.533	2.132	2.776	2.999	3.747	4.604	5.598	7.173	8.610
5	0.727	0.920	1.156	1.476	2.015	2.571	2.757	3.365	4.032	4.773	5.893	6.869
6	0.718	0.906	1.134	1.440	1.943	2.447	2.612	3.143	3.707	4.317	5.208	5.959
7	0.711	0.896	1.119	1.415	1.895	2.365	2.517	2.998	3.499	4.029	4.785	5.408
8	0.706	0.889	1.108	1.397	1.860	2.306	2.449	2.896	3.355	3.833	4.501	5.041
9	0.703	0.883	1.100	1.383	1.833	2.262	2.398	2.821	3.250	3.690	4.297	4.781
10	0.700	0.879	1.093	1.372	1.812	2.228	2.359	2.764	3.169	3.581	4.144	4.587
11	0.697	0.876	1.088	1.363	1.796	2.201	2.328	2.718	3.106	3.497	4.025	4.437
12	0.695	0.873	1.083	1.356	1.782	2.179	2.303	2.681	3.055	3.428	3.930	4.318
13	0.694	0.870	1.079	1.350	1.771	2.160	2.282	2.650	3.012	3.372	3.852	4.221
14	0.692	0.868	1.076	1.345	1.761	2.145	2.264	2.624	2.977	3.326	3.787	4.140
15	0.691	0.866	1.074	1.341	1.753	2.131	2.249	2.602	2.947	3.286	3.733	4.073
16	0.690	0.865	1.071	1.337	1.746	2.120	2.235	2.583	2.921	3.252	3.686	4.015
17	0.689	0.863	1.069	1.333	1.740	2.110	2.224	2.567	2.898	3.222	3.646	3.965
18	0.688	0.862	1.067	1.330	1.734	2.101	2.214	2.552	2.878	3.197	3.610	3.922
19	0.688	0.861	1.066	1.328	1.729	2.093	2.205	2.539	2.861	3.174	3.579	3.883
20	0.687	0.860	1.064	1.325	1.725	2.086	2.197	2.528	2.845	3.153	3.552	3.850

그림 7-2 *t*-분포표

t-검정의 가설검정 절차

실제 데이터를 통해 *t*-검정의 가설검정 절차를 살펴보겠습니다. 실험군과 대조군 두 반의 학생은 각각 7명이며 각 반의 학생들이 취득한 점수는 [표 7-1]과 같습니다.

표 7-1 실험군과 대조군 7명 자료의 점수

번호	실험군	대조군
1	50	45
2	57	58
3	72	75
4	77	78

5	80	82
6	83	91
7	92	95
평균	**73.0**	**74.9**

두 반(실험군과 대조군)의 평균은 1.9점 차이가 납니다. 이 차잇값이 통계적으로 유의한지를 살펴보는 것이 검정입니다. 식 (7.2)를 가져와 t-값을 구해 보겠습니다.

$$t = \frac{\overline{X_1 - X_2}}{\frac{S_{\overline{X_1 - X_2}}}{\sqrt{n}}} \tag{7.2}$$

식 (7.2)에서 분자에 해당하는 부분은 두 반의 평균차이인 1.9입니다. 분모에서는 실험군과 대조군의 분산을 각각의 표본 크기로 나누어 제곱근을 취해 주면 되므로 $\frac{S_{\overline{X_1 - X_2}}}{\sqrt{n}}$의 값은 8.75가 됩니다. 따라서 t-값은 $\frac{1.9}{8.75}$입니다. 이 t-값을 바탕으로 유의확률을 계산할 수 있는데, 계산 방법은 [그림 7-3]을 보며 함께 이해해 보겠습니다.

[그림 7-3]은 자유도가 12인 t-분포의 확률밀도 함수입니다. 확률을 밀도로 나타낸 함수이므로 그래프의 전체 면적은 1이 됩니다. t-검정에서 t-값은 해당 자유도에 대한 t-분포의 검정통계량 역할을 하며, 해당 t-값의 절댓값보다 큰 부분의 면적이 유의확률로 계산됩니다. 이렇게 계산된 유의확률을 시각적으로 나타내면 [그림 7-3]과 같습니다. 흐린 초록색으로 표시한 부분의 면적은 0.83이므로 유의확률은 0.83입니다. 영가설이 참임에도 우연히 우리가 얻은 데이터에서 차이가 났을 확률이 0.83(83%)이라는 의미입니다(이 값은 SPSS에서 자동으로 계산해 줍니다).

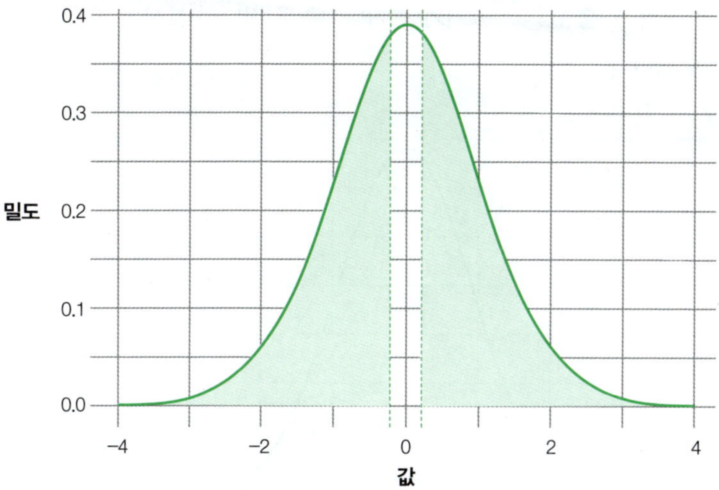

그림 7-3 [표 7-1] 예의 유의확률

가설검정의 원리를 기반으로 t-검정의 결과를 설명해 보겠습니다. 이 예의 영가설은 "새로운 교육 방법을 적용한 반과 기존 교육 방법을 그대로 사용한 반 사이의 평균차이는 없다."였습니다. 우리가 추출한 7명의 표본을 통해서 두 반의 평균차이가 실제로는 0인데 이 표본에서만 평균차이가 있는 것처럼 보일 확률인 유의확률을 계산해 보면 [그림 7-3]에서 흐린 초록색 부분의 면적인 0.83이 된다는 것입니다. 이 0.83이라는 확률은 유의수준 0.05보다 크므로 영가설을 기각할 수 없습니다. 따라서 대립가설을 지지하는 결정을 내릴 수 없습니다. 새로운 교육 방법으로 교육하나, 기존 교육 방법으로 교육하나 결과가 동일하다는 뜻입니다. 즉 우리가 추출한 표본에서는 두 반의 평균 점수 차이가 2점 가까이 나지만, 통계적으로 유의한 차이는 아니라는 말이죠.

평균이 2점이나 차이 나지만 왜 통계적으로는 유의한 차이가 아니라고 하는 것일까요? 두 반에서 표본을 7명씩만 추출했기 때문에 2점의 평균차이로는 두 집단의 평균차이가 있다고 결론을 내기 어렵기 때문입니다. 만약 두 집단의 평균차이가 좀 더 극단적으로 나타난다면 t-값이 커질 것이며, 그러면 [그림 7-4]와 같은 형태로 나타날 것입니다. 앞서 설명한 것처럼 ❶ 두 집단의 평균차이가 크거나, ❷ 표본의 크기가 크거나, ❸ 두 집단의 분산이 작을 때 t-값이 커지게 됩니다.

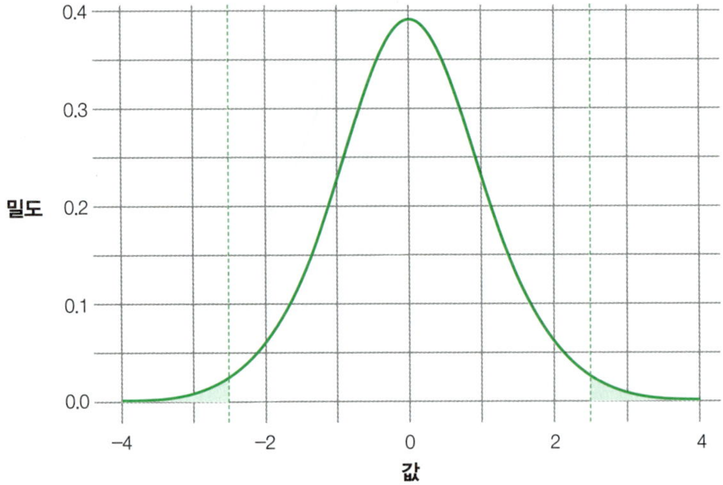

그림 7-4 t-값이 커졌을 때의 유의확률 예시

[그림 7-4]에서 유의확률은 0.02(2%)가 됩니다. 이 말은 실제 두 집단의 차이가 0임에도 우리가 추출한 표본에서 평균차이가 나타날 확률이 2%라는 의미입니다. 영가설이 참일 때 이를 기각할지 여부를 결정하는 기준값을 유의수준이라 하고, 보통 사회과학에서는 0.05(5%)를 통용하므로 이때에는 영가설을 기각하고 대립가설을 지지하게 됩니다. 즉 기존 교육 방법으로 교육한 집단보다 새로운 교육 방법으로 교육한 집단의 평균이 더 높다고 결론을 내려 새로운 교육 방법의 효과성을 입증할 수 있습니다. 앞의 예시와 같은 표본 수(각 반 7개)에서 유의확률이 0.02가 나오려면 두 집단의 분산이 동일하다고 가정했을 때 평균차이가 23점 정도 나야 합니다.

통계적 유의성과 실제적 유의성

통계적으로 유의하다는 말은 가설검정의 원리를 설명하면서 사용한 말입니다. 우리가 틀리는 것을 감수하는 수준(유의수준)보다 표본에서 우연에 의해 평균차이가 나왔을 확률(유의확률, p-value)이 낮다면 영가설을 기각하고 통계적으로 유의하다는 표현을 씁니다. 여기서 이런 의문이 생깁니다. "통계적으로 유의하나 실제로는 유의하지 않을 수도 있다는 말인가?" 하는 것이죠. 다음 예를 살펴봅시다.

미국 클린턴 정부에서 재무부 장관을 역임한 로렌스 서머스는 하버드대 총장직을 수행하던 2005년 "과학 전공자 중 여성이 적은 이유는 선천적 지능 때문이다"라는 발언을 해서 구설에 오르고 결국 총장직을 사임했습니다. 이때 로렌스 서머스가 아무런 근거 없이 이런 말을 했던 것은 아닙니다. 실제로 남성과 여성의 지능지수를 비교한 연구를 보면 수리·과학 지능에서 남성이 조금 더 높고, 언어 지능에서는 여성이 조금 더 높게 나타나는 것을 확인할 수 있습니다. 하지만 그 차이는 매우 작은 수준입니다. 해당 연구들에서는 통계적으로 유의하다고만 밝혔을지도 모릅니다.

이것을 어떻게 이해해야 할까요? 앞서 식 (7.2)에서 t-값을 계산하는 방법을 보여주었습니다. 여기서 표본의 수가 늘어나면 늘어날수록 t-값의 분모 부분이 작아지고 t-값은 커지는 효과를 나타냅니다. 이때 두 집단의 평균이 실제로는 거의 영향이 없는 수준으로 보일지라도 통계적으로 유의하게 만들 수 있습니다. [그림 7-5]는 두 집단의 지능지수(IQ) 분포를 보여줍니다. 집단 A와 B는 각각 10만 명의 IQ 자료로서 집단 A는 평균이 100, 표준편차가 15이고, 집단 B는 평균이 100.2, 표준편차가 15입니다.

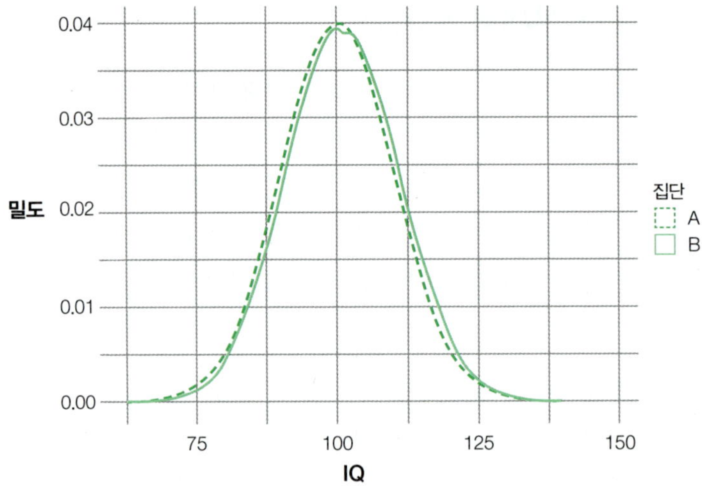

그림 7-5 평균 IQ가 100인 집단 A와 100.2인 집단 B의 분포

육안으로는 두 집단에 어떤 차이가 있음을 인지하기 어렵습니다. 식 (7.2)에 대입했을 때 분자 부분은 0.2로 매우 작은 차이지만, 표본의 수를 20만 개로 늘리면 분모 부분이 매우 작아지고 t-값이 5.05가 되어 유의확률은 .000이 됩니다. 즉 실제로 해석해 보면 별로 유의미하지 않은 차이이지만, 통계적으로 유의하게 보이도록 만들 수 있다는 뜻입니다. 남성의 IQ가 100, 여성의 IQ가 100.2라고 하더라도 표본의 수를 매우 크게 뽑는다면 통계적으로 유의한 결과가 산출될 수 있으나, 이러한 결과를 근거로 들어 남녀의 지능에 차이가 있다고 주장한다면 받아들여지기 어려울 것입니다. t-검정을 할 때 이런 점에 주의해야 합니다.

t-검정의 분산

일반적인 통계학 책들을 보면 t-검정을 할 때 분산을 어떻게 처리하고 계산하는지를 다루는 데 많은 지면을 할애합니다. 예를 들어 이 책에서는 식 (7.2)처럼 한 가지의 경우만 살펴보았지만, 다른 책에서는 두 집단의 표준편차가 같은 경우, 다른 경우 등 여러 형태의 계산을 다룹니다. 이 책은 통계를 처음 접하는 사람이 수식의 어려움을 넘어서 통계에 한 걸음 가까워지기를 희망하는 취지로 썼기 때문에 더 이상 수식이 늘어나는 것을 막기 위해 여러 형태의 계산 과정은 과감히 뺐습니다. 그리고 통계 패키지에서는 이러한 과정들과 무관하게 t-값을 산출해 주므로 t-값을 어떻게 계산하는지 대강 이해하고 있으면 논문에서 t-검정을 이해하는 데 문제가 없을 것입니다. 어떤 계산을 거쳐서 t-값이 도출되었는지보다 이를 어떻게 해석할 수 있는지에 더 관심을 두는 것이 우리가 통계를 배우는 목적과 부합할 것입니다.

상관이 있는 두 집단의 평균 비교: 종속표본 *t*-검정

이번에는 두 집단의 평균을 비교하는 방식 중 특수한 경우에 해당하는 종속표본 t-검정에 대해 알아보겠습니다. '종속표본 t-검정'을 영어로 paired t-test라고 씁니다. 여기서 pair는 쌍을 이루는 어떤 대상을 셀 때 쓰는 말이죠? [그림 7-6]에는 신발이 한 켤레 놓여 있습니다. 두 사람의 오른발, 왼발에 신은 신발을 각각 한 짝씩 모아서 두 짝을 만드는 것이 균질할까요, 아니면 한 사람의 오른발과 왼발에 신은 신발이 더 균질할까요? 신발의 모양은 사람의 발 크기나 걸음걸이 등이 반영되기 때문에 서로 다른 사람의 신발을 한 짝씩 모아서 만든 신발 한 켤레보다 한 사람의 신발 한 켤레가 더 균질한 자료라고 할 수 있습니다. 이처럼 한 대상에 한 쌍의 자료가 내재되어 있을 때 활용할 수 있는 분석 방식이 종속표본 t-검정입니다.

그림 7-6 한 쌍의 신발

종속표본 t-검정을 이해하려면 먼저 '내재'의 개념을 이해해야 합니다. 내재를 영어로 nested라고 하는데 여기서 nest는 둥지를 뜻합니다. 한 둥지 안에 옹기종기 모여 있는 새끼들을 생각해 보세요. 서로 다른 둥지에 있는 새끼를 한 마리씩 모아서 조사하는 것과 대비하여, 한 둥지 안에 있는 새끼들이 한 부모 밑에서 태어났을 확률이 높으므로 비슷한 환경에서 자랐을 것이고 유전자의 형질도 비슷할 것이라 예상할 수 있으므로 더 많은 정보를 가지고 있다고 볼 수 있습니다. 어느 정도 이 그룹이 균질하다는 사전정보가 존재하는 자료인 셈이죠.

통계학에서 활용하는 내재 자료의 예를 살펴봅시다. 같은 학급에 속한 학생들은 학급이라는 그룹 안에 내재되어 있습니다. 형제는 같은 부모라는 그룹 안에 내재되어 있습니다. 한국의 여러 대학은 한국이라는 나라에 내재되어 있습니다. 또한 1학년 때의 성적, 2학년 때의 성적, 3학년 때의 성적은 한 사람 안에 내재되었다고 볼 수 있습니다. 10세 때의 키, 11세 때의 키, 12세 때의 키도 한 개인 안에 내재된 값이라고 할 수 있습니다. 보통 어릴 때 공부 잘하던 친구들이 커서도 공부를 잘하는 경향성이 있고, 어렸을 때 키가 컸던 친구들이 성인이 되어서도 키가 큰 경향이 있다는 예상을 할 수 있습니다. 내재된 자료의 예로 다음과 같은 것들을 더 생각해 볼 수 있습니다.

- 한 학생의 중간고사 점수와 기말고사 점수
- 한 사람의 키와 몸무게
- 교육 프로그램 전후의 학생들의 점수 변화
- 약물 처치 전후의 환자들의 호르몬 변화

내재된 자료를 활용하면 통계적으로 더 유리한 점들이 있습니다. 그래서 종속표본 t-검정의 형태로 유형화하여 하나의 분석 방법으로 공유하는 것입니다. 어떤 이점이 있는지 알려면 앞에서 배운 식들을 다시 살펴볼 필요가 있습니다. 식이 나온다고 너무 두려워하지 말고 찬찬히 읽어보길 바랍니다.

지금은 종속된 두 자료의 평균에 차이가 있는지를 확인하는 분석이므로 종속된 자료 한 쌍을 각각 X_1과 X_2라 하겠습니다. X_1의 평균과 X_2의 평균에 통계적으로 유의한 차이가 있는지 살펴보기 위해서는 앞서 살펴본 t-검정을 활용해야 합니다. 이때 t의 값은 식 (7.1)처럼 계산됩니다.

$$t = \frac{\overline{X_1 - X_2} - \overline{\mu_1 - \mu_2}}{\frac{S_{\overline{X_1 - X_2}}}{\sqrt{n}}} \tag{7.1}$$

식 (7.1)에서 $\overline{\mu_1 - \mu_2}$는 영가설(두 집단의 평균이 같다)에서 집단 간 차이가 없으므로 0이 되어 분자 부분에는 $\overline{X_1 - X_2}$만 남게 된다고 앞서 설명한 바 있습니다. 분모인 $\frac{S_{\overline{X_1 - X_2}}}{\sqrt{n}}$에서 $S_{\overline{X_1 - X_2}}$ 부분만 살펴보겠습니다. $S_{\overline{X_1 - X_2}}$는 차이에 대한 분산(표준편차)을 나타냅니다. 바로 여기에 상관이 있는 두 집단에 대해 t-검정을 하는 이유가 들어 있습니다. 두 집단 차이에 대한 분산은 식 (7.3)과 같이 계산됩니다.

$$S^2_{\overline{X_1 - X_2}} = S^2_{\overline{X_1}} + S^2_{\overline{X_2}} - 2S_{\overline{X_1, X_2}} \tag{7.3}$$

두 집단 간에 상관이 없을 때 두 집단을 독립적이라고 하며, 이때의 $S_{\overline{X_1, X_2}}$는 0이 되어 $S^2_{\overline{X_1 - X_2}} = S^2_{\overline{X_1}} + S^2_{\overline{X_2}}$이 됩니다. 우리가 생각해 볼 것은 상관이 있는 경우입니다. 상관이 있다면 $S_{\overline{X_1, X_2}}$가 0보다 큰 값을 가지게 되고, 이때의 $S^2_{\overline{X_1 - X_2}}$ 값은 $S^2_{\overline{X_1}} + S^2_{\overline{X_2}} - 2S_{\overline{X_1, X_2}}$가 됩니다. 두 집단 간에 상관이 없다고 가정했을 때와 비교하여 $2S_{\overline{X_1, X_2}}$만큼 분산이 줄어드는 효과가 생깁니다. 즉 분모의 전체 값이 작아져서 전체 t-값의 크기가 커지는 효과가 있습니다.

한 예를 살펴보겠습니다. [표 7-2]는 학생들의 수면 시간 데이터입니다. ID는 각 학생의 번호를, type 1은 1번 방법으로 수면을 취했을 때 더 잔 시간, type 2는 2번 방법으로 수면을 취했을 때 더 잔 시간을 의미합니다. 0.7로 표시되어 있으면 0.7시간 더 수면을 취한 것이고 −1.6으로 표시되어 있으면 1.6시간 덜 잔 것으로 이해할 수 있습니다.

표 7-2 학생들의 수면 시간(단위: 시간)

ID	type 1	type 2
1	0.7	1.9
2	−1.6	0.8
3	−0.2	1.1
4	−1.2	0.1
5	−0.1	−0.1
6	3.4	4.4
7	3.7	5.5
8	0.8	1.6
9	0	4.6
10	2	3.4

이때 두 집단의 평균차이를 비교하는 *t*-검정을 수행해 보겠습니다. 먼저 독립표본 *t*-검정을 시행하면 결과는 다음과 같이 산출됩니다.

표 7-3 독립표본 *t*-검정 결과

평균의 동일성에 대한 *t*-검정				
t	자유도	유의확률(양측)	평균차이	표준오차
−1.86	18.00	0.08	−1.58	0.85

t-값의 절댓값은 1.86으로 유의확률이 .08로 나와 유의수준 .05보다 크므로 영가설을 기각하지 못합니다. 하지만 자료를 살펴보면 동일한 학생 그룹에 2회

의 실험을 한 것이므로 내재된 자료임을 확인할 수 있습니다. 이때 종속표본 t-검정[1]을 수행할 수 있습니다. [표 7-4]는 종속표본 t-검정의 결과를 보여줍니다.

표 7-4 종속표본 t-검정 결과

평균차이	표준오차	t	자유도	유의확률(양측)
−1.58	0.39	−4.06	9.00	0.00

어떤 점이 달라졌는지 확인해 보겠습니다. 먼저 자유도가 절반으로 줄어들었습니다. [표 7-3]에서는 수면 시간이라는 데이터가 한 사람에게 내재되었다는 사실을 무시하고 type 1과 type 2를 별도 자료로 분석하였기에 자유도가 18이 되는 반면, [표 7-4]에서는 10명에게 내재된 2개씩의 자료이므로 자유도는 9가 됩니다. 평균차이는 동일하게 −1.58이지만 표준오차의 평균에서 큰 차이가 납니다. [표 7-3]에서는 0.85였던 표준오차가 [표 7-4]에서는 0.39로 줄어듭니다. 이렇게 표준오차가 줄어드는 이유는 type 1 자료와 type 2 자료의 상관이 .80으로 매우 높아 식 (7.1)에서 분모가 줄어드는 효과가 있기 때문입니다. 결과적으로 t-값의 절댓값이 1.86에서 4.06으로 크게 향상되어 유의확률이 .08에서 .00으로 줄어들고 그에 따라 영가설을 기각하게 됩니다. 즉 두 집단의 평균차이를 비교할 때 내재되지 않은 별개의 자료로 20개를 모으는 것보다, 내재된 자료로 10개 모으는 것이 더 효과적일 수 있음을 시사합니다.

[그림 7-7]과 [그림 7-8]은 각각 [표 7-3]과 [표 7-4]에 나타난 t-값과 유의확률을 보여줍니다. [그림 7-7]에서는 흐린 초록색으로 표시된 면적의 크기가 유의확률이 되는 반면, [그림 7-8]에서는 해당 면적을 그래프에서 확인하기 힘들 정도로 유의확률이 작다는 것을 알 수 있습니다.

---

1 버전에 따라 쌍체비교라는 표현으로 등장하기도 합니다. 영문으로는 paired t-test로 동일합니다.

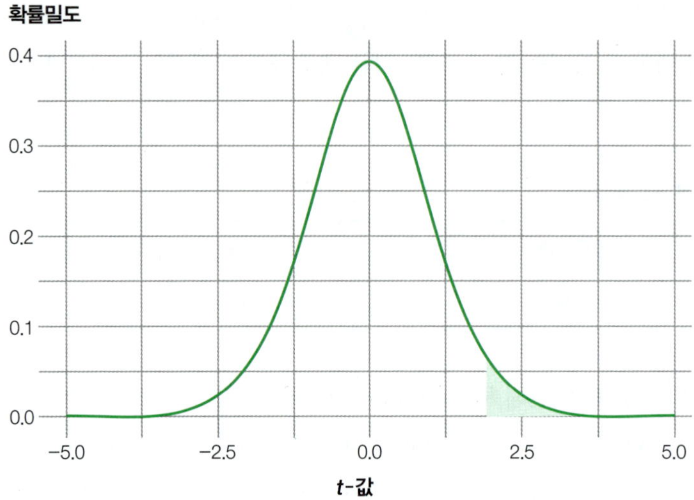

그림 7-7 [표 7-2]에 대한 독립표본 t-검정의 유의확률

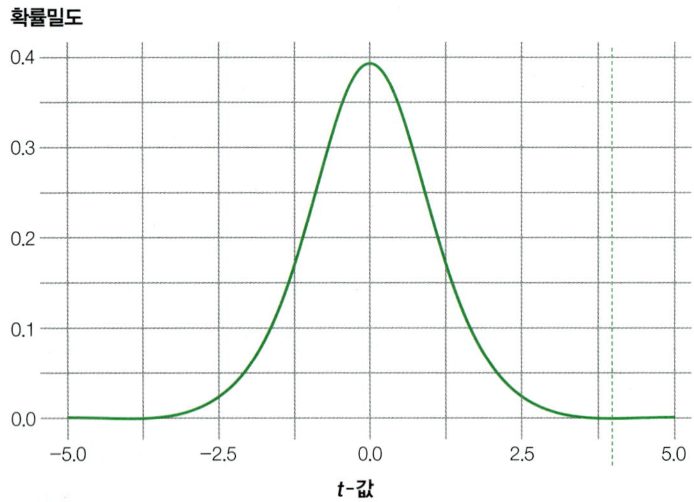

그림 7-8 [표 7-2]에 대한 종속표본 t-검정의 유의확률

CHAPTER

08 분산분석(ANOVA)

"*t*-검정을 활용하면 세 집단 비교도 가능할까?"

비교하는 집단의 수가 세 개 이상일 때에는 어떻게 해야 할까요? A, B, C 세 집단의 평균을 비교한다고 가정해 봅시다. 우리는 이미 7장에서 t-검정을 통해 두 집단의 평균을 비교하는 방법에 대해 배웠습니다. 집단이 세 개라고 해서 비교하지 못할 이유가 없겠죠? 먼저 A, B 두 집단의 평균을 비교한 다음 B, C 두 집단의 평균을 비교합니다. 마지막으로 A, C 두 집단의 평균을 비교하면 세 집단의 평균차이를 검정할 수 있습니다.

t-검정을 활용한 다중 집단 비교의 한계

이렇게 단순하고 아름답게 끝나면 얼마나 좋겠습니까? 하지만 이렇게 분석을 수행하면 치명적인 오류가 발생할 수 있습니다. 앞서 4장에서 가설검정의 원리를 배울 때 나온 신뢰도라는 개념을 떠올려봅시다. [표 8-1]을 살펴보겠습니다.

표 8-1 가설검정의 오류와 신뢰도, 검정력

	영가설을 기각함	영가설을 기각하지 못함
실제 영가설은 참	1종 오류(α)	$1-\alpha$
실제 영가설은 거짓	$1-\beta$	2종 오류(β)

이때 $(1-\alpha)\times100\%$를 신뢰도라고 하였습니다. 유의수준 5%에서 t-검정을 활용하여 세 집단의 평균을 비교하는 경우 첫 번째(A/B 집단) 비교의 신뢰도는 95%가 됩니다. 두 번째, 세 번째 비교의 신뢰도도 각각 95%가 됩니다. 세 번의 비교는 독립 시행이므로 세 번의 가설 검정이 동시에 맞을 확률은 0.95의 세제곱이 되어 85.7%가 됩니다. 신뢰도가 95%에서 85%로 추락하는 거죠. 집단이 세 개밖에 되지 않는 경우에도 신뢰도가 이렇게 하락하는데 하물며 집단의 수가 더 늘어난다면 두말할 필요가 없겠죠. [표 8-2]와 [그림 8-1]을 통해 비교해야 하는 집단의 수가 늘어날수록 신뢰도는 하락한다는 사실을 확인할 수 있습니다.

표 8-2 집단의 수에 따른 비교 횟수와 신뢰도

집단의 수	비교 횟수	신뢰도
2	1	95%
3	3	86%
4	6	74%
5	10	60%
6	15	46%
7	21	34%
8	28	24%
9	36	16%
10	45	10%

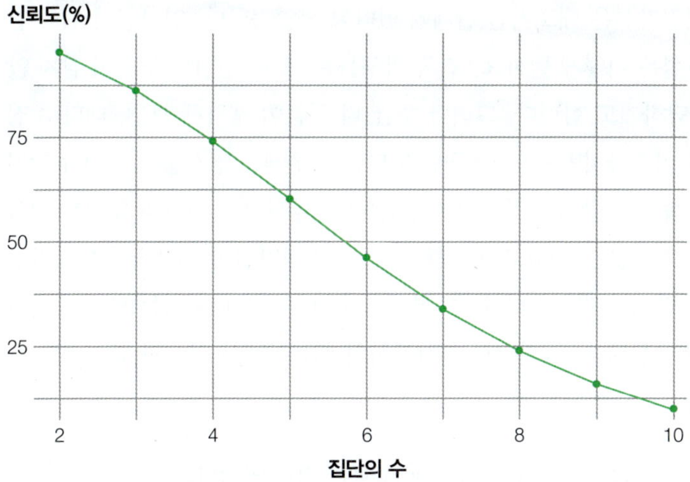

그림 8-1 집단 수 증가에 따른 t-검정의 신뢰도 변화

어렵게 자료를 수집했어도 이처럼 신뢰도가 하락한다면 좋은 연구 결과를 얻기 힘들 것입니다. 그래서 집단 수 증가에 따른 신뢰도 하락 문제를 해결하기 위해 고안한 방법이 분산분석입니다. 분산분석은 세 집단 이상에서 평균의 차이가 있는지를 검정합니다. 집단 10개의 평균 비교를 할 일이 있을까 의문을 품는 분도 있겠지만 국가 간 비교를 하는 연구 등에서는 비일비재하게 나타나는 연구문제입니다. 그러면 분산분석의 가설검정 과정을 살펴볼까요?

분산분석(ANOVA)의 원리와 검정 절차

가설검정의 절차를 따르기 위해 먼저 영가설과 대립가설을 설정해야 합니다. 앞서 t-검정의 영가설은 "두 집단의 평균이 같다."였습니다. 분산분석은 집단이 세 개 이상일 때 활용하므로 이 영가설을 다음과 같이 표현할 수 있습니다.

H_0: 모든 집단의 평균은 같다.

이를 다음과 같이 수식으로 표현할 수 있습니다.

$$H_0: \mu_1 = \mu_2 = \mu_3 = \cdots = \mu_k$$

영가설과 대립가설은 대조적인 관계에 있다고 하였습니다. 영가설이 위와 같다면 대립가설은 어떻게 될까요? 간혹 학생들은 "모든 집단의 평균이 같지 않다."라고 대답하기도 합니다. 그러나 조금 더 곰곰이 생각해 보면, 대다수 집단의 평균이 비슷하지만 어느 한 집단만 다른 경우에는 영가설에 속해야 할지 대립가설에 속해야 할지 결정하기 어렵습니다. 앞서 가설검정의 원리를 배울 때 영가설이 참임을 가정하고 논리를 전개한 뒤 영가설이 기각되면 대립가설을 수용하는 단계를 거쳤습니다. 즉 영가설이 거짓이면 나머지는 모두 대립가설에 해당해야 합니다. 그러므로 분산분석의 대립가설은 다음과 같이 작성할 수 있습니다.

H_1: 모든 집단의 평균이 같은 것은 아니다.

이는 모든 집단 중에서 단 하나의 집단 평균만 다르더라도 영가설이 기각된다는 것을 의미합니다. 수식으로 표현하면 어려울까요? 의외로 다음과 같이 간단히 나타낼 수 있습니다.

$$H_1: \text{not } H_0$$

2장에서 배운 분산을 구하는 공식은 다음과 같습니다.

$$\sigma^2 = \frac{\sum(X-\mu)^2}{n-1} \tag{8.1}$$

여기서 주목할 점은 분자에 평균을 나타내는 μ가 포함되어 있다는 것입니다. 자료들이 평균에서 얼마나 떨어져 있는지를 나타낸 것이 분산이므로 학자들은 이 분산을 활용하면 평균의 차이를 검정할 수 있지 않을까 하는 아이디어를 떠올렸습니다. 연구를 거듭한 결과 학자들은 분산을 분해하여 쓰면 항등식으로 만들 수 있음을 알게 되었습니다. 항등식이란 좌변과 우변이 항상 같아지는 등식을 말합니다. 식 (8.1)의 분산을 활용하면 전체 자료의 분산은 다음과 같은 항등식으로 만들 수 있습니다.

$$\text{SST} = \text{SSB} + \text{SSW}$$

그간 우리가 계산한 분산을 분해해 보면, 전체 분산(SST Sum of Squares Total)은 집단 간 차이에 의해서 설명되는 분산인 집단 간 분산(SSB Sum of Squares Between)과 집단에 속한 개인 간 차이에 의한 집단 내 분산(SSW Sum of Squares Within)의 합으로 이루어져 있음을 알 수 있습니다. 이때 집단 간 분산의 크기와 집단 내 분산의 크기를 비교하면 평균차이가 집단의 차이에 의한 것인지, 개별 자료에 의한 차이인지를 확인할 수 있습니다.

[그림 8-2]는 서로 다른 세 집단의 분포를 보여줍니다. 집단 1, 집단 2, 집단 3의 평균은 각각 50, 60, 70이고 표준편차는 모두 10으로 같습니다.

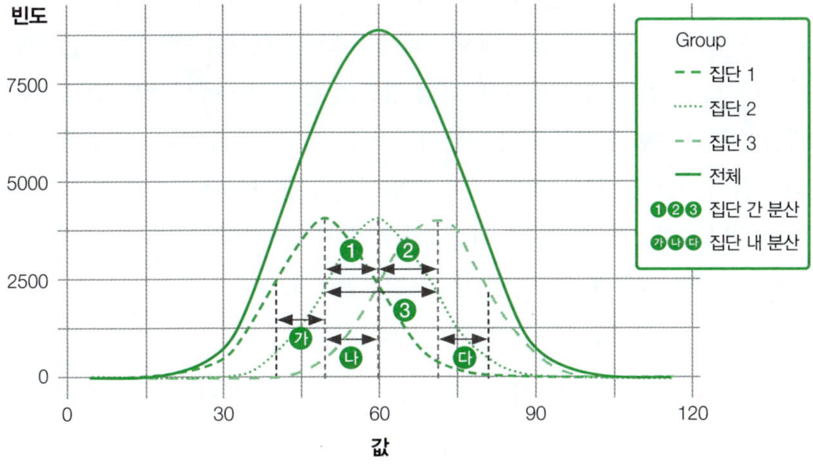

그림 8-2 평균이 각각 50, 60, 70인 세 집단의 분포와 분산

이렇게 서로 다른 세 집단을 모두 모은 전체 집단은 가운데 부분이 높게 분포한 초록색 실선으로 나타납니다. 실선으로 표시된 전체 집단의 분산은 집단 1, 집단 2, 집단 3의 평균차이에 의해 설명되는 집단 간 분산(SSB)과 해당 집단 안에서 발생하는 집단 내 분산(SSW)으로 설명할 수 있습니다. 집단 간 분산을 집단 내 분산으로 나눈 값으로 *F*-값을 만들고 *F*-값을 검정통계량으로 활용하여 가설검정을 수행합니다. 이를 계산하는 절차는 [표 8-3]과 같습니다.

표 8-3 분산분석 표

자료(source)	제곱합(SS)	자유도(df)	평균제곱(MS)	*F*
집단 간(between)	SSB	$k-1$	MSB	MSB/MSW
집단 내(within)	SSW	$n-k$	MSW	
전체(total)	SST	$n-1$		

[표 8-3]은 분산분석을 설명하는 표입니다. 어렵고 복잡하게 쓰여 있지만, 앞에서 설명한 내용과 동일한 내용입니다. '집단 간'이라고 써 있는 행은 집단 간의 분산을 계산하는 행, '집단 내'라고 써 있는 행은 집단 내의 분산을 계산하는 행입니다. 집단 간 행의 맨 마지막에 *F*-값을 계산하는 행이 있다는 것만 다릅니다. 한 번 더 설명하자면, 해당 자료의 분산 구성에서 집단 간 분산의 비율이 크면 속한 집단에 의한 효과가 크다고 해석할 수 있으며, 집단 간 분산의 비율이 작으면 개인에 의한 효과로 인해 발생한 차이가 크므로 집단 간 차이는 작다고 해석할 수 있습니다. 이렇게 계산한 *F*-값이 충분히 커서 유의확률이 .05보다 작게 계산되면 영가설을 기각합니다.

F-분포는 두 개의 모수(집단 간 수준의 자유도degree of freedom, 집단 내 수준의 자유도)에 의해 결정됩니다. 집단의 수가 4개이면 집단 간 수준의 자유도는 3이 되고 집단의 수가 7개이면 집단 간 수준의 자유도는 6이 됩니다. 즉 집단의 수가 k개라면 자유도는 $(k-1)$이 됩니다. 이때 표본의 수가 n개라면 집단 내 수준의 자유도는 $(n-k)$가 됩니다. 그래서 집단 간 수준의 자유도와 집단 내 수준의 자유도를 더하면 $(k-1+n-k)$가 되므로 전체 자유도인 $(n-1)$이 됩니다.

자유도에 따른 *F*-분포는 [그림 8-3]과 같습니다. 검정통계량인 *F*-값을 구하고 나면 *F*-분포에서 *F*-값보다 큰 부분의 면적을 적분하여 유의확률로 계산하고, 이 유의확률을 우리가 설정한 유의수준과 비교하여 의사결정을 내리게 됩니다.

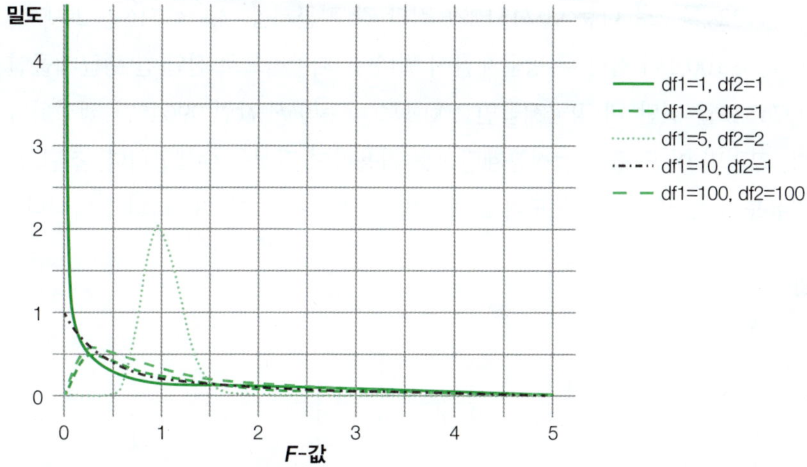

그림 8-3 자유도에 따른 *F*-값 분포

앞서 [그림 8-2]에서 각각 평균 50, 60, 70에 표준편차 10인 10만 개씩의 자료를 생성했는데, 이를 바탕으로 분산분석을 활용한 가설검정을 수행해 보겠습니다. [그림 8-2]의 자료를 활용하여 분산분석을 수행한 분산분석 결과표는 [표 8-4]와 같습니다.

표 8-4 [그림 8-2] 자료의 분산분석 결과표

자료(source)	제곱합(SS)	자유도(df)	평균제곱(MS)	*F*
집단 간(between)	19949024	2	9974512	99645***
집단 내(within)	30037716	299997	100.1	
전체(total)	49986740	299999		

* p<.05, ** p<.01, *** p<.001

[그림 8-2]에 있는 전체 집단의 제곱합sum of squares은 49986740입니다. 이는 집단 간 제곱합인 19949024와 집단 내 제곱합인 30037716의 합으로 구성되어 있습니다(SST=SSB+SSW). 각 제곱합을 집단 간 자유도와 집단 내 자유도로 나누어주면 평균제곱mean square을 계산할 수 있습니다. 즉

19949024를 2로 나눈 9974512가 집단 간 평균제곱, 30037716을 299997로 나눈 100.1이 집단 내 평균제곱이 됩니다. 최종적으로 집단 간 평균제곱인 9974512를 집단 내 평균제곱인 100.1로 나누면 *F*-값인 99645가 생성됩니다. 그러면 이 *F*-값을 검정통계량으로 활용하여 검정을 수행합니다. 집단 간 자유도가 2, 집단 내 자유도가 299997인 *F*-분포는 [그림 8-4]와 같습니다.

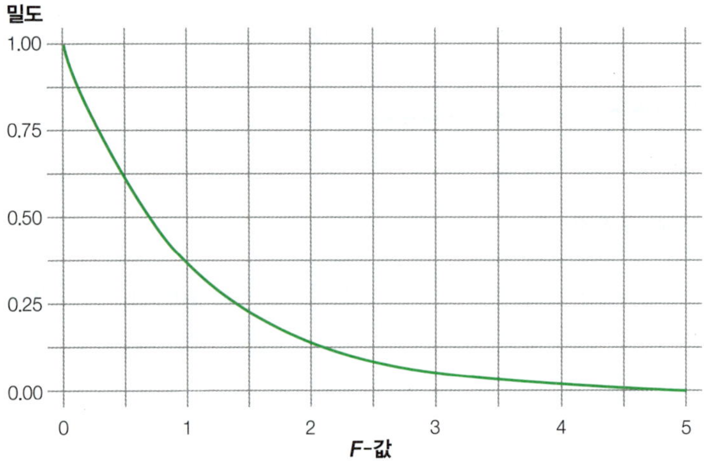

그림 8-4 자유도가 df1=2, df2=299997인 *F*-분포

[그림 8-4]의 그래프에서 99618보다 큰 부분을 유의확률로 계산하기 때문에(값이 매우 커서 그래프에 나타나지 않을 정도) 유의확률은 매우 작아서 0에 근접한 값이 나오게 되며, 이 값이 0.05보다 작으므로 영가설을 기각하고 대립가설을 수용합니다. 대립가설은 앞서 설명했듯이 "모든 집단의 평균이 같은 것은 아니다."입니다.

비슷하지만 조금 다른 예를 통해 분산분석의 가설검정 과정을 한 번 더 수행해 보겠습니다. 이번에도 표준편차가 10으로 동일한 세 집단(집단 1, 집단 2, 집단 3)을 만들되 평균은 각각 59.8, 60, 60.2로 설정하였습니다. 그룹당 표본 수는 500개로 줄였습니다. 이 세 그룹의 분포는 [그림 8-5]와 같습니다.

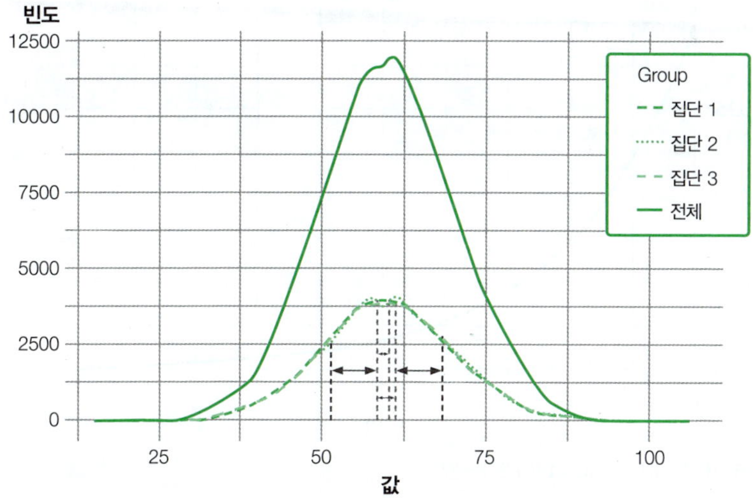

그림 8-5 평균이 59.8, 60, 60.2인 세 집단의 분포

[그림 8-5]는 [그림 8-2]와는 달리 집단 간의 평균차이를 육안으로 구분하기 힘듭니다. 이 경우 분산분석을 수행하면 [표 8-5]와 같은 분산분석 결과표를 얻을 수 있습니다.

표 8-5 [그림 8-5] 자료의 분산분석 결과표

자료(source)	제곱합(SS)	자유도(df)	평균제곱(MS)	*F*
집단 간(between)	82	2	41	0.400
집단 내(within)	153946	1497	102.8	
전체(total)	154028	1499		

* p<.05, ** p<.01, *** p<.001

집단 간 제곱합은 82, 집단 내 제곱합은 153946입니다. 이를 각각의 자유도인 2와 1497로 나눠주면 집단 간 평균제곱은 41, 집단 내 평균제곱은 102.8이 됩니다. F-값을 계산하기 위해 41을 102.8로 나눠주면 0.400이 되며 이를 검정통계량으로 활용합니다. 자유도가 각각 2와 1497일 때 F-값의 분포는 [그림 8-6]과 같습니다.

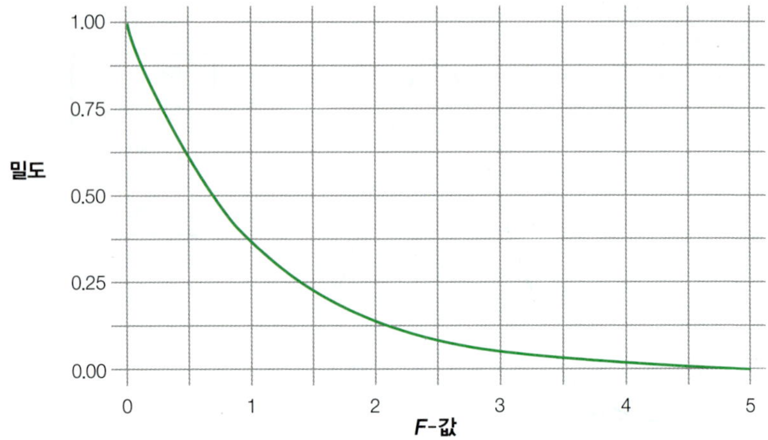

그림 8-6 자유도 df1=2, df2=1497인 *F*-분포

검정통계량인 *F*-값이 0.400이므로 유의확률은 [그림 8-7]과 같은 면적으로 계산됩니다. 이 분석에서는 통계 패키지가 자동으로 계산해 주어 유의확률이 0.67로 나왔습니다. y축이 확률밀도이므로 전체 면적은 확률의 합인 1이며 그중 통계적으로 차이가 없을 확률(유의확률)이 67%라는 의미입니다. 이 값은 우리가 설정한 기준(유의수준)인 5%보다 높아 모든 집단의 평균이 같다는 영가설을 기각할 수 없습니다.

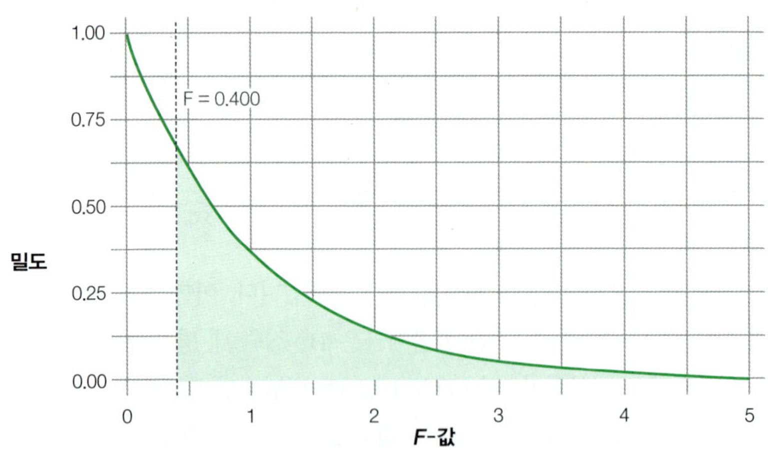

그림 8-7 *F*-값이 0.400일 때의 유의확률(0.67)

분산분석의 실제 적용 및 사후검정

조금 더 실제적인 예를 하나 살펴보겠습니다. [표 8-6]은 피셔Fisher가 연구한 세 종류의 꽃과 꽃잎에 대한 자료 150개입니다. 꽃의 품종별로 꽃잎과 꽃받침의 크기가 다른지를 분산분석을 통해 검정해 볼 수 있습니다.

표 8-6 꽃과 꽃잎 데이터(iris)

연번	꽃받침 길이	꽃받침 너비	꽃잎 길이	꽃잎 너비	종
1	5.1	3.5	1.4	0.2	setosa
2	4.9	3	1.4	0.2	setosa
3	4.7	3.2	1.3	0.2	setosa
4	4.6	3.1	1.5	0.2	setosa
5	5	3.6	1.4	0.2	setosa
…					
51	7	3.2	4.7	1.4	versicolor
52	6.4	3.2	4.5	1.5	versicolor
53	6.9	3.1	4.9	1.5	versicolor
54	5.5	2.3	4	1.3	versicolor
55	6.5	2.8	4.6	1.5	versicolor
…					
101	6.3	3.3	6	2.5	virginica
102	5.8	2.7	5.1	1.9	virginica
103	7.1	3	5.9	2.1	virginica
104	6.3	2.9	5.6	1.8	virginica
105	6.5	3	5.8	2.2	virginica
…					

[표 8-6]의 자료를 [그림 8-8]과 같이 히스토그램으로 나타낼 수 있습니다.

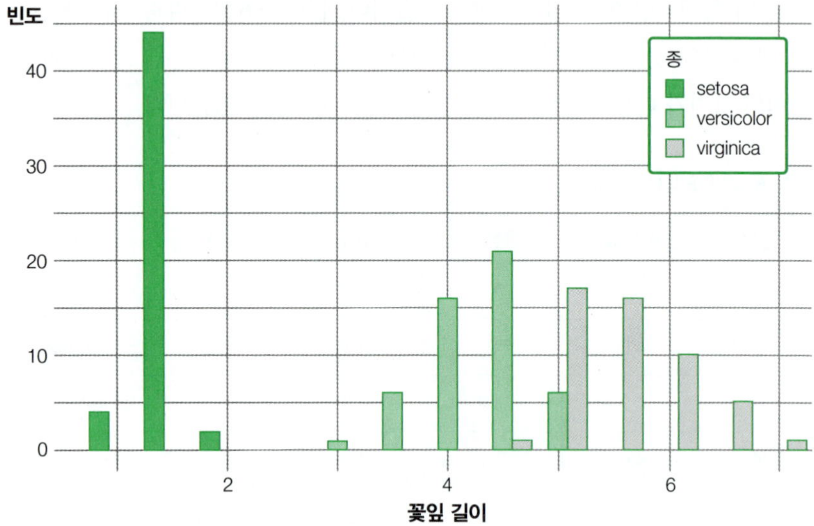

그림 8-8 꽃의 종류별 꽃잎 길이 분포 히스토그램

꽃의 종류에 따라 꽃잎의 평균 길이가 서로 다른지 확인하는 연구문제에 대해 가설검정을 수행하겠습니다. 먼저 영가설과 대립가설을 설정합니다.

- H_0: 꽃의 종에 따른 꽃잎 길이의 평균은 모두 같다.
- H_1: 꽃의 종에 따른 꽃잎 길이의 평균이 모두 같은 것은 아니다.

영가설을 세웠으니 이제는 검정통계량을 계산합니다. 분산분석을 수행하면 [표 8-7]과 같은 분산분석 결과표를 얻을 수 있습니다.

표 8-7 [그림 8-8] 자료의 분산분석 결과표

자료(source)	제곱합(SS)	자유도(df)	평균제곱(MS)	*F*	유의확률
집단 간(between)	63.21	2	31.61	117.07***	.000
집단 내(within)	38.96	147	0.27		
전체(total)	102.17	149			

* p<.05, ** p<.01, *** p<.001

종의 차이로 인해 발생한 제곱합(SSB)은 63.21, 같은 종 안에서(집단 내에서) 발생한 제곱합(SSW)은 38.96입니다. 따라서 두 제곱합을 더한 전체 데이터의 제곱합은 102.17이 됩니다. 각각의 제곱합을 자유도로 나누어주면 평균제곱을 구할 수 있습니다. 집단 간에서는 63.21을 2로 나누어 31.61이 되고, 집단 내에서는 38.96을 147로 나누어 0.27이 됩니다. 마지막으로 *F*-값은 31.61을 0.27로 나누어 117.07이 되며 유의확률은 .00으로 나타나 영가설을 기각합니다. 117.07은 집단 내 분산에 비해 집단 간 분산이 117배나 크다는 의미이므로 전체 분산 중 집단 내 분산보다 집단 간 분산이 설명하는 비중이 크다는 것을 알 수 있습니다. 영가설은 "꽃의 종에 따른 꽃잎 길이의 평균은 모두 같다."였으므로 이를 기각하여 "꽃의 종에 따른 꽃잎 길이의 평균이 모두 같은 것은 아니다."로 의사결정을 하게 됩니다.

여기서 자연스럽게 생기는 의문이 있습니다. 모든 집단의 평균이 같지 않다는 것은 알겠는데, 그래서 어느 집단에 평균의 차이가 있는지 궁금할 것입니다. 분산분석에서는 이 과정이 하나 추가되어 '사후검정post-hoc'이라는 절차를 거치게 됩니다. 사후검정의 방법에는 여러 가지가 있는데 본인이 속한 학술 분야에서 쓰는 방법을 차용하는 것이 안전합니다. 통계 패키지에서는 간단하게 클릭해서 선택하기만 하면 해당 방법으로 사후검정을 수행해 줍니다. [표 8-7]의 분산분석 결과에 따른 사후검정 결과는 [표 8-8]과 같습니다.

표 8-8 [표 8-7]의 결과에 따른 사후검정 결과

(I)	(J)	평균차이(I-J)	표준화 오류	유의확률
setosa	versicolor	−0.93 ***	0.10	0.00
	virginica	−1.58 ***	0.10	0.00
versicolor	setosa	0.93 ***	0.10	0.00
	virginica	−0.65 ***	0.10	0.00
virginica	setosa	1.58 ***	0.10	0.00
	versicolor	6.50 ***	0.10	0.00

* p<.05, ** p<.01, *** p<.001

첫 번째 열에는 (I), 두 번째 열에는 (J)라고 표시되어 있습니다. 세 번째 열에는 두 집단을 뺐다는 의미로 (I−J)가 표시되어 있습니다. 이때 양의 값이 나타나면 I가 J보다 크고, 음의 값이 나타나면 J가 I보다 크다는 사실을 알 수 있습니다. setosa와 versicolor 사이에는 평균이 0.93 차이가 나며 통계적으로 유의한 차이라는 결론을 내릴 수 있습니다. 즉 사후검정 결과를 통해 모든 집단의 평균에 통계적으로 유의한 차이가 있음을 알 수 있습니다.

본 예에서는 모든 집단의 평균차이가 유의하게 나타났으나, 종종 일부 집단 간에는 차이가 있고 일부 집단 간에는 차이가 없는 경우가 있습니다. 예를 들어 A, B 집단 간에 차이가 있어 A가 큼을 확인할 수 있는 반면, A, C 집단 간에 차이가 없는 경우가 발생할 수 있으며, 이때는 A=C>B와 같은 형태로 표현하기도 합니다.

분산분석은 세 집단 이상의 평균에 통계적으로 유의한 차이가 있는지를 확인하는 분석 방법입니다. 독립변수가 범주형의 질적변수이고 종속변수가 양적변수일 때 사용할 수 있는 방법이므로, 그림으로 표현할 때 박스플롯을 활용하면 보기 좋게 나타낼 수 있습니다. [그림 8−9]는 [표 8−6]의 자료를 바탕으로 그린 박스플롯으로, 집단 간에 평균차이가 있음을 시각적으로 확인할 수 있습니다.

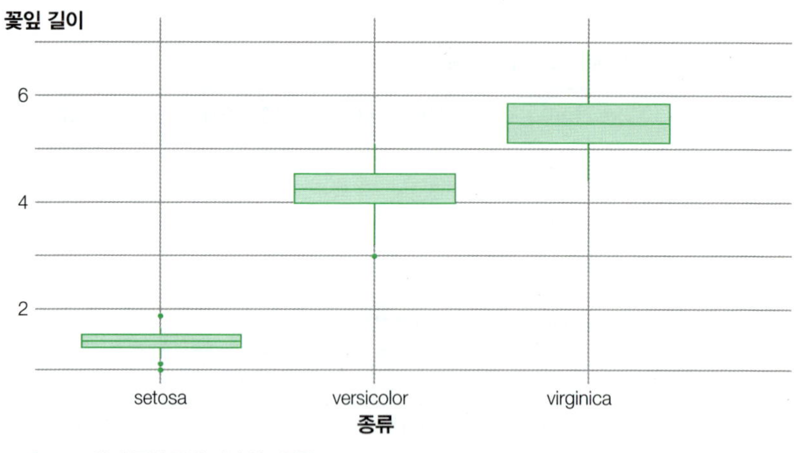

그림 8−9 꽃의 종별 꽃잎 길이 박스플롯

CHAPTER

09 이원분산분석

"두 개의 요인을 한 번에 고려할 수 있을까?"

앞서 8장에서 세 집단 이상의 평균차이를 알아보는 분산분석에 대해 배웠습니다. 분산분석을 통해 여러 집단 가운데 평균이 다른 집단을 찾아낼 수 있고, 그 평균차이가 유의한 것인지도 확인할 수 있었습니다. 그러나 이보다 자세한 분석을 하려면 조금 더 고려해야 할 부분이 있습니다. 예를 들어 여러 국가의 학생들이 동시에 어떤 시험을 치른다고 했을 때, 시험 문제에 대한 응답이 성별이나 국가에 따라 달라지는지 검정하는 연구문제를 설정할 수 있습니다.

이원분산분석의 개념과 필요성

제가 읽은 한 논문 내용을 예로 들면, 동아시아 학생들은 본인에 대해 엄격하게 평가하는 반면 서유럽 학생들은 상대적으로 본인에 대해 관대하게 평가한다고 합니다. 또한 연구 결과, 남학생이 여학생보다 실력에 비해 더 높은 자신감이 있음을 확인할 수 있었다고 합니다.

[표 9-1]은 이 논문의 연구 결과를 종합하여 여러 국가에서 동시에 실시하는 시험 문제에 대한 응답 자료의 형태를 일정한 코드로 표현한 예입니다. 표에서 X_{111}부터 시작하는 코드들은 각각 한 사람이 지니는 값을 나타내는 통계학 기호입니다. 가령 X_{ijk}라는 코드에서 i는 국가를 나타내는 기호, j는 성별을 나타내는 기호, k는 i국가 j성별을 가진 개인들의 값을 의미합니다. 예를 들어 남성을 1, 여성을 2로 표현한 경우 X_{223}은 국가 2에 속한 여성 중 세 번째 피험자가 응답한 값이 됩니다. 이러한 기호는 자료의 형태를 알아보기 쉽게 표기하고 통계적인 식으로 표현하기 위해 사용합니다.

표 9-1 성별과 국가별 학생 응답

	국가 1	국가 2	국가 3	국가 4
남성	X_{111} X_{112} X_{113} …	X_{211} X_{212} X_{213} …	X_{311} X_{312} X_{313} …	X_{411} X_{412} X_{413} …
여성	X_{121} X_{122} X_{123} …	X_{221} X_{222} X_{223} …	X_{321} X_{322} X_{323} …	X_{421} X_{422} X_{423} …

이때 응답에 영향을 미치는 요인은 두 가지, 즉 성별과 국가입니다. 따라서 학생들의 응답이 달라진다면 다음 세 가지 원인을 생각할 수 있습니다.

❶ 성별이 영향을 미친 경우

❷ 국가가 영향을 미친 경우

❸ 성별과 국가가 함께 영향을 미친 경우

이 세 가지 원인 중 ❶과 ❷는 다시 다음 세 가지 방향성을 가집니다. 각 원인이 응답에 긍정적인 방향으로 영향을 미치거나(+), 부정적인 방향으로 영향을 미칠 수 있습니다(−).

ⓐ (+) 방향으로 영향을 줌

ⓑ 영향을 주지 않음

ⓒ (−) 방향으로 영향을 줌

그리고 응답에 영향을 미치는 두 가지 요인인 성별과 국가가 함께 작용하는 ❸은 3×3=9(개)의 방향성을 가지게 됩니다. 성별과 국가가 각각 긍정적인 영향을 미치는 경우, 영향을 미치지 않는 경우, 부정적인 영향을 미치는 경우로 나뉠 수 있기 때문입니다.

이원분산분석two-way ANOVA은 ❶~❸의 효과가 통계적으로 유의미한지를 검정하는 통계 방법입니다. 즉 앞의 예처럼 두 개의 요인(성별, 국가)을 가지고 분산분석 실험을 설계한 경우를 이원분산분석이라고 부릅니다. 8장에서처럼 특성값에 영향을 주는 한 가지 요인에 대한 영향을 조사할 때 사용하는 분석 방법은 일원분산분석one-way ANOVA이라고 합니다. 그렇다면 다섯 개의 요인으로 분산분석을 실시하면 뭐라고 부를까요? 이를 오원분산분석이라고 부를 수도 있겠으나, 요인이 계속 늘어날 수 있으므로 이원분산분석 이상은 보통 다원분산분석이라고 부르는 경향이 있습니다.

한편, 학생들의 응답에 영향을 미치는 세 가지 원인(❶~❸)에 따른 영향도 여러 갈래로 나뉠 수 있습니다. 이를 간단한 항등식으로 나타내면 식 (9.1)과 같습니다.

$$SST = SSA + SSB + SSAB + SSE \tag{9.1}$$

SST Total Sum of Squares는 전체 변동성(분산)으로 데이터의 총변동량을 나타내며, 관찰된 응답값들이 전체 평균으로부터 얼마나 떨어져 있는지를 측정합니다. SSA Sum of Squares for Factor A는 요인 A의 변동성으로서 앞의 예에서는 성별이 요인 A에 해당합니다. 즉 SSA는 성별에 따른 응답값의 변동을 나타냅니다. SSB Sum of Squares for Factor B는 요인 B의 변동성입니다. 앞의 예에서는 국가가 요인 B에 해당하므로 SSB는 국가에 따른 응답값의 변동을 나타냅니다. SSAB Interaction Sum of Squares for Factor A, B는 요인 A와 B의 상호작용 변동성으로서 성별과 국가가 함께 응답값에 미치는 영향을 나타냅니다. 즉 SSAB는 두 요인의 상호작용이 존재하는지를 보여줍니다. 마지막으로 SSE Sum of Squares for Error는 오차 변동성으로 모델이 설명하지 못하는 변동성을 나타내며, 각 응답값이 예측값으로부터 얼마나 떨어져 있는지를 측정합니다.

이제 두 가지 요인을 고려한 데이터의 값이 어떻게 구성되는지 살펴보겠습니다. [표 9-1]에 나타난 개인별 값은 다음 식 (9.2)와 같은 형태로 구성됩니다.

$$X_{ijk} = \overline{X_{...}} + \left(\overline{X_{i..}} - \overline{X_{...}}\right) + \left(\overline{X_{.j.}} - \overline{X_{...}}\right) + \left(\overline{X_{ij.}} - \overline{X_{i..}} - \overline{X_{..k}} + \overline{X_{...}}\right) + \left(X_{ijk} - \overline{X_{ij.}}\right) \tag{9.2}$$

X_{ijk}는 개별 데이터의 값을 의미합니다. 이 데이터의 값은 식의 우변처럼 분해할 수 있습니다. $\overline{X_{...}}$는 전체 집단의 평균을 나타냅니다. $\left(\overline{X_{i..}} - \overline{X_{...}}\right)$는 요인 A에 따른 효과로, 특정 그룹(예 남성 또는 여성)의 평균이 전체 평균으로부터 얼마나 벗어나는지를 나타냅니다. $\left(\overline{X_{.j.}} - \overline{X_{...}}\right)$는 요인 B에 따른 효과로, 특정 그룹(예 국가 1, 국가 2, …)의 평균이 전체 평균으로부터 얼마나 벗어나는지를 나타냅니다. $\left(\overline{X_{ij.}} - \overline{X_{i..}} - \overline{X_{..k}} + \overline{X_{...}}\right)$는 요인 A와 B가 상호작용하여 나타나는 효과입니다. 이는 요인 A와 B의 조합이 개별 요인의 단순 합 이상으로 응답에 미치는 영향을 나타냅니다. 마지막으로 $\left(X_{ijk} - \overline{X_{ij.}}\right)$는 각 데이터 값이 해당 그룹 평균(상호작용효과 포함)으로부터 얼마나 벗어나는지를 나타냅니다. 이는 모델이 설명하지 못하는 변동성을 의미하므로 잔차 residual 라고도 불립니다.

식 (9.2)는 다시 식 (9.3)과 같이 쓸 수 있습니다.

$$X_{ijk} = \mu + (\mu_{i.} - \mu) + (\mu_{.j} - \mu) + (\mu_{ij} - \mu_{i.} - \mu_{.j} + \mu) + (X_{ijk} - X_{ij.})$$
$$= \mu + \alpha_i + \beta_j + \alpha\beta_{ij} + \epsilon_{ijk} \tag{9.3}$$

즉 하나의 데이터 값 X_{ijk}는 μ로 나타난 전체 평균에, A의 효과(α_i), B의 효과(β_j), A와 B의 상호작용효과($\alpha\beta_{ij}$), 그리고 설명하지 못한 나머지 효과(ϵ_{ijk})의 합으로 쓸 수 있습니다.

다시 식 (9.1)을 살펴봅시다. 식 (9.1)은 앞서 8장에서 살펴본 식 (8.2)와 비슷하면서도 약간 다릅니다. 식 (8.2)를 다시 쓰면 식 (9.4)와 같습니다.

$$\text{SST} = \text{SSB} + \text{SSW} \tag{9.4}$$

여기서 SSB는 집단 간 분산Sum of Squares Between으로 식 (9.1)에서 설명한 SSB Sum of squares for Factor B의 의미와 다릅니다. SSW Sum of Squares Within는 집단 내 분산을 의미합니다. 집단 간 분산이 집단 내 분산보다 유의미하게 크다면, 이는 집단의 효과가 개인의 효과보다 크다는 의미이므로 집단 간에 차이가 있는 것으로 해석할 수 있다고 배웠습니다. 식 (9.4)를 식 (9.1)에 맞추어 이원분산분석의 형태로 설명하면 식 (9.5)와 같이 바꿔 표기할 수 있습니다.

$$\text{SST} = \text{SSA} + \text{SSE} \tag{9.5}$$

개별 데이터 전체의 분산은 A 요인 하나에 의해 설명되는 부분과 해당 요인으로 설명되지 않는 오차Error 부분으로 나눌 수 있습니다. 이원분산분석의 식 (9.1) SST=SSA+SSB+SSAB+SSE에서 전체 분산인 SST를 분해하면 A에 의한 분산인 SSA, B에 의한 분산인 SSB, A와 B 두 요인의 상호작용효과에 의한 분산인 SSAB, 그리고 설명하지 못한 나머지인 SSE가 남습니다. 앞서 다룬 성별과 국가 요인을 이 식에 대입하자면, SSA는 성별에 의한 차이, SSB는 국가에 의한 차이, SSAB는 성별과 국가의 상호작용효과라 할 수 있습니다. 이때 A, B 각각의 효과를 주효과라고 부르고, 두 요인의 시너지 효과인 AB 효과를 상호작용효과라고 부릅니다.

그렇다면 주효과main effect와 상호작용효과interaction effect 중 더 중요한 효과는 무엇일까요? 일반적으로 상호작용효과를 더 중요하게 생각합니다. [그림 9-1], [그림 9-2], [그림 9-3]을 살펴보며 조금 더 자세히 알아봅시다.

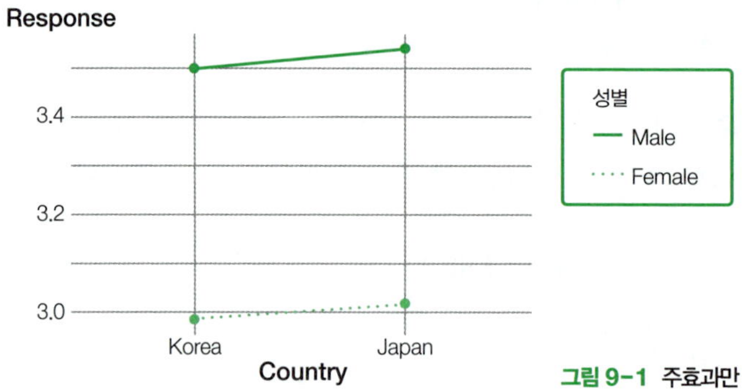

그림 9-1 주효과만 있는 경우

[그림 9-1]과 같이 주효과만 있는 경우, 성별과 국가가 각각 독립적으로 응답에 미치는 영향을 나타냅니다. 그래프에서 남성Male과 여성Female의 응답 평균이 일정하게 유지되며, 국가Country에 상관없이 평행한 선을 보입니다. 이는 성별과 국가의 개별 효과가 존재하지만, 두 요인 간의 상호작용은 없음을 의미합니다.

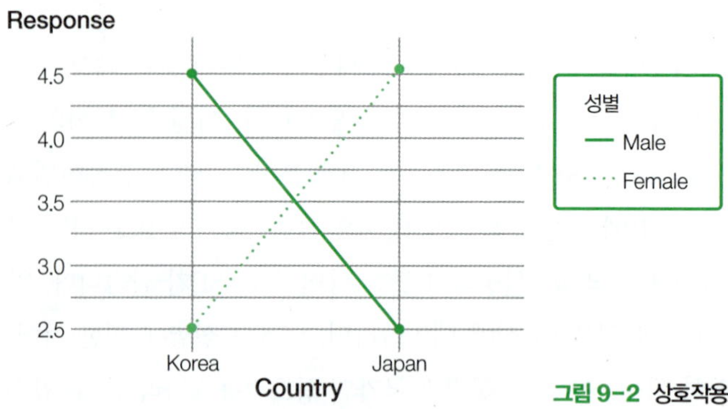

그림 9-2 상호작용효과가 있는 경우

[그림 9-2]는 상호작용효과가 있는 경우로 성별과 국가가 함께 응답에 미치는 영향을 나타냅니다. 그래프에서 남성과 여성의 응답 패턴이 국가에 따라 역전되는 형태를 보입니다. 이는 특정 국가에서 남성과 여성의 응답이 다르게 나타나며, 두 요인이 상호작용하여 복합적인 영향을 미침을 의미합니다.

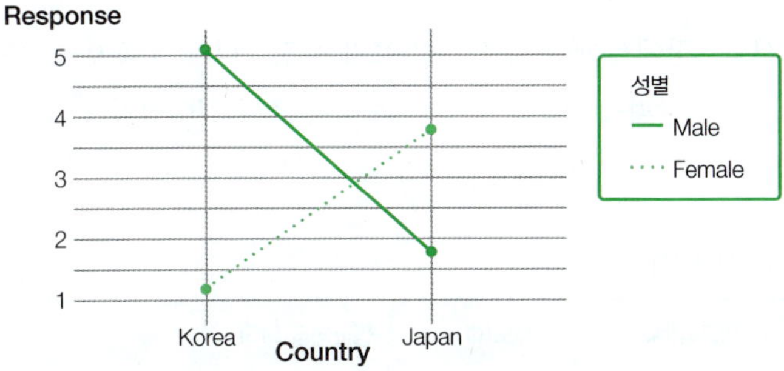

그림 9-3 주효과와 상호작용효과가 동시에 있는 경우

[그림 9-3]과 같이 주효과와 상호작용효과가 동시에 있는 경우, 성별과 국가 모두 응답에 영향을 미치며, 두 요인의 상호작용효과도 함께 나타납니다. 그래프에서 특정 국가의 성별 간 응답 패턴이 역전되는 형태를 보이면서도, 성별과 국가 각각의 주효과도 확인할 수 있습니다.

주효과는 개별 요인(A 또는 B)이 결과에 미치는 영향을 측정합니다. 예를 들어 성별이 응답에 미치는 평균적인 차이를 확인할 수 있습니다. 주효과는 특정 요인이 독립적으로 응답에 미치는 영향을 파악하는 데 주로 활용됩니다.

상호작용효과는 두 개 이상의 요인이 동시에 작용하여 나타나는 복합적인 영향을 측정합니다. 예를 들어 성별과 국가가 동시에 응답에 미치는 영향을 확인할 수 있습니다. 즉 성별과 국가의 상호작용효과를 분석함으로써 특정 국가에서 남성과 여성의 응답이 다르게 나타나는 이유를 이해할 수 있습니다. 이처럼 상호작용효과는 개별 요인의 단순한 합을 넘어서는 복합적인 영향을 파악할 수 있기 때문에 더 중요하게 고려합니다. 따라서 주효과만 봤을 때 놓칠 수 있는 중요한 상호작용을 이해하기 위해서는 반드시 상호작용효과도 고려해야 합니다. 이를 통해 더 정확하고 포괄적인 분석이 가능해집니다.

상호작용효과는 앞에서 본 것처럼 평행한 두 직선의 효과를 역전시키는 방향 외에도 서로의 차이를 극대화하는 방향, 차이를 좁히는 방향 등 여러 형태로 존재할 수 있습니다. 그렇기에 상호작용효과가 있는 경우에는 상호작용 항을 먼저 해석하고 그다음에 주효과를 살펴보아야 좀 더 포괄적이고 정확한 결과를 도출할 수 있습니다.

이원분산분석에서도 8장에서 배운 분산분석 표가 등장합니다. [표 9-2]를 [표 8-3]와 비교하며 살펴봅시다. [표 8-3]보다는 조금 길어졌지만 그 내용은 동일합니다.

표 9-2 이원분산분석의 분산분석 표

요인	제곱합(SS)	자유도(df)	평균제곱(MS)	*F*
요인 A	SSA	I−1	MSA=SSA/dfA	MSA/MSE
요인 B	SSB	J−1	MSB=SSB/dfB	MSB/MSE
상호작용	SSAB	(I−1)(J−1)	MSAB= SSAB/dfAB	MSAB/MSE
오차	SSE	(K−1)IJ	MSE=SSE/dfE	−
전체	SST	IJK−1	−	−

전체 제곱합(SST)은 요인 A에 의해 설명할 수 있는 분산(SSA)과 요인 B에 의해 설명할 수 있는 분산(SSB), 요인 A와 B의 상호작용효과(SSAB), 마지막으로 오차인 SSE로 구성되어 있습니다. 각각을 자유도로 나눠주면 평균제곱인 MS(각각 MSA, MSB, MSAB, MSE)를 구할 수 있습니다. 그리고 MSA, MSB, MSAB를 MSE로 나눠주면 요인별 F-값을 구할 수 있습니다. 8장의 일원분산분석에서와 마찬가지로, F-값의 유의확률인 p-값이 유의수준보다 작으면 해당 분산원의 설명력이 있다고 판단합니다. 이원분산분석에는 사후분석이 존재하지 않으므로 [그림 9-3]처럼 그림을 그려서 시각적으로 결과를 제시하는 것이 일반적입니다.

8장의 일원분산분석에서는 집단 간 효과(SSB)가 통계적으로 유의한지 아닌지만 분석하면 됐으나, 이원분산분석에서는 요인 A, B에 대한 주효과뿐 아니라 A와 B의 상호작용효과가 유의한지도 검정합니다. 더 나아가 요인이 세 개 이상인 다원분산분석의 경우 A, B, C 세 개의 요인에 대해 분석한다고 하면 A, B, C의 주효과, A*B, B*C, A*C의 상호작용효과, A*B*C의 상호작용효과를 모두 검정해야 합니다. 고려할 요인의 수가 많아질수록 검정해야 할 효과의 수도 늘어납니다.

이원분산분석의 확장: 고정효과와 임의효과

이제 고정효과Fixed effect와 임의효과Random effect의 개념에 대해 알아보겠습니다. 고정효과는 연구자가 관심을 두고 직접 분석하고자 하는 변수를 의미합니다. 교육 프로그램의 효과를 분석하는 연구를 예로 들어보겠습니다. 교육 프로그램 A, B, C가 있다고 할 때 각 프로그램 A, B, C의 효과는 고정효과가 됩니다. 반면 임의효과는 연구에서 무작위로 선택된 수준을 말합니다. 학생들을 여러 학교에서 표집sampling하여 분석을 수행한 경우 표집된 학생들은 특정한 효과를 가지지 않습니다. 즉 학교의 효과는 임의적으로 선택된 효과이므로 임의효과라고 합니다. 고정효과와 임의효과를 결합하여 만든 모형을 혼합모형mixed effects model이라고 부릅니다.

고정효과는 다시 말하면 연구자가 관심을 두고 있는 특정 수준의 효과입니다. 결과의 차이를 불러오는 핵심 요인이라 여겨지는 변수가 고정효과에 위치하게 됩니다. 위의 예시에서 교육 프로그램 A, B, C가 여기에 해당할 수 있습니다. 반면 임의효과는 우연에 의해 발생하는 효과를 의미합니다. 학생들로 하여금 교육 프로그램 A. B, C를 서로 다른 순서로 이수하게 하되, 순서에 의한 성적 차이는 무시하고 싶다면 프로그램을 이수한 순서를 임의효과로 처리할 수 있습니다.

고정효과와 임의효과를 결합한 혼합모형을 활용하면 통계적 이점을 얻을 수 있습니다. 이원분산분석에서 하나의 요인은 고정효과, 하나의 요인은 임의효과로 설정한 혼합모형의 예를 살펴보겠습니다. A, B, C 세 개의 교육 프로그램을 각각 이수한 학생들의 성적 차이가 있는지 확인하기 위해 표집을 수행했다고 가정하면 A, B, C 프로그램은 고정효과가 되고, 학교에 의한 효과는 임의효과가 됩니다. 이를 앞서 배운 식 (9.1)과 같은 형식으로 표기하면 다음과 같습니다.

$$\text{SST} = \text{SSA} + \text{SSB}* + \text{SSAB}* + \text{SSE} \tag{9.6}$$

식 (9.6)에서 SSA는 고정효과를 나타내는 항입니다. 여기서는 교육 프로그램의 효과를 나타냅니다. SSB는 임의효과를 나타내는 항으로, 여기서는 선택된 학교의 효과를 나타냅니다. 그리고 고정효과 항과 임의효과 항의 상호작용 항인 SSAB도 고정효과에 임의효과가 곱해져 임의의 값으로 나타나므로 임의효과 항으로 취급합니다. *로 표시한 항이 임의효과를 나타내는 항입니다. 이 연구에서 학교별 효과는 고려하지 않으므로 이에 대해서는 구체적으로 살펴보지 않아도 됩니다. 만약 식 (9.6)과 같이 수행하지 않고 교육 프로그램의 효과 하나만 요인으로 보는 일원분산분석으로 수행했다면 다음과 같은 식으로 표현될 것입니다.

$$\text{SST} = \text{SSA} + \text{SSE} \tag{9.7}$$

식 (9.7)의 SSE와 식 (9.6)의 SSE 중 어느 것이 더 클까요? 총 분산의 크기(SST)와 프로그램에 의한 효과(SSA)는 동일하지만, 식 (9.7)에서 SSE로 표시된 오차분산은 식 (9.6)에서 SSB* + SSAB* + SSE로 나뉘게 됩니다. 따라서 분산분석 표에서는 식 (9.6)에 해당하는 SSE를 활용하여 F-값이 계산되므로 상대적으로 작은 SSE를 활용하는 식 (9.6)의 F-값이 더 커질 것입니다. 이처럼 임의효과를 고려하는 경우 더욱 효율적인 분석이 가능하다는 점에서 통계적 분석에 유익이 있습니다.

임의효과를 잘 활용하면 조금 더 응용된 방법인 반복측정 분산분석repeated measures ANOVA에 적용할 수 있습니다. 반복측정 분산분석은 동일한 피험자를 대상으로 여러 시간이나 조건에서 반복적으로 측정한 자료를 분석하는 통계 방법입니다. 반복 측정을 통해 시간 경과에 따른 변화나 여러 조건 아래의 반응 변화를 평가할 수 있습니다. 반복측정 분산분석은 피험자 내 변동성을 임의효과로 처리하는 방식으로서, 피험자 간 변동성과 피험자 내 변동성을 모두 고려하므로 더욱 정교한 결과를 도출할 수 있습니다.

CHAPTER

10 회귀분석

"원인과 결과를 통계적으로 파악하려면?"

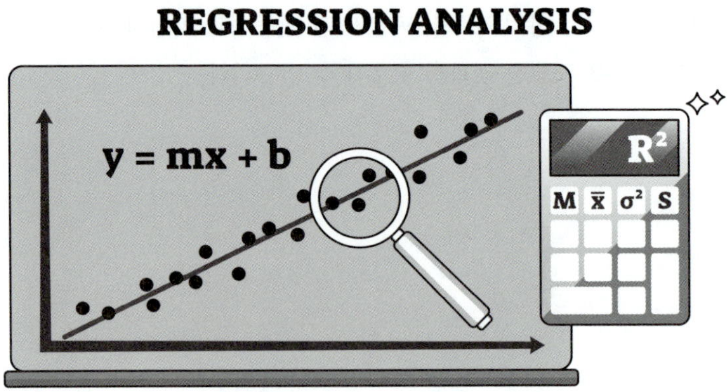

앞서 6장에서 변수 간의 관계를 파악하는 첫 번째 방법으로 상관분석을 소개했습니다. 상관분석은 두 개의 연속형 변수 간의 관계를 나타내는 분석 방법입니다. 두 변수 X와 Y가 같은 방향으로 움직인다면, 즉 X 값이 커질 때 Y 값이 함께 커지는 경향성을 보이거나 X 값이 작아질 때 Y 값이 함께 작아지는 경향성을 보인다면 두 변수 X와 Y는 양적인 상관관계를 가집니다. 만약 두 변수 X와 Y가 서로 반대 방향으로 움직인다면 음의 상관관계를 가지게 됩니다. 상관분석 결과를 해석할 때 주의해야 할 점은, 상관분석의 결과가 인과를 나타내는 것은 아니라는 점입니다. 지구의 평균기온과 해적의 수가 양적인 상관관계가 있다고 해서 해적을 소탕하여 지구의 평균기온을 낮추려는 행동이 무의미한 것처럼요. 이처럼 두 변수의 움직임이 단순히 같은 방향인지 다른 방향인지를 파악하는 분석 방법이 상관분석이었다면, 회귀분석은 두 변수의 관

계를 인과적으로 분석하는 방법입니다. 회귀분석에서 독립변수와 종속변수의 형태는 모두 양적변수입니다.

회귀분석의 역사와 개념

회귀분석regression은 영국의 유전학자인 프랜시스 골턴Francis Galton이 맨처음 소개하였습니다. 프랜시스 골턴은, 키가 평균보다 매우 크거나 매우 작은 부모의 자녀는 그들의 키가 부모 세대보다 평균에 가까워질 것이라는 내용의 논문을 발표했습니다. 즉 부모 세대의 키가 자녀 세대에 이르러 평균으로 돌아간다는 의미에서 "회귀한다"라는 표현을 썼습니다. 한편, 영국의 통계학자이자 수리통계학의 창시자인 칼 피어슨Karl Pearson은 많은 자료를 수집하여 키가 큰 아버지 집단과 키가 작은 아버지 집단의 자녀 키를 조사했습니다. 그는 아버지의 키가 크면 자녀의 키도 크고, 아버지의 키가 작으면 자녀의 키도 작을 것으로 생각하고 연구를 수행했으나 결과는 예상과 달랐습니다. 키도 큰 아버지 집단의 자녀 키는 평균보다 크지만 아버지 키보다는 작았고, 키가 작은 아버지 집단에서는 평균보다 작지만 아버지보다는 키가 큰 자녀들이 나왔습니다. 자녀 집단의 평균으로 회귀regress하게 된 것입니다. 당시 이러한 연구들은 인종에 우열이 있다는 생각을 바탕으로 한 우생학eugenics 연구의 일환이었습니다.

회귀분석은 하나의 양적변수를 설명하기 위해 한 개 이상의 독립변수를 설정하고 모형을 만들어 독립변수와 종속변수 간의 관계를 파악하고 이 관계성을 수학적으로 추정하고 설명하는 방법입니다. 따라서 회귀분석은 두 변수 간의 관계를 규명할 뿐만 아니라 미래의 경향을 예측하는 도구가 될 수도 있습니다. 산점도에서 점들의 추세를 가장 잘 대표하는 하나의 직선을 그리는 것이라고 이해하면 쉽습니다. [그림 10-1]은 차량의 속도와 제동했을 때의 거리를 나타낸 산점도입니다. 상식적으로 생각했을 때 빨리 달리는 자동차를 제동하면 차가 더 멀리까지 밀릴 것이고, 천천히 달리는 자동차를 제동하면 조금

밖에 밀리지 않겠죠? 이러한 정보를 산점도상에 점으로 표시하여 점들의 추세를 설명하는 것이 회귀분석이라 할 수 있습니다.

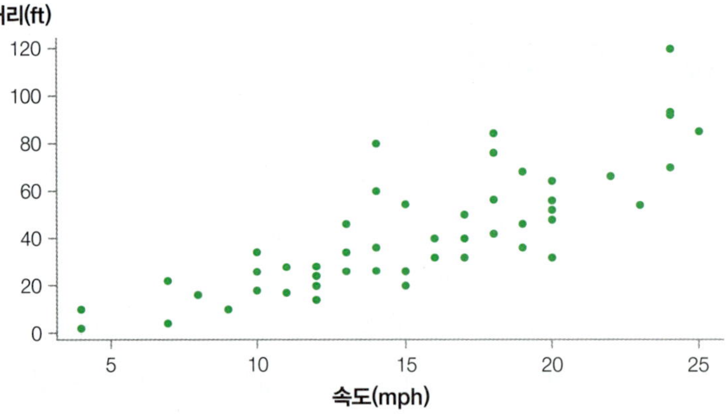

그림 10-1 차량 속도와 제동 거리의 산점도

이 점들의 추세를 가장 잘 설명하는 선 또는 이 점들을 대표하는 하나의 직선을 그리라면 어떻게 그릴 수 있을까요? 산점도상에 나타난 점들의 추세를 설명하는 직선을 회귀선regression line이라 하며, 이를 $y = ax + b$ 형태의 일차방정식 형태로 표현합니다. [그림 10-2]에 산점도의 추세를 설명하는 세 개의 직선(❶, ❷, ❸)을 나타냈습니다. 세 회귀선을 각각 살펴보겠습니다.

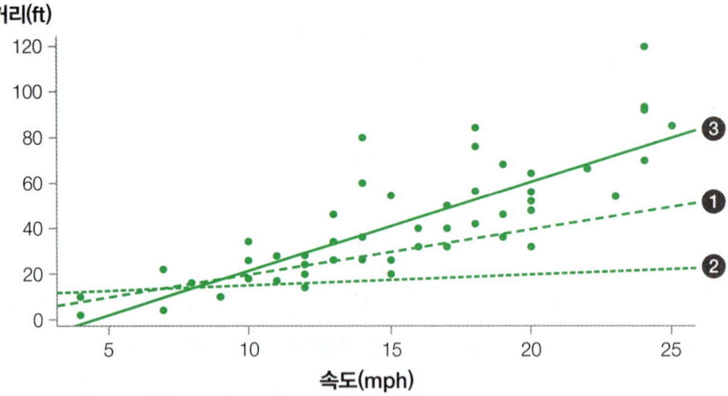

그림 10-2 산점도에 있는 여러 회귀선

[그림 10-2]의 ❶, ❷, ❸번 중 점들의 추세를 가장 잘 설명하는 선을 하나 고르라면 어떤 선을 고르겠습니까? ❷번 선을 먼저 살펴보면, 이 선의 위쪽으로 대부분의 점들이 위치하므로 ❷번 선은 점들의 추세를 잘 설명하지 못하는 것 같습니다. ❶번 선 역시 선 아래쪽에 더 많은 점들이 위치하므로 그 위쪽에 위치한 점들의 추세를 설명하기에는 어려움이 있어 보입니다. 그렇다면 ❸번 선이 점들의 추세를 가장 잘 설명하는 회귀선이 될까요?

몇 년 전에 학생들에게 이 산점도를 주고 회귀선을 그려서 제출하라는 과제를 냈습니다. 그런데 한 학생이 그림판을 사용해 빨간 선을 한 번에 그어서 제출하더군요. 점들의 추세를 대표할 수 있는 하나의 선을 아무런 근거 없이 본인의 감만으로 그렸다는 사실이 당황스럽기도 했지만 웃기기도 했습니다. 통계학에서는 회귀선을 그릴 때 얼마나 오차가 있는지를 계산해서 그립니다. 그래서 다음 수업 시간에 회귀선 작성 방법을 자세히 설명해 주었습니다. (수업 시간에 그 학생이 누구인지 밝히지 않았지만 혼자서 얼굴이 발그레해지던 학생이 있더군요. 다행히 그 학생은 이후로 공부를 열심히 해서 지금은 미국에서 박사과정에 있습니다.)

어떠한 선이 점들의 추세를 대표하는 가장 적합한 직선인지 파악하려면 [그림 10-3]과 같은 과정이 필요합니다.

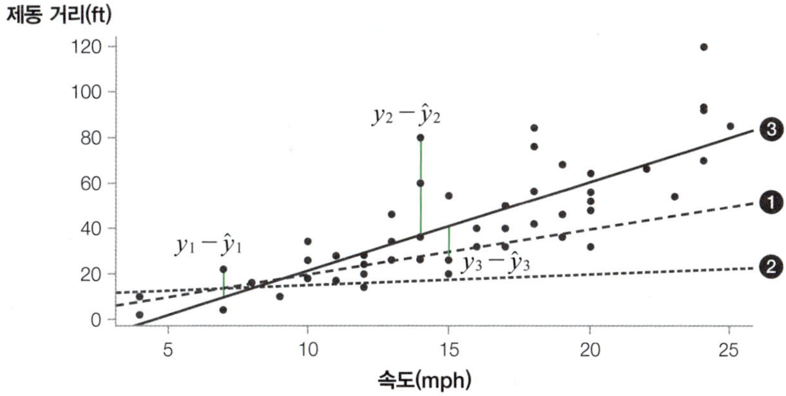

그림 10-3 산점도와 회귀선의 차이: 잔차

각각의 데이터 값들을 회귀선이라는 단 하나의 직선으로 설명하기 때문에 실제 데이터 값과 우리가 만들어낸 직선 간에는 차이가 발생할 수 있습니다. 실제 y_1의 값에서 우리가 추정한 $\hat{y}_1$의 값을 빼면 그 부분이 우리가 직선으로 설명하지 못한 잔차residual가 됩니다. 즉 [그림 10-3]에서 녹색 선으로 나타낸 $y_1-\hat{y}_1$, $y_2-\hat{y}_2$, $y_3-\hat{y}_3$는 각각 y_1, y_2, y_3 값의 잔차가 되며, 산점도상의 모든 값은 이러한 형태로 잔차를 가지게 됩니다. 잔차의 합이 작을수록 회귀선이 산점도상에 있는 점들의 추세를 더 잘 설명한다고 할 수 있습니다. 어떻게 하면 이 잔차를 최소화할 수 있을까요? 우리가 만든 회귀선은 모든 자료의 평균을 지날 것이므로 잔차의 합도 0이 될 것입니다. 따라서 잔차의 제곱합을 최소로 만드는 것이 전체 모형을 가장 잘 설명하는 방법이라고 볼 수 있습니다.

먼저 잔차를 수식으로 표현하면 식 (10.1)과 같습니다.

$$e_i = Y_i - \hat{Y}_i = (Y_i - \overline{Y}) - (\hat{Y}_i - \overline{Y}) \quad (10.1)$$

비슷하게 생긴 식이 많아서 조금 헷갈릴 것 같습니다. 식 (10.1)에서 e_i는 잔차를 의미하며, $\hat{Y}_i$는 Y_i 값의 추정치로 여기서는 회귀선상의 Y 값을 의미합니다. 앞의 [그림 10-3]에서 설명한 내용이죠. 그리고 $\overline{Y}$는 전체 Y 값의 평균을 의미합니다. 풀어서 보면 식 (10.1)은 잔차를 Y 값의 편차(개별 Y 값과 Y의 평균차이)에서 회귀선으로 추정한 $\hat{Y}_i$ 값과 Y의 평균차이를 빼서 계산할 수 있다는 의미입니다. 여기서 e_i의 제곱합이 가장 작아져야 하므로 다음 식 (10.2)를 유도할 수 있습니다.

$$\sum_{i=1}^{n}(Y_i - \overline{Y})^2 = \sum_{i=1}^{n}(Y_i - \overline{Y})^2 + \sum_{i=1}^{n}e_i^2 \quad (10.2)$$

식 (10.2)에서 좌변은 전체 분산이 되고, 우변의 첫 번째 항은 회귀식으로 설명한 분산, 우변의 두 번째 항은 회귀식으로 설명하지 못한 나머지(잔차)가 됩니다. 이 수식을 통해서 우리는 분산분석과 회귀분석이 동일한 수리적 모형으로 이루어져 있음을 알 수 있습니다. 식 (10.2)를 간단히 식 (10.3)과 같이 표현할 수 있습니다.

$$\mathrm{SST} = \mathrm{SSR} + \mathrm{SSE} \tag{10.3}$$

식 (10.3)은 전체 분산(SST)이 우리가 추정한 회귀선으로 설명하는 부분(SSR)과 설명하지 못하고 남아 있는 잔차의 분산(SSE)으로 구성되어 있음을 보여줍니다. 이 식을 통해 전체 분산(SST) 중에서 회귀식으로 설명한 분산(SSR)의 비율이 얼마나 되는지 계산할 수 있습니다. 즉 SSR/SST를 계산하면 해당 회귀식이 전체 자료를 설명하는 비율을 알 수 있습니다. 이때 SSR/SST를 결정계수라고 하며, R^2으로 표기합니다. 결정계수는 전체 데이터의 분산 중 회귀선이 설명하는 비율을 나타내는 것으로, 결정계수가 높으면 높을수록 해당 회귀식이 모형을 잘 설명한다고 볼 수 있습니다. SST = SSR + SSE는 다시 SSR = SST − SSE로 나타낼 수 있으므로, 결정계수 R^2은 식 (10.4)와 같이 나타낼 수 있습니다.

$$R^2 = \frac{\mathrm{SSR}}{\mathrm{SST}} = \frac{\mathrm{SST} - \mathrm{SSE}}{\mathrm{SST}} = 1 - \frac{\mathrm{SSE}}{\mathrm{SSR}} \tag{10.4}$$

연구자는 회귀분석을 할 때 가능하면 오차를 줄여야 합니다. 오차가 적은 회귀식일수록 산점도상에 등장하지 않은 특정 값의 결과를 더 잘 예측할 수 있기 때문입니다. 앞서 $y = ax + b$의 형태로 설명하였지만 더 많은 변수를 고려하여 $y_i = \beta_0 + \beta_1 x_1 + \beta_2 x_2 + \cdots + \varepsilon_i$의 형태로 나타낼 수도 있습니다. 여러 종류의 회귀식 중 어느 변수를 포함하거나 제거했을 때 더 오차가 적은지 비교하기 위한 지표가 필요하며, 이때 활용하는 지표가 결정계수 R^2입니다. 결정계수는 여러 개의 서로 다른 독립변수가 포함된 회귀식의 정확도를 비교할 때 사용되는 지표입니다. 이때 결정계수 R^2의 값은 회귀식에 포함된 독립변수의 개수가 증가하면 무조건 향상됩니다. 회귀식에 무차별로 추가된 독립변수가 유의미한 크기가 아니라 하더라도, 이 독립변수가 잔차로 남아 있는 분산의 크기를 줄여 식 (10.4)의 SSE/SSR 부분이 작아지게 되므로 전체 결정계수가 증가하게 되는 것입니다. 이는 의미 없는 변수라도 회귀식에 많이 포함되기만 한다면 결정계수 값이 향상됨을 의미합니다.

이처럼 설명력(R^2 값)을 높이기 위해 무차별적으로 변수를 늘리는 문제를 해결할 방안은 없을까요? 변수의 수가 늘어나면 패널티를 부여하는 방식으로 이 문제를 해결합니다. 즉 회귀식에 포함된 독립변수의 수에 따라 패널티를 부여함으로써 R^2 값을 조정하는데, 이렇게 만들어진 결정계수를 '조정된 결정계수adjusted R^2'라 하며 $adj-R^2$으로 표기합니다. 조정된 결정계수는 식 (10.5)와 같이 계산합니다.

$$adj-R^2 = 1-\left(\frac{n-1}{n-k-1}\right)\times\frac{\text{SSE}}{\text{SST}} \tag{10.5}$$

식 (10.5)에서 n은 표본의 수, k는 독립변수의 수입니다. 변수의 수를 늘리면 늘릴수록 오차가 커지는 패널티를 부과하여 무차별적으로 변수를 늘려 결정계수를 높이는 문제를 방지합니다.

[그림 10-3]으로 다시 돌아가 봅시다. 세 개의 회귀선 중 산점도의 추세를 가장 잘 설명하는 것은 ❸번 회귀선으로, 결정계수 R^2의 값은 .644입니다. 즉 전체 자료를 64.4% 설명합니다. ❶번 회귀선의 R^2 값은 .231, ❷번 회귀선의 R^2 값은 .083으로 각각 전체 자료의 23.1%, 8.3%를 설명합니다. 따라서 결정계수 R^2의 값이 가장 큰 ❸번 선이 가장 적합한 회귀선이라고 결정할 수 있습니다. [그림 10-3]에서 ❸번 회귀선만 남기면 [그림 10-4]와 같습니다.

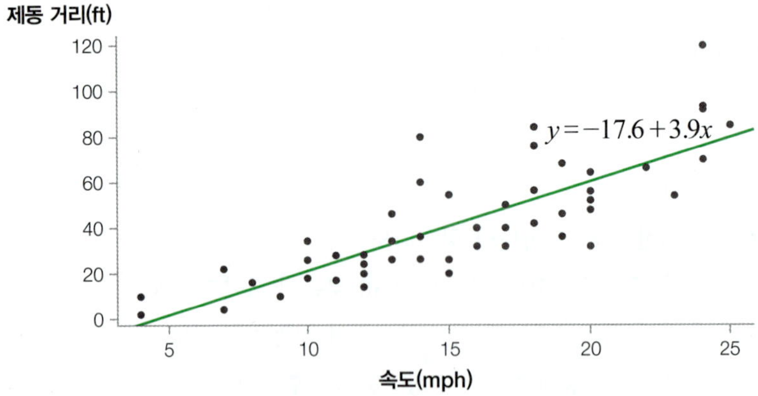

그림 10-4 산점도를 가장 잘 설명하는 회귀선

[그림 10-4]의 산점도를 가장 잘 설명하는 회귀선을 통계 패키지로 계산해 보면 $y=-17.6+3.9x$가 나옵니다. 여기서 y는 제동 거리, x는 속도가 됩니다. 이렇게 수식을 만들어두면 속도별 예상 제동 거리를 계산할 수 있습니다. 속도가 30(mph)일 때의 제동거리를 구해볼까요? 위 식에서 x에 30을 대입하면 $y=-17.6+3.9\times30=99.4$가 됩니다. 따라서 30(mph)으로 달리는 차를 제동했을 경우 제동 거리가 99.4(ft)가 됨을 예상할 수 있습니다. 이러한 추론을 바탕으로 제한속도 구역의 정지선을 설정할 수 있을 것입니다.

이렇게 만든 직선의 식($y=-17.6+3.9x$)이 복잡해 보이지만, 알고 보면 이 식은 식 (10.6)과 같이 우리가 중학교 때 배운 가장 기본적인 일반식의 형식입니다.

$$y=ax+b \tag{10.6}$$

너무 쉽죠? 물론 이 쉬운 직선 하나를 그리기 위해서는 여러 과정을 거쳐야 합니다. 식 (10.6)처럼 한 개의 변수만 사용한 회귀분석을 단순회귀분석이라 하고, 여러 개의 변수를 활용하면 다중회귀분석(또는 중다회귀분석)이라고 부릅니다. 실제로 변수 하나로만 다른 변수를 설명하는 것은 어려운 일이므로 이론적 모형을 잘 설명하기 위해 주로 다중회귀분석을 활용합니다.

식 (10.6)의 간단한 1차 함수식과 다음 식 (10.7)의 실제 회귀식 간에는 차이가 있습니다.

$$y_i=\beta_0+\beta_1x_1+\varepsilon_i \tag{10.7}$$

식 (10.7)에서 뒤에 ε_i가 생겼죠? 이것은 무엇일까요? 우리가 회귀식을 식 (10.6)처럼 $y=ax+b$라고 쓴다면 하나의 직선 위에 모든 점이 올라가 있는 형태로 그려지게 될 것입니다. 따라서 식 (10.7)은 직선 위에 위치하지 않는 다른 데이터들을 설명하기 위해 ε_i를 추가한 것으로, 이 ε_i가 앞서 설명한 잔차입니다. 이 잔차들은 평균이 0이고 분산이 σ^2인 정규분포를 따르며 상호 독립적으로 분포한다고 가정합니다. 만약 평균이 0이 아니라면, 또는 잔차 간 상관이 존재한다면 우리가 계산한 회귀식이 평균을 지나지 않는다는 의미이므로 우리가 찾지 못한 또 다른 변인이 있을 가능성이 있습니다.

다중회귀분석

이번에는 여러 개의 변수를 활용하는 다중회귀분석(중다회귀분석)에 대해 알아보겠습니다. 소개팅에서 상대방의 연봉이 얼마인지 직접 물어보는 것은 무례한 행동일 것입니다. 그렇다면 상대방에 대한 여러 가지 정보를 바탕으로 연봉을 유추해 볼 수 있습니다. 어떤 직군에서 일하는지도 중요한 척도가 될 것이고, 일일 평균 근무 시간이나 졸업한 학교 등도 단서가 될 수 있을 것입니다. 마찬가지로 사회과학 세계에서는 어떤 결과를 예측하는 데 단 하나의 변수만으로는 설명이 부족할 때가 많아 여러 원인 변수를 설정합니다. 이와 같이 여러 가지 변수를 활용하여 결과를 예측하는 것을 다중회귀분석이라고 부릅니다.

다중회귀분석과 같이 여러 개의 변수를 쓴다면 고려할 문제도 더욱 많아집니다. 다음 [그림 10-5]를 통해 생각해 봅시다.

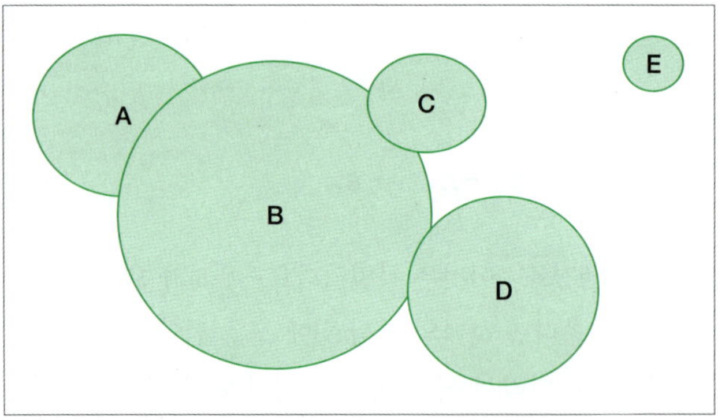

그림 10-5 변수의 설명량

[그림 10-5]에서 네모 칸 전체가 모든 자료의 분산이라 하고, 각각의 원이 해당 변수가 설명하는 분산이라고 가정합시다. 빈 공간 없이 원이 많은 면적을 채우면 채울수록 전체 데이터를 잘 설명하는 회귀식을 도출했다고 할 수 있습니다. 이때 변수를 선택하는 방법에는 어떤 것들이 있을까요?

먼저 모든 변수를 투입하고 가장 설명력이 작은 변수부터 제거하는 방법이 있습니다. [그림 10-5]의 상황이라면 가장 설명력이 작아 보이는 E를 제거하고 그다음으로 설명력이 작은 C를 제거해 볼 수 있습니다. 이때 E를 제외한 모형과 C, E를 제거한 모형의 설명력에 통계적으로 유의한 차이가 있다면 E만 제거하는 선에서 분석을 멈출 수 있습니다. 반면에 통계적으로 유의한 차이가 없다면 C와 E를 모두 제거해도 무관합니다. 해당 변수를 더 투입한다고 해서 설명력이 통계적으로 유의하게 증가하지는 않을 테니까요. 이처럼 모든 변수를 먼저 투입해 두고 설명력이 작은 변수들을 빼가면서 변수를 선택하는 방식을 후진제거법backward elimination이라고 합니다.

이와 반대되는 방법도 있습니다. 전진선택법forward selection은 상수만 있는 모형에서 가장 설명력이 큰 변수를 하나씩 집어넣다가 더 이상 유의미하게 모형이 변화하지 않을 때까지 변수를 추가하는 방법입니다. 전진선택법은 [그림 10-5]에서 가장 설명력이 큰 분산인 B 변수를 먼저 투입하고, 그다음으로 설명력이 큰 D, A를 순서대로 투입하며 변화량을 확인하는 방식입니다.

후진제거법과 전진선택법 모형의 중간 정도라 할 수 있는 단계적 선택법step wise selection도 존재합니다. 단계적 선택법은 여러 변수의 조합을 고려하여 삽입해 보고 가장 설명력이 좋은 변수군을 선택하는 방법입니다.

위 세 가지 방법처럼 여러 개의 변수를 선택할 때 주의할 점이 있습니다. 바로 다중공선성multicollinearity 문제입니다. 다중공선성은 투입된 독립변수 간의 상관이 높을 때 발생합니다. 가령 몸무게를 설명하는 회귀식을 만든다고 할 때 키, 목둘레, 가슴둘레, 허벅지 둘레와 같은 자료들을 사용하면 각 변수 간의 상관이 매우 높게 나타날 것입니다. 그러면 독립변수의 설명력이 실제보다 과

대하게 추정됩니다. 이러한 다중공선성을 확인하기 위해 VIF라는 지수를 확인합니다. VIF는 Variance Inflation Factor의 줄임말로서, 이를 우리말로 바꾸어 해석하면 분산팽창요인[1]이 됩니다. 말 그대로 분산을 팽창시켜 실제보다 설명력을 과대하게 높이는 정도를 의미합니다.

식 (10.8)은 개별 변수에 대한 다중공선성 지수 VIF_i로 i번째 독립변수를 종속변수로 한 회귀모형의 결정계수입니다. 각 독립변수에 대해 나머지 독립변수들을 활용하여 회귀분석을 수행하고, 이때의 결정계수를 VIF라 하는 것입니다.

$$\text{VIF}_i = \frac{1}{1 - R_i^2} \tag{10.8}$$

VIF가 10 이상이면 다중공선성이 있는 것으로 판별합니다. 다중공선성이 있으면 어떤 문제가 발생할까요? 먼저 회귀계수가 불안정해집니다. 회귀계수란 예를 들어 앞서 살펴본 $y_i = \beta_0 + \beta_1 x_1 + \beta_2 x_2 + \cdots + \varepsilon_i$의 식에서 β_0, β_1, β_2와 같이 각 독립변수 앞에 곱해지는 가중치의 값을 의미합니다. 회귀분석의 꽃은 회귀계수를 잘 추정해서 실제 분석에 사용되지 않은 데이터가 나타났을 때 해당 값을 예측하는 데 있습니다. 그런데 다중공선성이 있는 독립변수가 포함되어 있다면, 작은 표본의 변화에도 계수가 크게 변화할 수 있으며, 결과적으로 회귀분석의 신뢰도를 떨어뜨립니다. 또한 독립변수가 종속변수에 미치는 개별 영향을 해석하는 데 어려움이 생기고, 과적합overfitting될 가능성이 높아집니다. 과적합된 회귀식은 주어진 자료에서는 정확도가 높은 것처럼 보이지만, 새로운 자료에 대해서는 일반화하기 어렵다는 문제를 안고 있습니다. 즉 VIF가 높으면 통계분석의 신뢰성이 떨어집니다.

---

1 실제로 분산팽창요인이라는 말을 사용하지는 않으나, 분산을 팽창시켜 설명력을 실제보다 부풀리는 정도를 의미하므로 VIF를 직관적으로 이해할 수 있는 말입니다. 분산을 높여 실제보다 설명력을 과대하게 높이는 변수가 있으면 연구에 혼란을 초래합니다. 따라서 이러한 변수를 제거해 주어야 올바르게 회귀분석을 할 수 있습니다.

더미변수의 활용

만약 독립변수에 양적변수가 아닌 질적변수를 활용하고 싶다면 어떻게 해야 할까요? 어떤 값을 예측하는 데에 양적변수만 역할을 하는 것은 아닙니다. 한 예를 생각해 봅시다. 미래의 연봉을 추정한다고 할 때 성별에 따라서도 다르게 추정할 가능성이 있으므로 성별이라는 변수를 예상 연봉 추정에 포함하려고 합니다. 그러나 성별은 양적변수가 아니므로 예상 연봉 추정에 포함하기 어렵습니다. 이때 우리는 더미변수를 활용합니다. 더미변수란 질적변수를 분석에 포함할 수 있도록 숫자 형태로 변환한 것을 의미합니다.

실제로 회귀분석을 수행한다고 가정하고 질적변수 하나(성별)와 연속변수 하나(교육연한)를 활용하여 연봉을 예측한다고 가정해 보겠습니다. [표 10-1]에서 성별은 남성을 1, 여성을 2로 코딩하였습니다. 교육연한은 각 사람이 교육을 받은 연수를 의미합니다.

표 10-1 성별을 변수로 포함하고 싶은 경우

ID	성별	교육연한
1	1	12
2	1	16
3	2	14
4	2	16

교육연한은 초등학교 졸업인 경우 6년, 중학교 졸업인 경우 9년, 고등학교 졸업인 경우 12년, 2년제 대학 졸업인 경우 14년, 4년제 대학 졸업인 경우 16년이 됩니다. 교육을 받은 기간이 길수록 연봉은 높아지는 경향이 있으므로 교육연한을 하나의 독립변수로 바로 활용할 수 있는 반면, 성별은 그렇게 활용하기 어렵습니다. 왜냐하면 남성을 1, 여성을 2로 코딩한 경우 실제 통계 패키지나 수식은 두 숫자로 성별을 구분할 능력이 없기 때문입니다. 따라서 질적변수의 경우 통계 패키지가 이해할 수 있는 형태로 변환해 주어야 합니다.

성별을 더미변수로 만들면 [표 10-2]와 같이 변경할 수 있습니다. [표 10-1]과 비교해 보면, 변수의 이름이 '성별'에서 '성별_여'로 바뀐 것을 확인할 수 있습니다. '성별_여'는 0이면 여성이 아닌 것, 1이면 여성인 것으로 패키지가 인식하게 됩니다. 연봉 y를 예측하는 회귀식은 '연봉$(y) = b_0 + b_1 *$ 성별_여 $+ b_2 *$ 교육연한 $+ e_i$'와 같이 바꿀 수 있습니다. 이때 회귀계수 b_1은 남성에 비해 여성이 얼마만큼의 예상 연봉을 얻을 수 있는지 나타내는 역할을 합니다. 즉 질적변수를 직접 회귀식에 투입할 수 없으므로 기준을 만들어(본 예시에서는 남성이 기준이 됨) 더미변수를 표시하고 여성일 때 연봉이 어떻게 변화하는지로 해석하게 됩니다.

표 10-2 성별을 더미변수로 변환한 자료

ID	성별_여	교육연한
1	0	12
2	0	16
3	1	14
4	1	16

이렇게 데이터를 구성하고 분석을 수행하면 '성별_여' 변수의 계수는 남성에 비해 여성의 연봉이 얼마나 차이가 날지 예측하는 변수로 활용될 수 있습니다.

범주가 2개인 경우 외에, 범주가 여러 개인 경우에도 더미변수를 활용할 수 있습니다. 더미변수를 '국적'으로 변경해 보겠습니다. [표 10-2]의 데이터에 한국, 중국, 일본이라는 국적을 추가하면 [표 10-3]과 같은 데이터를 만들 수 있습니다. 나라마다 1인당 GDP 등 경제 여건이 다르기 때문에 같은 수준의 업무라도 국적에 따라 연봉이 다를 수 있습니다.

표 10-3 국적을 변수로 포함하고 싶은 경우

ID	성별_여	교육연한	국적
1	0	12	한국
2	0	16	한국
3	1	14	중국
4	1	16	일본

마찬가지로 국적을 더미변수화하면 [표 10-4]와 같이 바꿀 수 있습니다.

표 10-4 국적을 더미변수로 변환한 자료

ID	성별_여	교육연한	국적_일본	국적_중국
1	0	12	0	0
2	0	16	0	0
3	1	14	0	1
4	1	16	1	0

[표 10-4]와 같이 바꾸면 동일한 일을 하더라도 어느 국가에 속했느냐에 따른 효과, 즉 일본의 효과와 중국의 효과를 한국과 비교해서 파악할 수 있습니다.

이렇게 더미변수를 활용하면 회귀분석에서 자신이 원하는 자료의 형태를 삽입하여 분석을 수행할 수 있고 직관적으로 해석할 수 있으므로 범용성이 높아진다는 장점이 있습니다. 그런데 이때 주의할 점이 있습니다. 하나의 범주형 변수를 활용할 때마다 변수의 개수는 한 개씩 증가하지 않고 (범주의 수 − 1) 개씩 증가한다는 점입니다. 이렇게 되면 앞서 식 (10.5)에서 독립변수의 수인 k 값이 커지고 $(n-k-1)$의 값은 작아지게 됩니다. 그러면 결정계수 R^2에서 자유도가 감소하여 이는 결국 설명력의 감소로 이어집니다. 따라서 어렵게 모은 데이터를 활용하는 데 어려움이 생길 수도 있으니 무분별하게 더미변수를 추가하지 않도록 각별히 유의해야 합니다.

회귀분석의 장점은 종속변수를 설명하는 독립변수들의 효과크기를 보여줄 수 있다는 데 있습니다. 분석 결과를 보는 사람들도 이를 직관적으로 이해할 수 있습니다.

로지스틱 회귀분석

앞서 회귀분석은 독립변수와 종속변수를 둘 다 양적변수로 설정하는 분석 방법이라고 했습니다. 물론 독립변수에 범주형 변수를 포함할 수 있습니다. 다만 범주형 변수를 더미 변수로 변환한 경우 자유도가 감소하므로 무분별하게 더미변수를 추가하지 않도록 유의해야 한다고 했습니다.

그런데 우리가 풀고 싶은 여러 가지 문제들 중 종속변수가 범주형 변수인 경우가 종종 있습니다. 가령 여러 독립변수를 가지고 A라는 학생이 대학에 합격할지 불합격할지 예측한다든가, B라는 성향이 있는 학생이 어떠한 직군에 취업하게 될지 궁금할 수 있습니다. 이처럼 종속변수를 범주형 변수로 쓰고 싶은 경우에 어떻게 해야 할까요? 종속변수가 범주형 변수인 회귀분석을 로지스틱 회귀분석logistic regression이라 부릅니다. 이는 범용적으로 활용되는 분석 방법입니다. 로지스틱 회귀분석에서는 일반적인 다중회귀분석과 똑같은 절차를 거쳐 분석하고 최종적으로 회귀계수를 설명할 때에만 한 단계를 더 거치게 됩니다. 따라서 회귀분석의 확장으로 이해할 수 있습니다.

대학 시험의 합격 여부는 두 개의 범주로 나타나는 질적변수입니다. 우리는 종속변수가 양적변수인 경우에 대해서만 배웠으므로 앞서 우리가 배운 모든 지식을 활용해도 해당 학생이 시험에 합격할지 불합격할지는 예측할 수 없습니다. 여기서 약간의 기술이 들어갑니다. 합격할 확률을 p라고 하면 불합격할 확률은 $(1-p)$가 됩니다. 성공할 확률을 실패할 확률로 나눈 값을 승산비 또는 오즈odds라고 부릅니다. 합격/불합격 여부를 직접 분석하기 어렵기 때문에 이와 같이 변환하여 분석하는 것입니다.

$$odds = \frac{p}{1-p} \tag{10.9}$$

어떤 시험에 합격할 확률이 10%, 불합격할 확률이 90%라고 한다면 식 (10.9)에 따라 오즈는 1/9이 됩니다. 오즈odds에 로그log를 취한 것을 로짓logit이라고 부르는데, 이 로짓을 종속변수로 활용할 수 있습니다. 원래는 합격/불합격이라고 불렸던 범주형 변수를 로짓 변환을 통해 연속형 변수처럼 활용하는 것입니다. 이렇게 오즈를 로짓으로 변환시키고 나면 나머지 부분은 회귀분석의 방식과 큰 틀에서 동일합니다. 합격 여부에 영향을 미치는 여러 변수를 수집하고, 변수들을 선정하여 회귀분석을 수행하고, 각 변수의 영향력을 계산하여 해당 변수가 유의한지 아닌지를 판단합니다. 하지만 일반적인 회귀분석에 비해 어려운 부분이 있는데, 바로 해석할 때입니다. 다음 식 (10.10)을 보면 느낌이 올 것입니다.

$$\ln\left(\frac{p}{1-p}\right) = b_0 + b_1x_1 + b_2x_2 + \cdots b_nx_n + e_i \tag{10.10}$$

식 (10.10)은 로짓에 대한 회귀분석 결과입니다. 오즈에 로그를 취한 부분을 제외한 오른쪽 부분만 본다면 일반적인 다중회귀분석의 수식 형태와 동일함을 알 수 있습니다. 식 (10.10)은 n개의 독립변수를 포함한 일반식 형태로 나타낸 것이며, 여기서 b_0, b_1은 각각 회귀계수를 의미합니다. 우리는 궁극적으로 각 변수가 로짓에 어떤 영향을 미치는지 궁금한 것이 아니라 확률 p에 대한 결과가 궁금합니다. 이를 해석하기 위해서는 다시 로그를 지수로 변환해야 합니다. $a^x = b$일 때 $x = \log_a b$이므로 식(10.10)을 식(10.11)과 같이 전개할 수 있습니다. ln은 $\log_e$임을 참고하여 다음 식 (10.11)을 보겠습니다.

$$y = \ln\left(\frac{p}{1-p}\right) = b_0 + b_1x_1 + b_2x_2 + \cdots b_nx_n$$

$$\frac{p}{1-p} = e^{b_0 + b_1x_1 + b_2x_2 + \cdots + b_nx}$$

$$p = (1-p)e^{b_0 + b_1x_1 + b_2x_2 + \cdots + b_nx}$$

$$(1 + e^{b_0 + b_1x_1 + b_2x_2 + \cdots + b_nx})p = e^{b_0 + b_1x_1 + b_2x_2 + \cdots + b_nx}$$

$$p = \frac{e^{b_0 + b_1x_1 + b_2x_2 + \cdots + b_nx}}{1 + e^{b_0 + b_1x_1 + b_2x_2 + \cdots + b_nx}} \tag{10.11}$$

식 (10.10)의 우변에 있던 회귀식을 식 (10.11)과 같이 확률에 대한 식으로 변형할 수 있습니다. 즉 식 (10.11)의 가장 아래 줄에 있는 식과 같이 개별 독립변수 x의 값을 대입하면 해당 사건이 일어날 확률을 예측할 수 있습니다.

앞서 언급했듯이 로지스틱 회귀분석에서는 회귀분석을 통해 회귀계수를 산출했다면 회귀계수를 그 자체로 해석하면 안 되고 지수화하여 해석해야 한다는 어려움이 있습니다. 회귀계수 b_1이 1.7로 나왔다고 가정합시다. 이때 x가 1단위 증가할 때 y가 1.7 증가한다고 해석하는 것이 기존 선형회귀분석의 해석이었다면, 로지스틱 회귀분석에서는 똑같이 x의 회귀계수가 1.7인 경우 x가 1단위 증가하면 $e^{1.7} = 5.47$이므로 시험에 합격할 확률이 불합격할 확률에 비해 5.47배 증가한다고 해석해야 합니다. 이해하기 조금 어려울 수 있습니다만, 큰 틀에서는 기존 회귀분석과 동일한 분석 방법이라 생각할 수 있습니다.

우리는 이번 장에서 회귀분석을 통해 연속형 독립변수를 활용하여 연속형 종속변수를 예측하는 방법과 더미변수를 활용하여 질적변수를 독립변수에 추가하는 방법을 배웠습니다. 더불어 질적변수를 종속변수로 활용할 수 있는 로지스틱 회귀분석까지 배웠습니다. 여기까지 잘 따라왔다면 여러분은 이제 논문에 등장하는 대부분의 회귀분석을 이해할 수 있을 것입니다.

PART

02

논문 통계분석

CHAPTER

11 논문 작성법

필자는 대학생 때 자취 생활을 했는데 인근 대학에서 박사과정에 재학 중인 한 선배와 함께 살았습니다. 매일 밤늦게까지 공부하고 가끔은 학교에서 밤을 새고 돌아오기를 반복하는 선배를 보며, '저렇게까지 공부를 해야 하는 걸까?' 하는 생각이 자주 들었고, 한편으로는 무언가 진리를 탐구하는 일에 저토록 매진하는 일이 멋있어 보이기도 했습니다. 그 선배가 논문을 쓴다며 머리를 싸매고 괴로워하는 모습도 보고, 투고했다며 뛸 듯이 기뻐하는 모습도 보았습니다. 하루는 둘이 함께 저녁을 먹으며 선배에게 물어봤습니다.

"형은 참 대단해요. 어떻게 논문같이 어려운 것을 그렇게 자주 쓸 수 있나요?"

선배는 멋쩍게 웃더니 이렇게 대답했습니다.

"대단할 것이 뭐가 있니? 너도 학교 다니면서 리포트 쓰잖아. 그거랑 똑같은 거야. 다만 주어진 형식과 양식이 있고, 그것을 공인해 주는 사람들이 있다는 점만 다르지. 주장하는 글을 쓰는 것이라는 점에서 논문도 리포트와 동일해."

당시 논문에 대해 무지했던 저는 선배의 이러한 말이 그저 겸양의 말로만 느껴졌습니다. 하지만 제가 석사학위를 거쳐, 박사학위를 받고 교수가 되어 학술 활동으로 밥 먹고 살게 되면서 느낀 점은, 그 선배의 말이 꽤나 사실에 가깝다는 것이었습니다. 다만 논문이 리포트와 다른 점을 꼽자면, 리포트는 교수가 생각하는 정답에 가까운 것을 찾아가는 과정이라면 논문은 내가 찾아낸

과학적 사실이나 주장에 대해 증명해 가는 것이기 때문에 정답이 없다는 점입니다. 당시 선배가 저에게 해준 말이 기억에 남습니다.

> "논문 쓰는 방법 자체가 어려운 것은 아니야. 다만 내 배움이 짧아서 주장하고 싶은 게 없는 것이 문제지. 주장하고 싶은 것이 있으려면 많이 읽고 많이 배워야 하는데, 그 과정이 괴로우니까."

여기서 선배가 말하는 '주장하고 싶은 것'이 바로 논문의 주제가 됩니다. 제 지도 교수님도 이와 비슷한 이야기를 해주신 적이 있습니다.

> "박사학위 논문이라는 것은 200편의 논문을 읽는 과정이다. 관심 있는 분야의 논문을 넓게 100편 읽으면서 내가 진짜로 관심 있는 주제가 무엇인지를 탐색해야 되고, 그렇게 해서 하나의 관심 주제를 발견하고 나면 해당 주제로 100편의 논문을 깊게 읽는 과정이 필요하다."

당시 문해력이 부족했던 저는 논문을 200편만 읽으면 되니 오히려 낫다고 생각했습니다. 지도 교수님 말씀은, 넓게 읽어서 찾고 깊게 읽어서 발굴하되 가능하면 많이 읽으라는 말씀이었는데 저는 문자적으로만 해석한 거죠. 이렇게 넓고 깊게 읽으며 쓰고 싶은 논문의 주제가 생겼다면 논문 쓰기의 절반은 해소가 된 셈입니다. 박사학위를 받았다는 것은 이러한 연구 주제를 스스로 발굴하고, 스스로 연구할 수 있는 사람이 되었음을 의미합니다. 생각보다 스스로 박사 논문 주제를 잡지 못해서 학위를 마치지 못하는 경우가 많습니다.

논문 분류

논문을 크게 두 부류로 분류하면 학위논문과 학술논문으로 나눌 수 있습니다. 학위논문은 말 그대로 학위를 받기 위해 쓴 논문입니다. 보통 석사학위, 박사학위를 취득하기 위한 목적으로 쓰며 지도교수의 지도를 받아 작성합니다. 이렇게 논문을 쓰고 나면 한 명의 연구자로 인정받게 되는 것이죠. 반면 학술논문은 협회나 학회가 주관합니다. 각 연구자들이 협회나 학회에 가입하여 해당

기관의 학술지 규정에 맞춰 연구를 진행한 후 그 연구 결과를 평가받게 됩니다. 학위논문과 학술논문 사이에 위계가 있을까요? 그렇지 않습니다.

학위논문은 해당 연구자가 연구자로서 학문 공동체에 입문하는 첫 번째 걸음이라고 생각할 수 있으며, 학술논문은 학문 공동체에 속한 사람들이 서로의 연구 결과를 바탕으로 상호작용하는 공간이라고 생각할 수 있습니다. 그렇다고 학위논문이 더 어렵고 학술논문은 더 쉬운가 하면 그렇지도 않습니다. 어느 학술지는 투고 기준이 높고 사회적으로 명망이 높아서 그 학술지에 투고한 논문은 학위논문보다 더 대우를 받기도 합니다. 어떤 학위논문은 실제로 학위를 받는 데 쓰였다 해도 학술적으로 가치가 없는 경우도 종종 있습니다. 또 어떤 학술지는 '이런 수준의 논문도 투고할 수 있나?'라는 생각이 들 정도로 내부 규제가 약한 경우도 있습니다.

학술지(학술논문)의 투고 기준 등에 따른 문제들을 해결하기 위해 학문 공동체도 노력하고 있습니다. 학술지 중에서도 여러 연구자가 공인하고 영향력이 있는 학술지와 그렇지 않은 학술지를 다음과 같은 순서로 구분합니다.

❶ 일반 학술지
❷ 학진 등재[1] 후보지
❸ 학진 등재지(KCI)
❹ 해외 우수 학술지(SCI, SCIE, SSCI 등)

❶의 경우 ❷~❹의 학술지보다 경쟁률이 약하고 상대적으로 게재되기 쉽습니다. 이 때문에 대학 임용 등에서 일반 학술지에 게재된 논문은 학술 실적으로 인정하지 않는 학교도 많습니다. 일반 학술지가 등재 후보지를 거쳐 등재지가 되려면 많은 사람이 해당 등재 후보지에 투고하고 투고된 논문을 적절한 심사 절차를 거쳐 심사해야 하며 반드시 일정 비율 이상의 논문을 탈락시켜야 합니다. 이렇듯 나름의 생태계를 갖춰야 하기 때문에 논문 모집 공고를 내고,

1 '학술진흥재단 등재' 또는 '한국연구재단 등재'를 가리키는 말입니다.

논문 제출에 상응하는 비용을 지불하기도 합니다. 학회 등에서 운영하는 뉴스레터에서 논문을 제출하면 수십만 원 상당의 금전적 보상을 해준다는 학술지를 볼 수 있는데, 그런 곳이 등재 후보지를 준비 중인 일반 학술지(❶)라고 보면 됩니다.

그렇다면 등재지 안에서도 더 좋은 등재지와 상대적으로 덜 좋은 등재지가 있을까요? 섣불리 그렇다고 이야기하기는 어려우나, 흔히 사람들이 이야기하는 메인 저널이라는 것이 있습니다. 보통은 모 학회에서 출판하는 논문이나 가장 큰 규모의 학회에서 내는 논문을 메인 저널로 봅니다. 논문 작성 시 타인의 논문을 인용하거나 선행 연구를 분석할 때에도 학진 등재지 또는 해외 우수 학술지에 투고된 논문인지를 확인해 보아야 합니다. 일반 학술지나 학진 등재 후보지를 인용하는 경우(박사 논문을 작성할 때에는 석사 논문을 인용하는 경우) 심사위원들에게 좋은 인상을 주기 어렵습니다.

또한 연구 실적을 평가하는 경우 해당 연구자의 논문이 실린 등재지의 급을 평가하는 수단으로 IF Impact Factor라는 지수를 사용하기도 합니다. IF는 학술지의 영향력을 측정하는 지표로서 논문의 피인용 횟수 등을 고려하여 IF 지수를 산정합니다. 일반적으로 IF 지수가 높을수록 좋은 품질의 학술지로 평가하지만, 연구 분야나 인용 패턴 등에 따라 평가 정도가 다를 수 있기 때문에 IF 지수가 절대적인 지표는 아닙니다.

여러분이 여러 편의 논문을 읽고 연구하고 싶은 주제가 생겼다면, 이제 시작입니다. 이제 본격적으로 논문 작성 절차에 대해 살펴보겠습니다.

논문 구성

일반적인 논문의 구성에 대해 살펴보겠습니다. 논문은 크게 '제목–국문 초록–본문(1~5장)–참고 문헌–영문 제목–영문 초록'으로 구성됩니다. 이 중 본문은 다시 다음과 같이 구성됩니다.

표 11-1 논문의 장별 구성

장	구분
1	서론
2	선행 연구(문헌 고찰)
3	연구 방법
4	연구 결과
5	결론 및 논의

이제 논문의 각 구성 요소에 대해 살펴봅시다. 대부분의 사회과학(교육학, 심리학 등) 논문들은 다음 절차에 따라 작성됩니다.

■ 논문 제목

교수가 되고 나서도 가끔 연구자 커뮤니티에 들어가서 여러 글을 읽어봅니다. 종종 다음과 같은 부류의 글을 볼 수 있습니다.

> "내 연구는 굉장히 대단한 연구인데, 국내 학자들이 공부를 하지 않기 때문에 다른 학자들이 내 논문의 가치를 모르고 있다. 무시당하고 있다. 속상하다. 내 연구가 얼마나 대단한 연구인지 알면 사람들이 모두 깜짝 놀랄 것이며, 대학에서도 나를 무조건 임용하려고 할 텐데, 공부하지 않는 학자들 때문에 내가 피해를 보고 있다."

이러한 글을 쓰는 사람의 마음도 어느 정도 이해합니다만, 섣불리 다른 사람들이 공부하지 않는다고 말하거나 본인만 깊이 연구하고 있다고 생각하는 것은 본인의 식견이 좁기 때문일 수도 있습니다. 세상에 출간되는 수많은 논문 중에서 내 논문이 읽히려면 무엇이 중요할까요? 저는 논문 제목이 가장 중요하다고 생각합니다. 일단 제목이 매력적이어야 많은 사람이 읽으려는 노력을 들이겠죠. 평범하고 재미없는 제목이라면 많은 사람의 이목을 끌지 못할 것입니다. 일반적인 연구의 제목들을 보면 종속변수, 연구 방법, 연구 대상을 한데 버무려서 제목을 짓습니다. 이러한 논문 제목의 예를 들면 다음과 같습니다.

일반적인 논문 제목의 예

- 자아존중감이 중학생 학업성취도에 미치는 영향: 서울교육종단연구를 활용하여
- 자아존중감에 영향을 미치는 요인 탐색
- 거주 환경이 불안에 미치는 영향: 자아존중감의 매개효과

제목만 보아도 해당 논문의 대상은 누구인지, 어떤 변인에 대한 연구인지, 어떤 방법을 사용했는지 대강 파악할 수 있으나 평범하고 재미없다는 느낌이 들 수 있습니다. 그래서 비슷한 연구 주제로 연구하는 사람들에게는 다음과 같은 제목이 도움이 될 것입니다.

「민족, 국민, 국가」[2]

최근 눈길을 끌었던 논문의 제목입니다. 『현대소설연구』라는 학술지에 게재된 논문으로, 1920년대부터 1940년대까지 민족과 국민, 국가라는 단어가 얼마나 자주 등장해 왔고, 어떤 단어끼리 더 가까운 관계를 가지는지 보여줍니다. 시대적인 상황과 맥락이 해당 단어를 인식하는 사람들에게 어떻게 영향을 미치는지도 보여줍니다. 제목만으로도 재미있어 보여서 열람하게 만드는 논문이었습니다. 이처럼 많은 사람이 봤을 때 흥미를 느낄 수 있도록 제목을 정하는 것도 좋은 방법입니다.

▪ 국문 초록

초록은 영어로 abstract라고 씁니다. abstract는 '추상적인, 관념적인'이라는 뜻의 형용사이기도 하지만 '개요'를 나타내는 명사이기도 합니다. 국문 초록

2 김병준, 전봉관. (2023). 민족, 국민, 국가 – 시계열 워드 임베딩을 활용한 조선일보 기사의 민족 담론 의미 변동 추적(1920~40), 현대소설연구, (90), 5-38.

은 말 그대로 해당 논문의 개요를 우리말로 간단히 풀어서 쓰는 것을 의미합니다. 국문 초록은 학위논문이냐 학술논문이냐에 따라 분량이 정해져 있습니다. 일반적인 학술논문의 경우 300단어 내외로 정하거나 500자 이내로 작성하도록 안내하고 있으므로 학술지의 논문 투고 규정에 따라 작성하면 됩니다. 학위논문에서는 전체 논문의 내용을 1~2쪽 내외로 요약하는 것이 일반적입니다.

국문 초록은 논문 전체의 내용을 요약하는 것이므로, 연구 목적, 연구문제, 연구 방법, 연구 결과를 모두 포함해야 합니다. 즉 국문 초록만 읽고도 논문 전체의 내용을 대략적으로 파악할 수 있도록 작성해야 합니다.

▪ 본문

본문은 일반적으로 다섯 개의 장으로 구성됩니다. 경우에 따라 네 개 장이거나 여섯 개 장으로 구성하기도 하지만, 일반적인 양적 연구 방법을 적용한 논문들에서는 다섯 개 장을 선호합니다. 본문을 다섯 개의 장으로 쓴다고 가정했을 때 각각의 장은 다음과 같이 구성됩니다.

서론 – 선행 연구 분석(문헌 고찰) – 연구 방법 – 연구 결과 – 결론 및 논의

❶ ❷ ❸ ❹ ❺

각각의 장에 대해서 알아봅시다.

❶ 서론

저는 어릴 때부터 말하는 것을 좋아해서 이리저리 길게 말하면 어른들은 항상 이렇게 말씀하시곤 했습니다.

"서론이 너무 길다. 본론만 말해라."

서론의 사전적 정의는 '말이나 글 따위에서 본격적인 논의를 하기 위한 실마리가 되는 부분'입니다. 서론에서는 논문을 시작하면서 왜 이 논문을 쓰게 되었는지 학술적으로 기술해야 합니다. 현재의 연구 동향은 어떠하며, 어떠한 내용들이 주로 논의되고 있는지를 기술합니다. 이러한 배경 설명과 함께, 연구자 본인이 궁금해하는 부분들에 대해서는 연구가 이뤄지지 않고 있기 때문에 본인이 어떠한 목적으로 이 연구를 수행한다는 내용이 포함되어야 합니다.

전체 20쪽 정도의 학술논문에서 서론은 2쪽 내외의 분량을 할애하는 것이 일반적입니다. 서론 말미에는 이 논문에서 다룰 구체적인 연구문제를 별도로 다음과 같이 기술하기도 합니다.

서론에서 기술하는 연구문제의 예

이에 본 연구의 연구문제는 다음과 같다.

첫째, 청소년기의 자아존중감에 영향을 미치는 요인은 무엇인가?

둘째, 청소년의 학업 스트레스와 학업성취도 사이에 청소년의 자아존중감은 매개효과를 가지는가?

이처럼 연구자가 연구를 통해 밝히고 싶은 주제에 대해 구체적으로 기술하는 것을 서론이라고 합니다. 서론을 읽고 난 뒤에 '이 논문을 끝까지 읽고 싶다', '너무 궁금하다'라는 생각이 들었다면 성공적인 서론이라고 할 수 있겠습니다.

연구문제를 정할 때 주의할 사항이 있습니다. 대부분의 학생 연구자들이 자주 범하는 실수인데, 가령 다음과 같은 연구문제를 설정했다고 합시다.

"공부 시간이 길어질수록 공부를 잘할 것이다."

이런 연구 주제는 가치가 있을까요? 제가 학생 때 논문 주제를 들고 지도교수님을 찾아 갔을 때 교수님께 가장 많이 들은 말이 있습니다. "그걸 꼭 연구를 해야 알 수 있니?" 졸업이나 실적 달성과 같은 당면한 상황에 매몰되어 연구의 필요성이 없는 문제를 연구 주제로 잡고 논문을 쓰는 경우도 비일비재합니다. 또 이미 발표된 유사한 주제의 연구 방법이나 연구 결과를 도출하는 논문을 쓰는 것도 큰 의미가 없습니다. 그렇기 때문에 주제를 잘 정하는 것이 가장 어렵습니다.

연구의 필요성을 구체적으로 밝히기 위해 필요한 구성이 바로 본문의 두 번째 장에 나오는 선행 연구 분석(문헌 고찰)입니다.

❷ 선행 연구 분석(문헌 고찰)

선행 연구 분석 장은 서론에서 연구자가 밝힌 연구문제에 대해 기존 연구들이 어떻게 분석하고 있는지를 정리하는 장입니다. 주로 연구 주제와 관련된 주요 이론과 개념들을 살피며, 기존 연구와 연구자의 연구 사이에 어떤 차별점이 있고 왜 이러한 연구문제를 설정하게 되었는지를 밝히는 데 목적이 있습니다. 문헌 고찰을 하여 연구의 방향성이 논리적으로 어떻게 설정되었는지를 기술해서 연구의 신뢰성을 강조하되, 기존 연구와 비교해 어떤 점에서 독창성이 있는지를 밝히는 장입니다.

정리하면, 선행 연구 분석은 연구자가 연구하고자 하는 주제와 직간접적으로 연관된 선행 연구들을 살펴보고 정리하는 것입니다. 이 과정을 통해 연구문제를 명확히 하고 연구문제에 등장하는 개념들을 정리할 수 있습니다.

제가 만난 한 목사님은 철학 박사학위가 있는 분이었습니다. 목사님이 길을 가는데 행인 한 사람이 다가와 이런 질문을 건넸다고 합니다.

"도를 아십니까?"

목사님은 그 질문을 듣자마자 다음과 같이 대답했다고 합니다.

"지금 말씀하시는 도가 어떤 도입니까? 제가 아는 도에는 기독교의 도, 도가의 도, 유교의 도, 불교의 도가 있습니다. 어느 도인지 정확히 말씀해 주셔야 제가 아는지 모르는지 대답해 드릴 수 있습니다."

이렇게 대답하니 포교하려는 사람이 뒷걸음질하며 사라졌다고 합니다. 문헌 고찰은 연구자가 연구하는 대상과 관련한 개념을 명확하게 정리하는 데 도움을 줍니다. 즉 연구자가 연구에 활용한 개념이 무엇인지 밝혀주는 역할을 합니다.

선행 연구를 분석하는 일은 매우 힘든 일일 수 있습니다. 예를 들어볼까요? '창의성'이라는 주제로 연구를 하기 위해 선행 연구 분석을 한다고 해봅시다. 이때 누군가가 앞서 정리해 놓은 창의성에 대한 자료 중 어떤 것을 선택할지 정해야 합니다. 예를 들어 루바르Lubart(1994)가 말한 창의성인지, 스턴버그Sternberg, 카우프만Kafuman과 프레츠Pretz(2002)가 말한 창의성인지를 명확히 밝혀야 한다는 것입니다. 생각보다 쉽지 않죠? 한편 논문에 사용하는 설문이 스스로 개발한 설문이 아닌 경우에는 문항 제작자의 개념을 가져와서 활용해야 할 수도 있습니다.

잊지 말아야 할 것은 논문은 과학적으로 쓴 주장하는 글이라는 사실입니다. 즉 '어떻게 써야 한다'는 식의 정답이 없습니다. 따라서 선행 연구 부분을 정리할 때도 연구 주제와 목적에 맞게 잘 구성해서 작성해야 합니다. 기존 연구들이 연대별로 어떻게 변천해 왔는지 정리하여 작성할 수도 있고, 주제별로 재분석할 수도 있습니다. 개별 변인을 기준으로 절을 구성할 수도 있고 변인 간의 관계에 초점을 맞춰 절을 구성할 수도 있습니다. 기존 연구모형과 새로운 연구모형 사이의 차이점을 보여주는 것도 선행 연구 분석 장에서 다루어야 할 내용입니다.

이처럼 선행 연구 부분을 구조적으로 짜임새 있게 작성해야 연구자의 새로운 연구가 어떠한 특징과 차별성이 있는지를 밝힐 수 있습니다. 이 부분에 충분히 시간을 쏟지 않는다면 구조적으로 허술한 논문이 될 가능성이 있으므로 선행 연구 분석에 충분한 노력과 시간을 들여야 합니다.

❸ 연구 방법

반복해서 이야기하지만, 논문은 과학적인 방법을 통해 작성한 주장하는 글입니다. 과학적 지식의 특성 중 하나는 재현 가능성입니다. 재현 가능성이란, 다른 누군가가 논문의 연구자와 동일한 자료를 가지고 동일한 절차로 실험을 수행하면 동일한 결과가 나와야 한다는 것입니다. 따라서 연구자는 연구를 어떠한 절차로 실시했는지 객관적으로 기술해야 합니다.

연구에는 크게 양적 연구와 질적 연구가 있습니다. 질적변수를 활용하면 질적 연구라고 생각하는 학생들이 있는데, 그렇지 않습니다. 특정한 통계 방법을 활용해서 분석하는 논문은 모두 양적 연구에 속합니다. 가령 질적인 독립변수(예 성별, 국가)에 따른 양적인 종속변수(예 신장, 소득, 체중)의 평균차이를 분석하는 방법은 t-검정이나 분산분석을 활용하므로 양적 연구 방법입니다.

반면 질적 연구 방법에는 문화 기술 연구나 문헌 연구가 있습니다. 간혹, 통계를 공부하려니 수식을 알아야 해서 어렵고 복잡하다는 이유로 질적 연구를 선택하겠노라 이야기하는 경우가 있습니다. 질적 연구가 양적 연구보다 손쉬울까요? 그렇지 않습니다. 질적 연구를 수행하려면 방대한 양의 문헌 자료를 탐독해야 합니다. 일전에 한 질적 연구자의 집을 방문한 적이 있는데 집에 있는 책의 양을 보고 기함한 적이 있습니다. 실제로 이 방대한 양의 책과 자료를 읽고 분석하는 과정을 거쳐 연구를 해왔던 것입니다. 또 다른 질적 연구자는 이렇게 하소연하기도 했습니다.

"양적 연구에서는 내가 잘못한 부분이 객관적으로 보이기 때문에 명확히 고칠 수 있는 반면, 질적 연구에서는 내가 잘못한 부분이 모호하게 느껴지는 경우가 있다. 그렇기에 그 부분을 수정하기까지 오랜 시간과 노력이 든다."

저는 질적 연구를 수행해 보지 않았기 때문에 이 이야기가 어느 정도 믿을 만한지 알 수 없지만, 양적 연구에 비해 질적 연구가 수월하다는 생각에는 물음표를 던져줄 수 있을 것 같습니다. 질적 연구물은 그 자체로 굉장히 흥미로운 읽을거리가 되는 경우가 많습니다.

여기서 잠깐! **질적 연구 도서 맛보기**

필자가 재미있게 읽은 질적 연구 도서를 몇 권 소개할 테니 여러분은 자신이 할 수 있는 연구인지 스스로 판단해 보기 바랍니다.

1.『사당동 더하기 25』(조은, 2012)

이 책은 우리나라 질적 연구의 효시라고 할 수 있는 조은의 저서로서 서울시 동작구 사당동에 형성되었던 판자촌에 대한 연구를 담았습니다. 이 지역에 사는 무연고자들이 어떠한 소망을 가지고 있으며, 어떠한 생각으로 삶의 궤적을 만들어가는지를 소상히 밝힌 참여 연구입니다. 해당 연구를 진행하기 위해 연구자는 25년간 판자촌에서 무연고자들과 동거하며 연구를 수행하였다고 합니다. 책이 출간되기에 앞서 2009년 '사당동 더하기 22'라는 제목의 다큐멘터리로도 제작되었습니다.

2.『복학왕의 사회학』(최종렬, 2018)

이 책은 한국사회학회에서 발표한 연구 논문을 바탕으로 작성되었습니다. 한국 지방대 학생들이 품은 생각이나 사회적 행동들을 분석한 연구로, 복학생들이 신입생 엠티에 가지고 오는 '깔깔이'가 가지는 의미, 지방대 학생들이 생각하는 성공의 의미 등을 재미있게 분석했습니다. 이 책에서는 지방대 학생들의 특성을 "성찰적 겸연쩍음"이라고 표현합니다.

3.『우리는 일하는 목회자입니다』(김재완, 2022)

신학대를 중퇴한 연구자가 서울대학교 인류학과에 들어가서 쓴 석사학위 논문을 바탕으로 구성한 책입니다. 목회자이지만 생업을 해결할 수 없어 택배 노동을 하며 목회를 이어가는 '이중직 목사'들에 대한 내용입니다. 목사님들의 소명 의식과 갑갑한 현실 때문에 여러 번 한숨을 내쉬며 읽은 기억이 납니다.

4.『대치동: 학벌주의와 부동산 신화가 만나는 곳』(조장훈, 2021)

대치동 학원가의 원장으로 근무하는 저자가 대치동의 모습을 관찰하며 기록한 책으로 대치동의 사교육 형태, 거주 방식 등의 특징을 분석했습니다. 대치동에서 학부모들이 가지고 있는 정보가 어떻게 무기가 되는지 등에 대해서도 상세히 연구하여 기술해 놓았는데 '이런 세상도 있구나' 하면서 읽게 됩니다.

이렇게 간단한 책 소개만 들어도 한 번쯤 읽어보고 싶은 생각이 들지 않나요? 이렇듯 질적 연구는 매력적인 연구 방법입니다만, 많은 시간을 들여서 연구해야 하고 수많은 자료를 고찰하며 쓰는 일이 결코 쉽지 않아 보입니다.

그렇다면 양적 연구 방법에서는 무엇을 밝혀야 할까요? 양적 연구를 수행하였다면, 본인이 설계한 실험은 어떤 형태이며, 어떤 사람들을 실험 대상으로 삼았는지에 대해 써야 합니다. 어떤 과정으로 자료를 수집했으며 수집된 표본의 특성은 어떠한지도 밝혀야 합니다. 또한 설문을 수행했다면 해당 설문을 어떻게 만들었으며 어떤 선행 연구자의 개념에 입각하여 분석한 설문인지도 제공해야 합니다. 그리고 이 설문이 얼마나 일관성이 있는지 보여주기 위해 신뢰도와 타당도를 보고해야 합니다. 이후 필요한 경우 본인이 진행한 분석 방법에 대한 내용을 함께 기술하기도 합니다. 다양한 통계분석 기법들이 개발됨에 따라, 다른 연구자들이 잘 모를 수 있는 통계분석 방법을 사용했다면 분석 방법의 수식과 분석의 특징들을 자세히 나타내어 독자의 이해를 높일 수 있습니다.

양적 연구 방법과 질적 연구 방법을 섞어서 작성하는 혼합 연구 방법도 있습니다. 혼합 연구 방법은 양적 연구 방법과 질적 연구 방법의 장점을 모두 포함한다는 강점을 지닙니다. 혼합 연구 방법의 종류에는 양적 및 질적 데이터를 동시에 수집하고 분석하여 병렬적으로 제시하는 동시적 설계, 한 연구 방법을 먼저 수행한 결과를 바탕으로 다른 연구 방법을 수행하는 연속적 설계, 질적 연구를 먼저 수행하여 그 결과에 대한 이해를 바탕으로 양적 연구를 수행하는 탐색적 설계, 양적 연구를 먼저 수행한 후 주요 결과를 도출하여 질적 연구를 통해 그 결과를 설명하는 설명적 설계가 있습니다. 예를 들어 한국교육개발원에서 수행한 「탈북 청소년 교육종단연구(2012~2019)」는 설명적 설계 형태의 혼합 연구 방법을 활용하여 분석한 것입니다. 양적 조사를 통해 탈북 청소년들의 특성을 분석하고 이를 바탕으로 질적 연구문제를 도출하여 분석을 수행하였습니다.

혼합 연구 방법은 자료를 종합적으로 이해하고 문제를 다각도로 분석할 수 있다는 점, 양적 연구와 질적 연구가 상호 보완적으로 이루어진다는 점, 연구 결과의 타당성이 증가한다는 점이 장점입니다. 반면, 시간과 비용이 많이 소모되고 연구가 복잡하다는 단점이 있습니다.

④ 연구 결과

논문 본문의 3장에서 작성한 연구 방법대로 연구를 수행했다면 4장에서는 해당 연구의 연구 결과를 그림이나 표를 활용하여 적절히 작성해야 합니다. 따라서 4장이 논문의 핵심이라 할 수 있습니다. 연구 결과는 상세히 기술해야 하며, 논리적이고 객관적으로 결과를 제시해야 합니다. 특히 1장에서 제시한 연구문제들에 대한 내 연구의 결론은 무엇인지 빼먹지 않고 작성해야 합니다. 이렇게 작성된 연구 결과를 바탕으로 결론을 작성합니다.

⑤ 결론 및 논의

본문의 마지막 장은 보통 '결론', '결론 및 논의', '논의 및 결론' 등 다양한 형태로 작성됩니다. 논의와 결론을 명확히 구분하는 경우도 있지만 일반적으로 두 가지를 결합해서 동시에 쓰는 논문이 더 많습니다.

결론 장에서는 연구의 시사점과 연구의 한계를 작성하는 것이 일반적입니다. 본 연구의 주제는 무엇이었으며, 해당 연구가 어떠한 실험 설계를 통해 설정 주제에 따른 내용을 밝혔는지를 명확히 해야 합니다. 또한 해당 연구의 결과가 기존 연구들과 어떠한 차이가 있으며 무엇을 시사하는지도 명확히 밝혀야 합니다. 더불어 연구 수행에 따르는 한계점도 밝혀주는 것이 일반적입니다.

이렇게 논문의 본문을 마무리합니다.

■ 참고 문헌

논문을 모두 작성하고 난 다음에는 어떤 논문들을 참고했는지 적어야 합니다. 연구자가 연구를 수행하며 참고한 자료에 대한 서지 정보를 작성하는 것인데, 사회과학 분야에서 범용적으로 채택하고 있는 형식은 미국심리학회APA, America Psychology Association 스타일입니다. 보통 국내 자료를 인용하는 경우 참고 문헌에는 각 자료의 참고 문헌 표기 방법에 따라 작성하면 되고, 국외 논문을 이용하는 경우 미국심리학회의 양식을 기본적으로 따르되 편집 양식에 따라 조금씩 수정하기도 합니다. 'APA 스타일'은 사회과학 분야에서는 통용되는 말이므로 처음 이 스타일을 배울 때 확실하게 배워두면 두고두고 활용할 수 있습니다. 이외에 각 학회지에서 채택하는 형태를 따라 참고 문헌을 작성해야 합니다.

논문에서 인용한 자료는 반드시 참고 문헌에 작성해야 하고, 연구자가 읽었으나 본문에는 포함하지 않은 논문이 있다면 참고 문헌에서 빼야 합니다. 일부 연구자는 본인이 이 연구를 하느라 얼마나 애썼는지를 보여주기 위해 본문에서 인용하지 않은 관련 연구들을 참고 문헌에 넣기도 하는데 그래서는 안 됩니다. 구체적인 참고 문헌 양식은 학교 및 학술지마다 조금씩 다른 데다가 여기에 모두 소개하기에는 양이 방대하므로 한국교육학회의 참고 문헌 작성 양식을 차용해서 설명하겠습니다. 실제 논문을 쓴다고 생각하고 참고 문헌을 인용해 보겠습니다.

참고 문헌
작성법

코로나 전후의 사교육 이용 과목에 변화가 있는지 탐색하는 논문을 쓴다고 가정합시다. 해외 연구 사례 중 팬데믹 기간에 태어난 아이들의 언어, 운동 등에서 전반적 인지 능력이 현저히 낮았다는 내용(Sean CL Deoni et al., 2021)을 인용했다고 합시다. 논문은 정기간행물에 해당하므로 다음과 같이 쓸 수 있습니다.

Deoni, S. C., Beauchemin, J., Volpe, A., D'Sa, V., & Resonance Consortium. (2021). Impact of the COVID-19 pandemic on early child cognitive development: initial findings in a longitudinal observational study of child health. MedRxiv.

분석 방법에서 Muthen, B., & Asparouhov, T(2007)의 책을 인용하였다면 다음과 같이 참고 문헌을 표기할 수 있습니다.

Muthen, B., & Asparouhov, T. (2007). Growth mixture analysis: Models with non-Gaussian random effects. In Fitzmaurice, G., Davidian, M., Verbeke, G., & Molenberghs, G. (Eds.), *Forthcoming in advances in longitudinal data analysis* (pp. 143-165). Chapman & Hall, CRC Press.

이때 기울임꼴(이탤릭체)로 써야 하는 부분, 굵은 글씨로 써야 하는 부분이 인용하는 매체(학술논문, 학위논문, 국내 논문, 해외 논문, 저서 등)마다 서로 다르기 때문에 반드시 어떻게 작성해야 하는지 확인하고 차근차근 편집해야 합니다. 이 부분이 제대로 편집되어 있지 않으면 심사위원들에게 '기본이 안된 연구자'라는 인상을 줄 수 있으므로 반드시 신경 써서 작성해야 합니다. 서지 관리 프로그램 등이 있지만 학회지마다 조금씩 다른 인용 스타일을 요구하므로 집중해서 차근차근 점검하는 것이 좋습니다.

▪ 영문 제목과 영문 초록

참고 문헌까지 작성했다면 논문의 모든 절차가 끝났다고 생각하면 됩니다. 마지막으로 남은 영문 제목과 영문 초록은 국문 제목과 국문 초록을 영어로 옮겨 기술하면 됩니다. 일반적으로는 국문 초록의 내용을 그대로 번역합니다만, 한국에서는 통용되나 외국인들이 봤을 때 한 번에 이해하기 어려운 단어나 개념이 있다면 추가 설명을 덧붙여 좀 더 이해하기 쉽게 바꾸기도 합니다.

CHAPTER

12 SPSS 열어보기

앞서 11장에서 논문을 작성하는 방법에 대해 알아보았습니다. 이 책은 논문 작성 방법 중 특별히 연구 방법, 그중에서도 통계분석 방법에 대해 주로 다룹니다.

통계를 분석할 때는 통계 툴이라고 하는 프로그램을 많이 사용하는데, 통계분석을 위한 프로그램 종류도 여러 가지입니다. 아마 여러분에게 가장 익숙한 통계분석 프로그램은 마이크로소프트 사의 엑셀일 것입니다. 이밖에 SAS, Stata, Mplus와 같은 상용 프로그램부터 R이나 파이썬 같은 무료 프로그램도 있습니다. 이 중 어떤 프로그램을 사용하는 게 좋을까요? 본인이 속한 학문 분야에서 가장 많이 활용하는 통계분석 프로그램을 배우는 것이 좋습니다. 확률 계산이 필요한 기계공학 계열의 경우 수학 수식을 더 쉽게 다룰 수 있는 MATLAB을 사용하기도 하고, 컴퓨터공학 계열의 연구자들은 친숙함을 들어 파이썬을 활용하여 분석하기도 합니다. 그런가 하면 분석 프로그램 사용에도 유행이 있어서 최근 들어 SAS가 R로 대체되는 추세입니다.

꼭 명확한 이유가 있어서 해당 학문 분야에서 특정 프로그램을 쓰는 것은 아닙니다. 같은 사회과학 안에서도 경영학 전공자는 Stata를 많이 사용하는 반면, 심리학이나 교육학에서는 SPSS나 R을 많이 활용합니다. 다만 R, 파이썬, SAS, Stata 등의 프로그램은 한 줄씩 코드를 직접 작성해야 하는 방식으로 처음 통계를 배우는 학생들에게는 진입 장벽이 높게 느껴질 수 있습니다. 반면 SPSS의 경우 메뉴에서 분석하고 싶은 내용을 선택하기만 하면 쉽게 분석을 수행할 수 있다는 점에서 처음 통계를 배우는 학생들이 쓰기 편한 프로그램입니다. 또 무료로 배포되는 비상용 프로그램(예 R, 파이썬)과 비교했을 때 오차가 적다는 점도 강점입니다.

이 책에서는 사회과학 분야에서 가장 많이 활용되는 SPSS를 기준으로 통계분석 방법을 설명할 것입니다. SPSS는 개별 메뉴를 클릭하고 드래그 앤 드롭 방식으로 분석을 수행할 수 있다는 점에서 초심자에게 적합합니다. 이제 SPSS를 이용하여 통계를 분석하고 논문을 작성하는 방법에 대해 알아봅시다.

종종 "SPSS로 통계분석을 하는 것은 너무 쉬워 보이고, 많은 사람이 다룰 줄 안다고 말하는 프로그램이라 별로 멋있어 보이지 않아서 쓰기 싫어요"라거나 "드래그 앤 드롭 방식이 너무 반복적이라 자동화해서 분석하고 싶어요"라고 말하는 학생들을 만나기도 합니다. 또는 "SPSS는 그래프가 예쁘지 않아서 쓰기 싫어요"라고 말하는 학생들을 만나기도 합니다. 하지만 SPSS에도 코드를 활용하여 반복적인 작업을 자동으로 수행할 수 있는 옵션이 있고, 다른 통계 패키지와 연계해서 그래프를 그려주는 애드온 기능 등을 활용하여 품질 좋은 그래프를 그릴 수도 있습니다.

일단 접근이 용이한 SPSS를 활용하여 통계분석하는 방법을 배우면 다른 통계 프로그램들을 배우는 데도 큰 도움이 됩니다. SPSS의 통계분석 결과는 간단한 표 하나의 형태로 제공되는데, 연구자에게는 결과 자체보다도 이 결과를 해석하는 것이 훨씬 더 중요하기 때문이죠. 어떤 통계분석 프로그램을 썼느냐보다 연구문제에 적합한 연구 방법을 선택하는 것과 결과를 적절히 해석하는 것이 더 중요한 문제입니다. 따라서 하나의 프로그램(SPSS)을 잘 다룰 줄 알면 부가적으로 다른 통계 프로그램도 어느 정도 다룰 수 있게 됩니다.

이제 SPSS는 어떤 화면으로 이루어져 있는지, 어떤 식으로 분석이 진행되는지 찬찬히 살펴보겠습니다.

SPSS 설치하기

SPSS는 클릭만으로 대부분의 분석을 할 수 있는 접근성이 높은 통계분석 프로그램입니다. SPSS는 상용 프로그램이므로 이 프로그램을 사용하기 위해서는 이용권을 구해야 합니다. IBM에서 SPSS를 한 달간 무료로 체험할 수 있도록 체험판을 제공하고 있으니, 이 책에서는 체험판을 기준으로 설명하겠습니다.

IBM SPSS 소프트웨어 사이트(ibm.com/kr-ko/spss)에 접속하여 [SPSS statistics 무료 체험]을 클릭합니다.

그림 12-1 IBM SPSS 첫 화면

평가판 등록 화면으로 바뀌면 본인의 개인 정보를 입력합니다. 체험판은 30일 동안만 사용할 수 있으므로 지속 사용을 원한다면 이용권을 구매하면 됩니다.

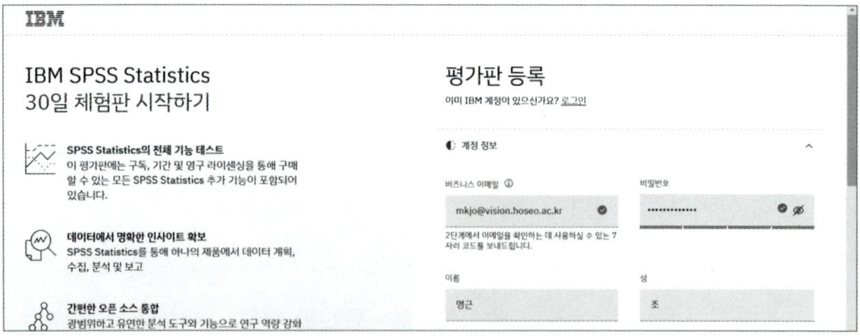

그림 12-2 IBM SPSS 평가판 등록

본인의 계정을 생성하고 나면 [그림 12-3]과 같이 제품을 다운로드할 수 있는 창이 나타납니다. [다운로드] 버튼을 클릭합니다.

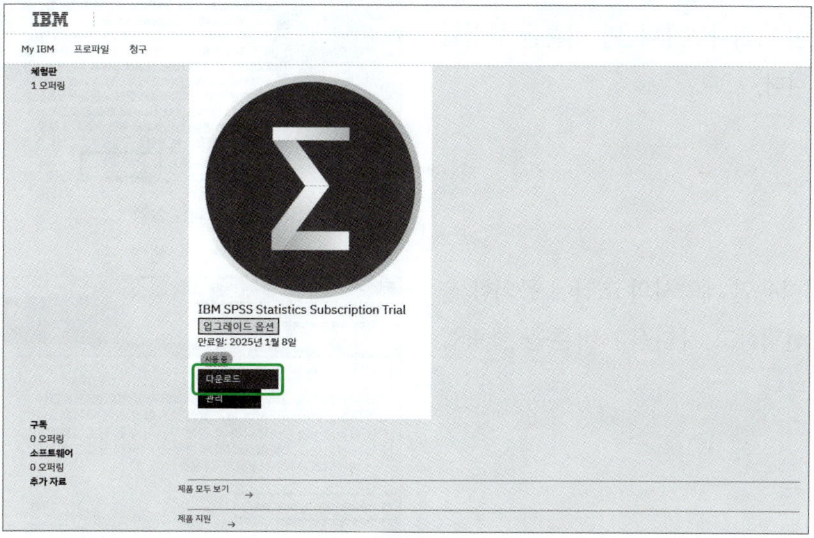

그림 12-3 IBM SPSS 평가판 다운로드

다음 화면에서 '윈도우용 SPSS'와 'macOS용 SPSS' 중 본인의 사용 환경에 맞는 파일을 클릭합니다. 필자는 [Window 64-bit용 다운로드]를 클릭하여 윈도우용 SPSS를 다운로드했습니다.

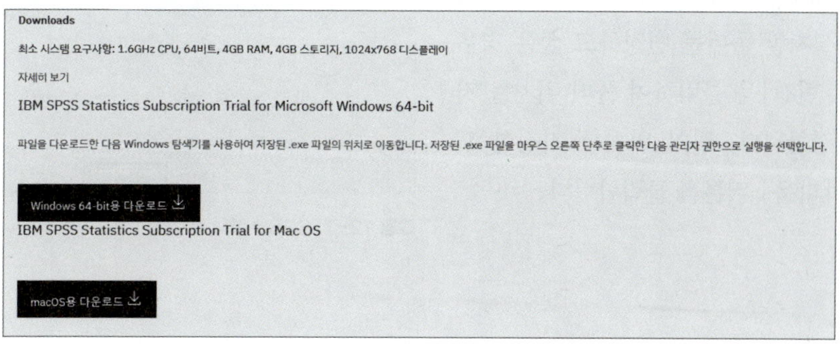

그림 12-4 컴퓨터 사용 환경에 맞는 프로그램 다운로드

SPSS 프로그램의 다운로드가 완료되면 SPSSstatistics.exe 파일을 실행합니다. [그림 12-5]와 같은 창이 나타나면 [다음] 버튼을 클릭합니다.

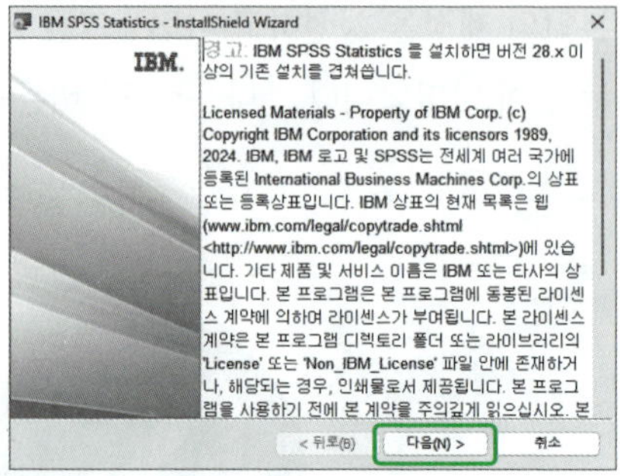

그림 12-5 SPSS 설치 파일 실행

'사용권 계약서의 조건에 동의함'을 선택하고, [다음] 버튼을 클릭합니다.

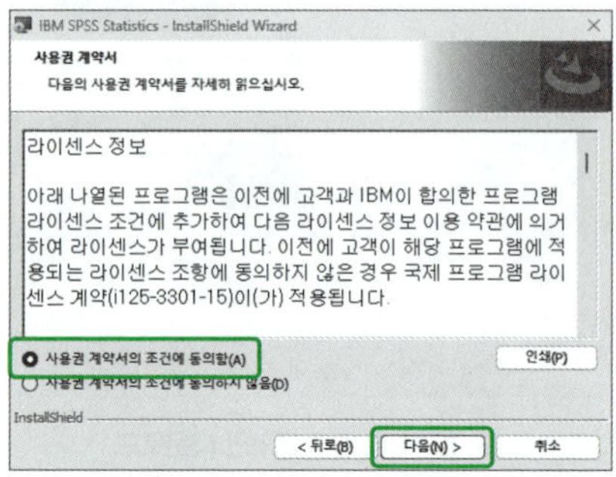

그림 12-6 사용권 계약서 동의

설치할 폴더를 지정합니다. 기본 설정상 SPSS는 c:\program files\ibm\spss statistics에 설치되며, 설치할 폴더를 변경하고 싶은 경우 [변경]을 클릭하여 폴더 위치를 지정합니다. 설치 위치를 지정한 후 [다음] 버튼을 클릭합니다.

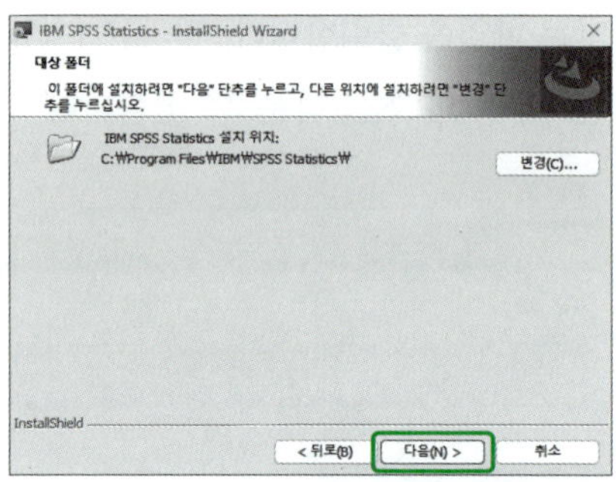

그림 12-7 SPSS 설치 위치

[그림 12-8]과 같은 화면이 나타나면 [설치] 버튼을 클릭하여 SPSS 프로그램 설치를 시작합니다.

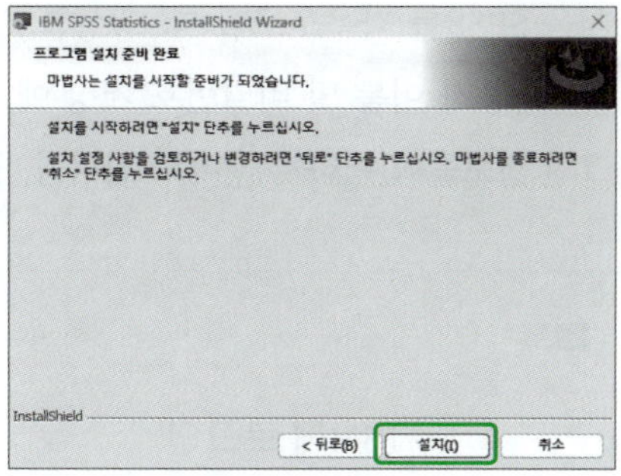

그림 12-8 프로그램 설치 시작

SPSS 프로그램 설치가 완료되면 [그림 12-9]와 같은 창이 나타납니다. '프로그램을 실행합니다.'에 체크가 되어 있는지 확인한 후 [마침] 버튼을 누르면 자동으로 SPSS가 실행됩니다.

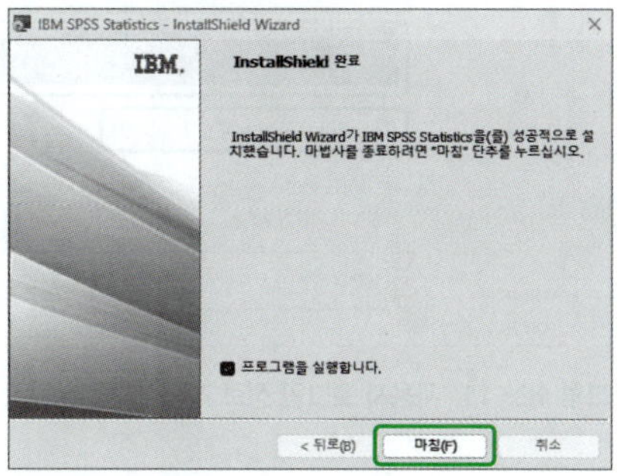

그림 12-9 프로그램 설치 및 실행

프로그램이 설치되면 컴퓨터 바탕화면에도 SPSS가 설치된 것을 확인할 수 있습니다. SPSS가 실행되면 [그림 12-10]과 같은 창이 나타납니다. [IBM ID로 로그인]을 클릭합니다.

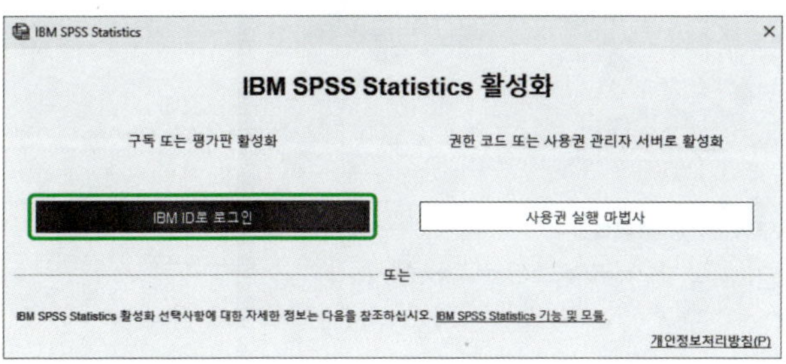

그림 12-10 IBM ID 로그인

처음 SPSS를 다운로드할 때 생성한 ID(메일 주소)를 활용하여 로그인합니다. '사용자 이름 및 비밀번호 저장'에 체크해 두면 다음 번에 실행할 때는 로그인 정보를 입력하지 않아도 됩니다. [계속]을 클릭합니다.

그림 12-11 사용자 로그인 정보 저장

비밀번호를 입력하면 [그림 12-12]와 같이 이중 보안을 설정하라는 메시지가 나타납니다. 원하는 형태의 이중 보안을 설정합니다.

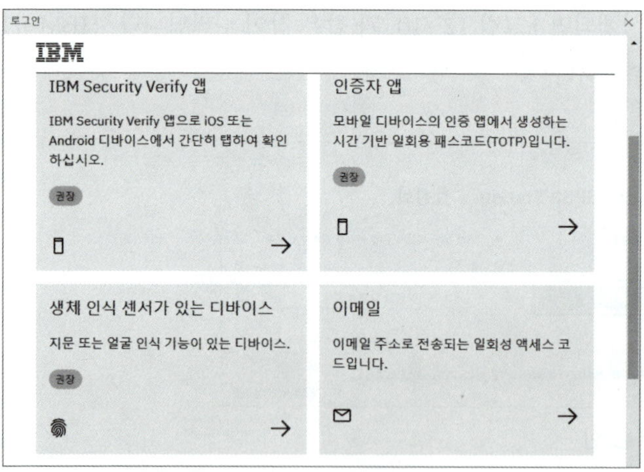

그림 12-12 이중 보안 설정

이중 보안까지 완료하면 설치된 SPSS가 실행되며, 실행된 화면은 [그림 12-13]과 같습니다. [닫기] 버튼을 클릭합니다.

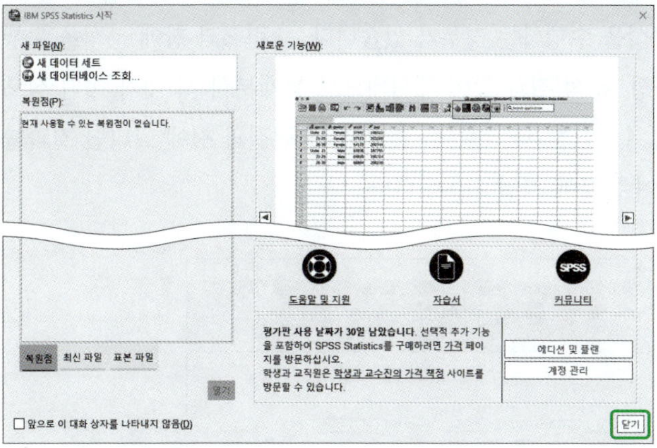

그림 12-13 실행 시작 화면

SPSS의 화면 구성

SPSS를 실행하면 두 개의 창이 자동으로 뜹니다. 하나는 데이터세트를 실행하는 데이터세트 창이고, 다른 하나는 분석 진행 기록(로그)을 보여주는 출력결과 창입니다. [그림 12-14]와 같은 데이터세트 창에서는 입력된 데이터, 변수 형태 등을 확인할 수 있습니다.

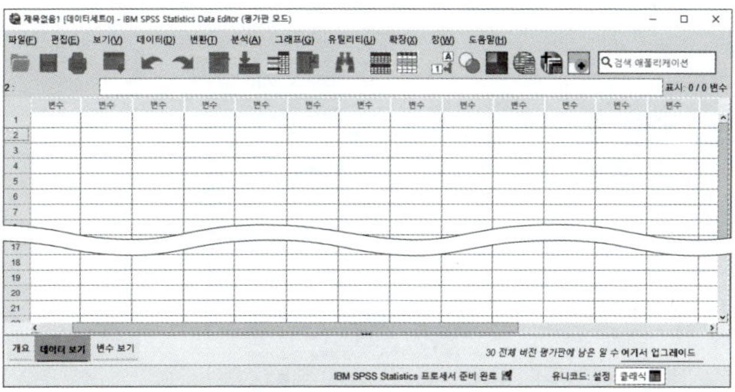

그림 12-14 SPSS 데이터세트 창

[그림 12-15]는 출력결과 창입니다. 분석을 수행하면 그에 대한 결과가 출력결과 창에 나타나고, 앞서 분석하거나 수행한 과정들도 모두 이곳에 로그로 기록됩니다. 통계분석을 진행할 때 (평균을 내거나 그룹을 나눠서) 여러 변수를 계산하여 분석을 수행하는 경우가 있습니다. 출력결과 창에 분석을 수행한 코드, 계산 과정, 분석 결과 등이 제시되므로 통계분석 시 내가 어떤 식으로 계산했는지 알 수 있습니다. 논문을 쓸 때는 출력결과 창에 나타난 결과를 복사하고 편집하여 논문에 기입하면 됩니다.

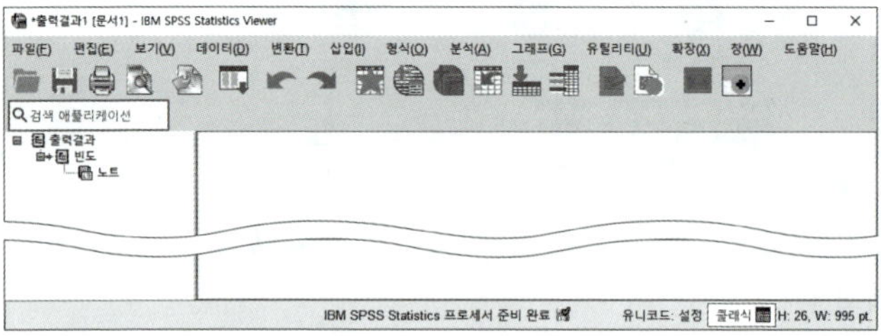

그림 12-15 SPSS 출력결과 창

다시 [그림 12-14]의 데이터세트 창을 살펴봅시다. 데이터세트 창은 두 개의 시트, 즉 데이터 보기 시트와 변수 보기 시트로 구성되어 있습니다.

[그림 12-16]은 데이터 보기 시트입니다. 이 시트는 엑셀 등에서 활용하는 것처럼 실제 데이터가 입력되는 곳입니다. 이 시트에 원하는 데이터를 직접 타이핑하여 입력할 수도 있고, 엑셀 등에 정리된 데이터를 불러와서 이곳에 표시할 수도 있습니다.

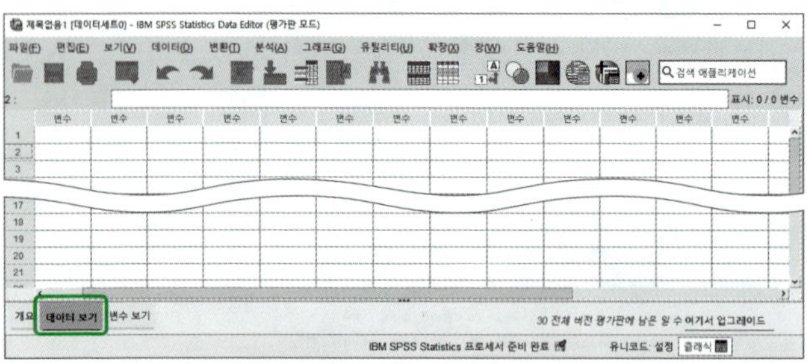

그림 12-16 데이터 보기 시트

[그림 12-17]은 변수 보기 시트입니다. 이 시트는 개별 변수의 이름, 유형, 값 등 개별 변수에 대한 설명을 입력하는 곳입니다. 엑셀에서는 하나의 행과 열에 단순히 하나의 데이터만 입력할 뿐이지만, SPSS에는 '변수 보기'라는 별도의 시트가 하나 더 있어서 이곳에 각 변수의 값이나 결측값, 레이블(이름표) 등을 지정할 수 있습니다.

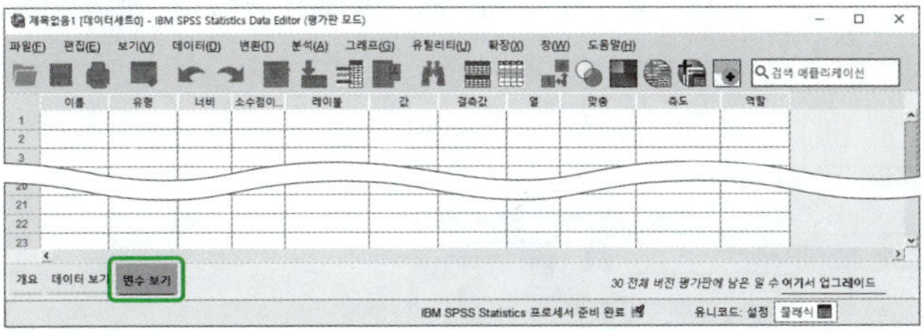

그림 12-17 변수 보기 시트

엑셀 자료 불러오기

엑셀Excel에 데이터를 입력해 본 경험이 있을 겁니다. 엑셀에서는 [그림 12-18]과 같이 제일 첫 행에 변수명을 입력하고 그 아래에 데이터를 입력하는 것이 일반적입니다.

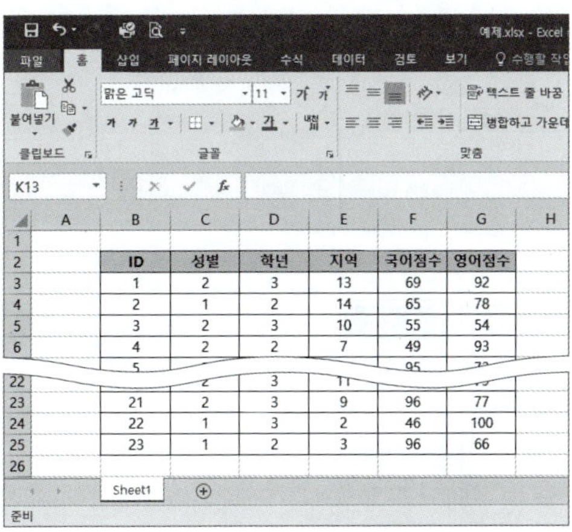

그림 12-18 엑셀 데이터 입력 예시(예제파일: 예제.xlsx)

[그림 12-18]처럼 작성하면 성별의 1, 2가 범주형 자료인지 연속형 자료인지 구분하기 어려우므로 통계분석을 할 때도 어려움이 생깁니다. SPSS에서는 변수 보기 시트에 미리 변수의 성격을 입력함으로써 엑셀에서 통계분석 시 겪었던 어려움을 해소할 수 있습니다. [그림 12-18]의 자료를 SPSS로 옮겨와 보겠습니다.

먼저 SPSS를 실행하고 [그림 12-19]와 같이 메뉴 바에서 '파일 ▶ 새로 만들기 ▶ 데이터'를 선택합니다.

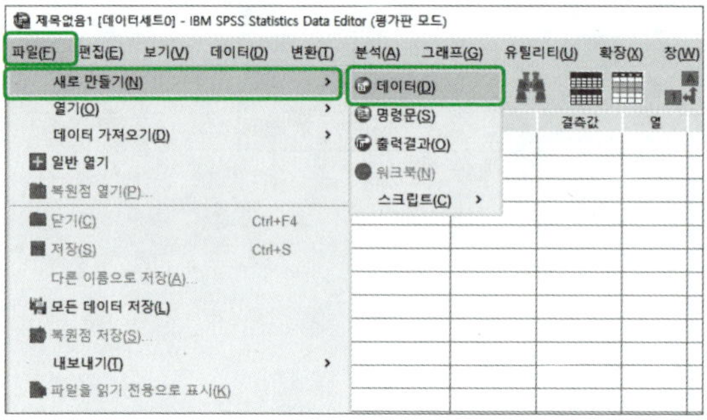

그림 12-19 데이터 불러오기 1

[그림 12-20]과 같이 파일 유형을 Excel로 지정하면 엑셀로 저장한 예제 파일(예제.xlsx)이 나타납니다. [열기] 버튼을 클릭합니다.

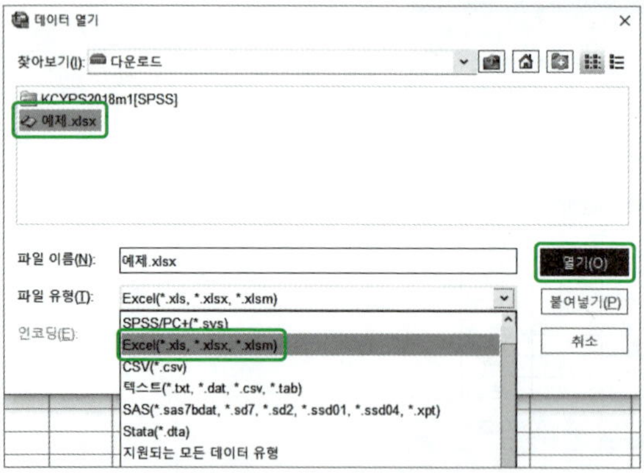

그림 12-20 데이터 불러오기 2

[그림 12-21(a)]와 같이 엑셀 파일 읽기 창이 나타납니다. 여기서 '데이터 첫 행에서 변수 이름 읽어오기'를 선택합니다. 그러면 데이터 보기 시트에는 [그림 12-8(b)]와 같이 변수명이 제거된 채로 데이터가 입력됩니다. 변수명은 제거되었지만, 첫 번째 행 위에 변수의 이름이 표시되므로 엑셀에서 데이터를 읽을 때와 동일하게 데이터를 확인할 수 있습니다.

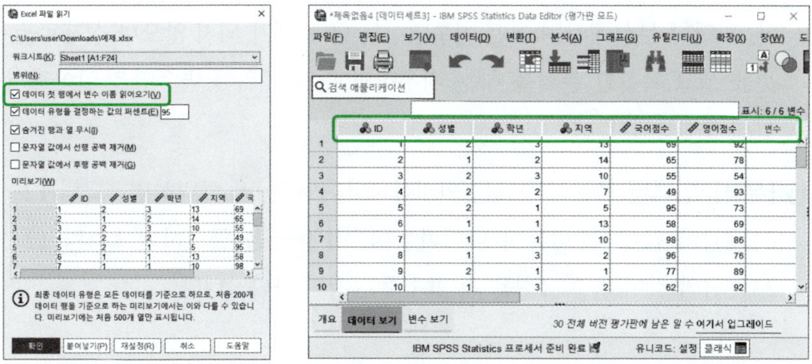

(a) 엑셀 파일 읽기 창 (b) 데이터 보기 시트에 불러오기가 완료된 모습

그림 12-21 데이터 불러오기 3

데이터 보기 시트 하단의 [변수 보기] 버튼을 클릭하면 [그림 12-22]와 같이 변수 보기 시트 화면으로 바뀝니다.

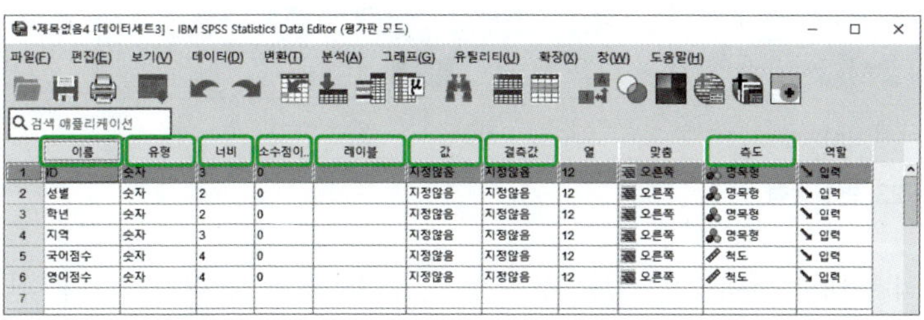

그림 12-22 데이터 불러오기 4

상단에 각각 [이름], [유형], [너비], [소수점 이하 자리], [레이블], [값], [결측값], [측도]라고 표시된 항목들이 보입니다. 각각에 대해서 간략히 살펴보겠습니다.

❶ **[이름]**: [그림 12-18]에서 엑셀 첫 행에 입력한 값으로서 각 변수의 이름을 나타냅니다. 한글과 영어를 모두 지원하지만 일부 특수기호와 띄어쓰기는 쓸 수 없습니다. 숫자가 맨 처음에 나오는 변수명도 사용할 수 없습니다. 예를 들어 엑셀 데이터에 '1번 문항'처럼 숫자로 시작하는 변수명이 있었다면 자동으로 '@1번 문항'으로 변경되어 불러오기가 실행됩니다. 변수명은 그 이름만 봐도 해당 변수를 유추할 수 있도록 설정하는 것이 좋습니다. 간단한 분석에서는 어떤 변수명이든 큰 문제가 되지 않으나 실제로 논문을 쓰고 복잡한 분석을 하는 경우라면 편의를 위해 변수명을 알아보기 쉽게 설정합니다.

❷ **[유형]**: 입력된 자료의 형태를 의미합니다. [유형]을 클릭하면 [그림 12-23(a)]와 같이 ... 버튼이 나타나는데, 이 버튼을 클릭하면 [그림 12-23(b)]와 같이 변수 유형을 지정해 주는 창이 나타납니다.

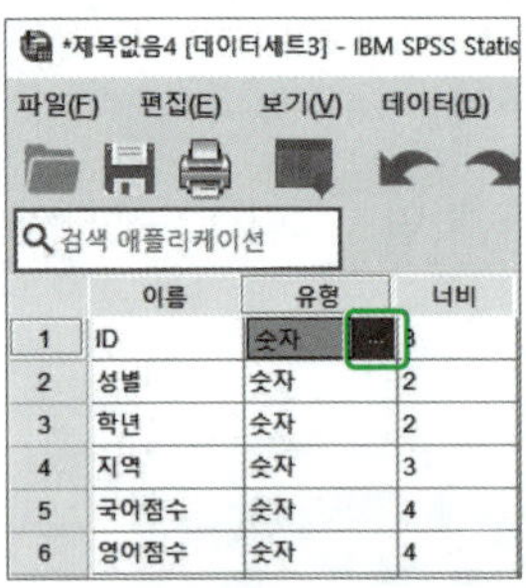

(a)

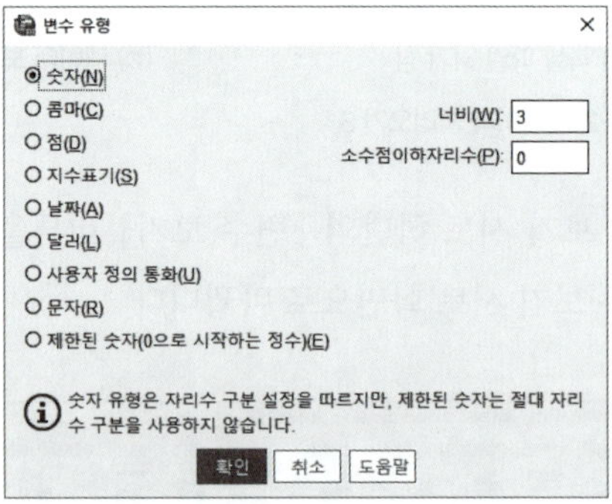

(b)

그림 12-23 변수 유형

데이터의 형태로 선택할 수 있는 것은 숫자, 문자, 날짜 등 다양합니다. 간혹 숫자 데이터인데 데이터를 불러오는 과정에서 문자로 인식되거나 그 반대의 경우 등이 있을 수 있으므로 해당 데이터가 잘 읽혀왔는지를 체크해야 합니다.

❸ **[너비]**: 데이터가 입력되는 너비를 지정하는 항목입니다. 너비는 최대 40까지입니다. 데이터 너비가 지정된 너비를 넘어가면 해당 너비까지만 표시되는 개념입니다.

❹ **[소수점 이하 자리]**: 자료에서 소수점 이하 몇 자리까지 표기할 것인지를 나타내는 항목입니다. 필자는 앞서 말한 것처럼 변수의 평균을 내서 분석하는 경우 평균이 제대로 계산되었는지 등을 확인하기 위해 소수점 둘째 자리까지로 설정해 둡니다.

❺ **[레이블]**: 해당 변수를 설명하는 항목입니다. label에 '이름표'라는 의미가 있듯이 레이블Label은 해당 변수가 어떤 이름을 가지고 있는지를 나타냅니다. 앞서 [이름] 항목에서도 이름을 표기하였으나, 여기서는 띄어쓰기를 할 수 없고 일부 특수기호를 사용하기 어려운 점 등의 여러 제약이 있기 때문에 자세한 설명은 레이블 항목에 입력합니다. 설문지를 입력하는 경우 설문 문항 자체를 레이블에 입력하는 것이 일반적입니다.

❻ **[값]**: 해당 자료의 값이 나타내는 의미를 입력하는 항목입니다. [그림 12-18]의 예시 데이터에서 성별이 1, 2로 표기되었는데 이때 1은 남성, 2는 여성을 의미합니다. [그림 12-24]와 같이 [값] 항목에서 ... 버튼을 클릭하면 값 레이블 창이 나타납니다. 이 창에서 + 버튼을 누르면 값과 레이블을 입력할 수 있습니다. 값 '1'에 대한 레이블에는 '남성', 값 '2'에 대한 '레이블'에는 '여성'이라고 입력하면 SPSS 프로그램은 해당 변수 내에서 1이 남성, 2가 여성임을 인식합니다.

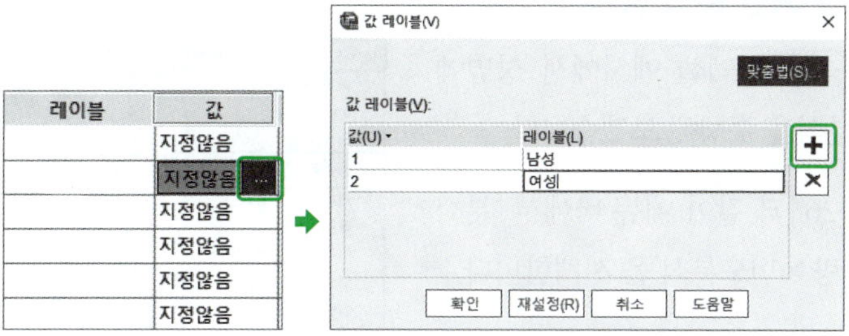

그림 12-24 값 레이블

❼ **[결측값]**: 결측값을 입력하는 부분입니다. 여기서 결측값을 지정하거나 결측값별로 의미를 부여할 수 있습니다. 교육 성취도 평가 데이터를 예로 든다면, 학생들이 설문에 응답하기 싫은 경우, 어려워서 건너뛰고 응답한 경우, 해당 문항에 도달하지 못한 경우 등으로 나누어 결측값을 지정할 수 있으며 개별 결측값에 대한 분석을 수행할 수 있습니다.

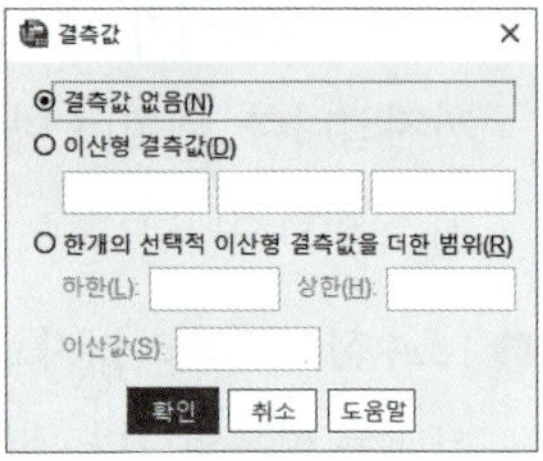

그림 12-25 결측값

❽ **[측도]**: 각 변수의 척도를 나타내는 부분입니다. 1장에서 배웠듯이 척도는 명목척도, 서열척도, 비율척도, 등간척도로 구분되어 있습니다. SPSS에는 '명목형/순서형/척도'로만 구분되어 있어 비율척도와 등간척도는 '척도'를 선택해야 합니다. 이 항목을 정확히 입력해 두어야 나중에 분석을 올바르게 수행할 수 있습니다.

SPSS 분석의 두 가지 방법

SPSS 분석은 크게 두 가지 방법으로 수행할 수 있습니다. 첫 번째 방법은 가장 일반적인 방법으로서 메뉴 바에 있는 메뉴를 클릭한 후 드래그 앤 드롭하는 방법이고, 두 번째 방법은 명령문을 이용하는 방법입니다. 각각의 방법에 대해 알아보겠습니다.

■ 메뉴 바를 통한 분석 방법

[그림 12-18]의 엑셀 예시에서 성별에 대한 빈도분석을 수행해 보겠습니다.

[그림 12-26]과 같이 메뉴 바에서 '분석 ▶ 기술통계량 ▶ 빈도분석'을 선택합니다.

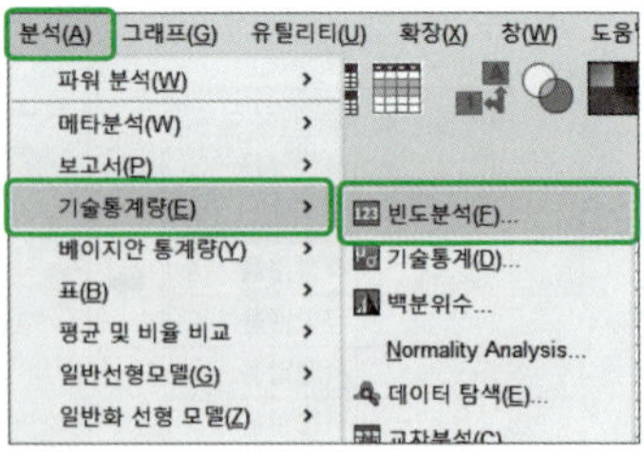

그림 12-26 메뉴 바를 통한 분석 방법

[그림 12-27]과 같은 빈도분석 창이 나타나면, 왼쪽 상자에 있는 '성별' 변수를 오른쪽 상자로 옮긴 후 [확인] 버튼을 클릭합니다. 그러면 [그림 12-28]과 같은 결과물이 출력결과 창에 출력됩니다. 이때 출력결과 창의 왼쪽에 있는 '노트'를 선택하면 [그림 12-28]의 상단과 같이 노트가 활성화됩니다.

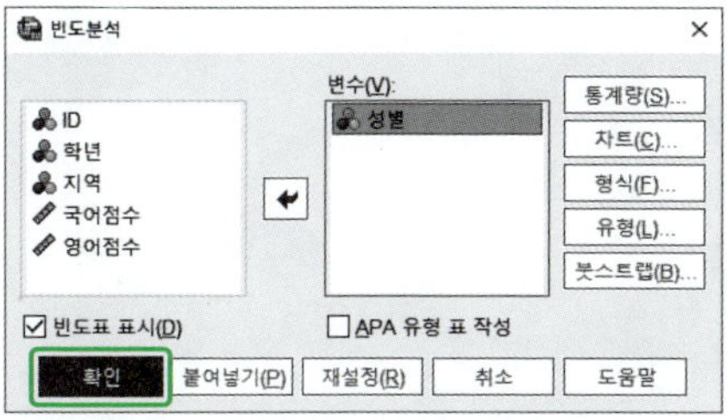

그림 12-27 빈도분석 수행 과정

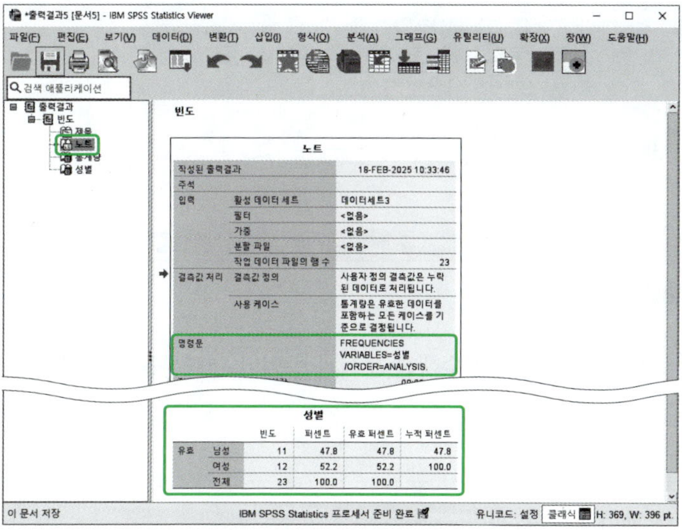

그림 12-28 빈도분석 수행 결과

[그림 12-28]의 빈도분석 수행 결과를 살펴보겠습니다. 위쪽 박스를 보면 수행한 분석에 대한 명령문이 제시되어 있습니다. 하단 박스 안에는 분석 결과표가 제시되어 있습니다. 이 표를 보면, 전체 성별 중 남성이 47.8%, 여성이 52.2%를 차지하는 것을 확인할 수 있습니다.

■ 명령문을 통한 분석 방법

동일한 분석을 명령문을 통해 수행할 수도 있습니다. [그림 12-29]와 같이 메뉴 바에서 '파일 ▶ 새로 만들기 ▶ 명령문'을 선택하면 [그림 12-30]과 같은 명령문 창이 나타납니다. 분석하고자 하는 내용을 이 명령문 창에 입력하면 메뉴를 클릭해서 계산하는 것과 동일한 결과를 산출해 줍니다.

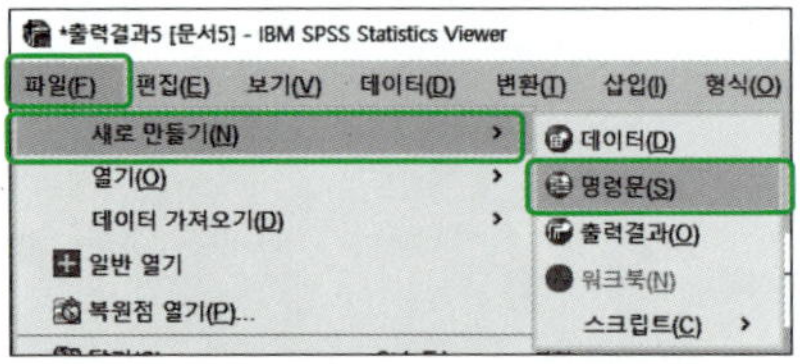

그림 12-29 명령문을 통한 분석 방법

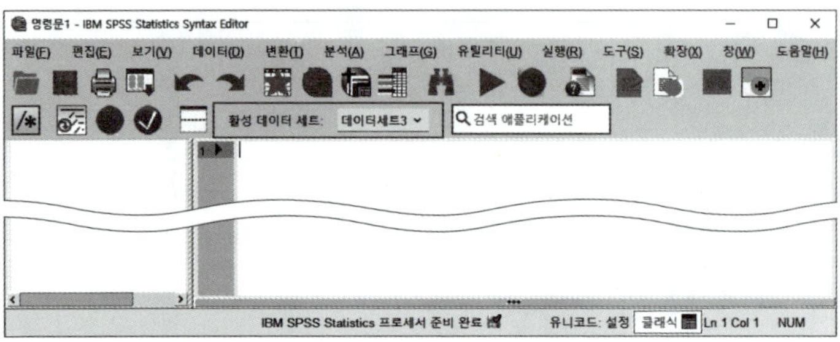

그림 12-30 명령문 창

명령문 창에 [그림 12-28]에서 수행한 분석과 동일한 명령문을 아래와 같이 입력해 주겠습니다.

```
FREQUENCIES VARIABLES=성별
/ORDER=ANALYSIS.
```

[그림 12-31]과 같이 명령문을 입력한 후 창 상단 메뉴 중 실행 버튼(▶)을 클릭하거나 Ctrl+R을 누르면 분석이 수행되며 [그림 12-32]와 같은 결과가 산출됩니다. 산출 결과는 [그림 12-28]과 동일합니다.

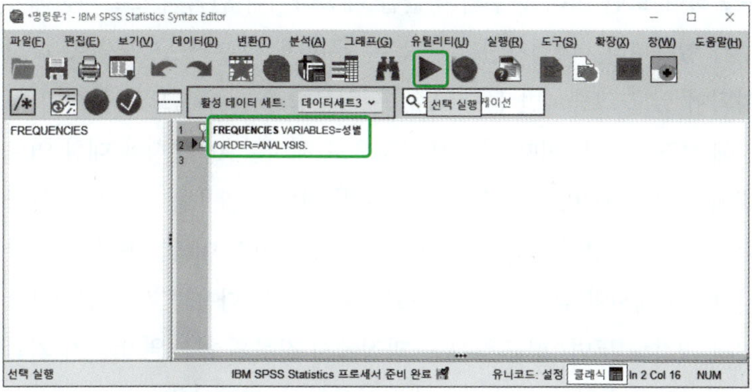

그림 12-31 명령문을 입력하여 분석 수행

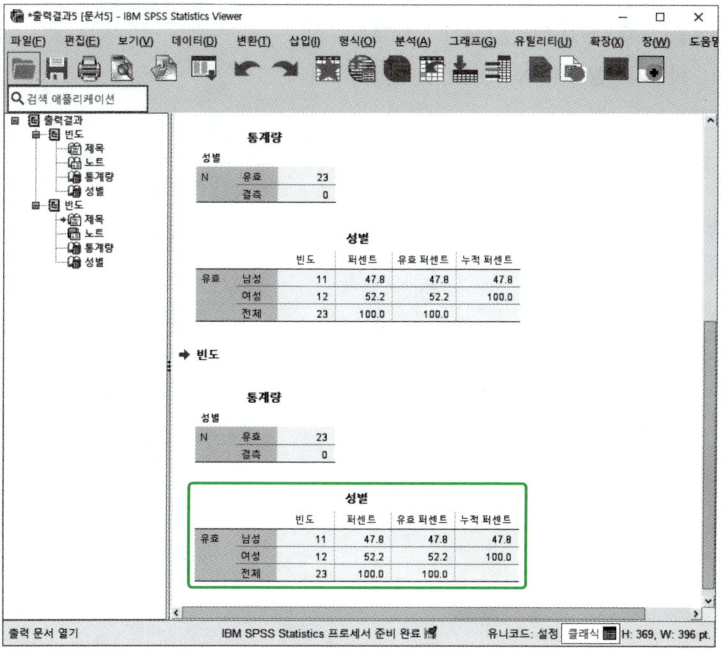

그림 12-32 명령문을 이용한 분석 수행 결과

동일한 결과가 산출되는데 굳이 명령문으로 분석을 수행할 필요가 있을까요? 메뉴 바를 클릭하는 것이 훨씬 간편해 보이는데요. 그렇다면 명령문을 이용한 분석은 어떤 경우에 진행하면 좋을까요?

통계분석을 하다 보면 여러 변수의 평균을 계산하거나 반복적으로 계산해야 하는 경우가 있습니다. '학업자신감'을 묻는 문항이 A1부터 A5까지 총 다섯 개로 구성되어 있고 그중 4번 문항(A4)은 역문항reverse item으로 구성된 경우를 가정해 보겠습니다. 이때 먼저 역문항으로 제시된 A4 문항에 대한 역코딩을 진행해야 합니다('다른 변수로 코딩변경' 메뉴를 활용합니다[1]). 역코딩한 후에는 다섯 개 문항의 평균을 계산하여 '학업자신감'이라는 변수로 계산해야 합니다. 이 예시와 같이 변수를 재코딩하는 경우 다음과 같이 명령문으로 만들어서 저장해 두면, 평균을 내는 과정에서 잘못된 부분은 없는지 기억하기 쉽고 검산하거나 확인할 때 유용하게 사용할 수 있습니다.

```
RECODE A4 (1=4) (2=3) (3=2) (4=1) into A4r.
COMPUTE 학업자신감m=MEAN(A1, A2, A3, A4r, A5).
EXECUTE.
```

13장부터는 본격적으로 통계분석을 수행해 보겠습니다.

1 이 방법에 대한 자세한 내용은 〈부록〉을 참고합니다.

CHAPTER

13 기술통계

논문을 작성할 때 연구 주제를 설정하고 나면 내가 설정한 연구문제를 어떻게 정교하게 실험할 것인지 계획을 세워야 합니다. 학생들이 가장 쉽게 생각하는 방법은 직접 설문지를 돌리는 것입니다.

직접 설문지를 설계하면 연구자가 궁금한 부분을 정확하게 물어볼 수 있다는 점에서 장점이 있지만, 논문 심사나 논문 지도 시 자료의 일반화 가능성 부분에서 가장 많이 지적을 받는 방법이기도 합니다. 학생들은 본인이 연구 대상에 적합하다고 생각하는 사람들을 추려서 표집하지만 이렇게 표집하는 경우 편의bias가 발생할 확률이 높습니다.

예를 들어 중학교 교사인 연구자가 협동학습에 대한 중학교 교사들의 인식에 대한 논문을 쓴다고 가정해 봅시다. 자신이 중학교 교사이므로 설문지를 만들어 동료 교사들에게 제공하고 설문 응답을 바탕으로 연구 주제에 대한 분석을 수행할 것입니다. 그러나 이 경우 연구자가 제공한 설문에 접근할 수 있는 교사의 성격이 제한적입니다. 즉 연구자가 근무하는 학교나 그 주변 지역의 학교에 근무하는 교사들, 연구자와 비슷한 또래나 연차의 교사들이 더 많이 응답했을 가능성이 있습니다. 연구자와 친분이 있는 교사들이 응답했을 확률도 높습니다.

논문은 기본적으로 과학적인 글입니다. 과학적이라는 것은 재현 가능하거나 일반화할 수 있다는 의미입니다. 따라서 논문을 쓰기 위해 통계분석을 진행할 때는 우선 표집을 잘하는 것이 매우 중요한데, 연구자가 임의로 설문을 수행하는 경우 엄정한 표집이 어려울 수 있습니다. 이러한 표집의 어려움을 해결하기 위한 방법으로 공공 기관 및 연구 기관에서 제공하는 연구 자료를 활용하기도 합니다. 공공 기관 등에서 제공하는 연구 자료의 경우, 일반 연구자가 개인으로서는 수집하기 어려운 데이터를 적합한 절차를 거쳐 공개하므로 자료의 양도 많고 질도 좋습니다. 이러한 공공 자료를 활용하면 최소한 논문 심사에서 표집의 적절성으로 인한 비판을 피해 갈 수 있습니다. 다만 선택한 공공자료에 연구자가 연구하고자 하는 대상과 주제가 포함되어 있는지 먼저 확인해야 합니다.

패널조사 데이터 다운로드하기

여기서는 '한국 아동·청소년 패널조사 2018'의 자료를 활용하여 분석해 보겠습니다. 먼저 Google 검색창에 '청소년 패널 데이터 아카이브'를 입력합니다. 한국청소년정책연구원에서 수집한 다양한 자료를 이 아카이브에서 다운로드할 수 있습니다. 검색하여 나타나는 화면에서 '데이터 다운로드'를 클릭하면 데이터 다운로드 페이지로 연결됩니다.

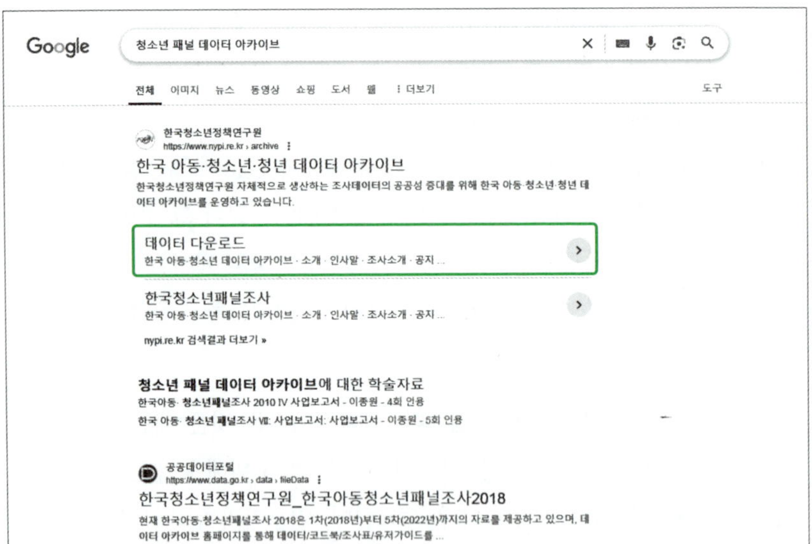

그림 13-1 한국 아동·청소년 패널조사 다운로드 경로

데이터 다운로드 페이지에서 '조사표/데이터/코드북'의 데이터 다운로드를 위한 사항에 동의합니다. 그리고 본인의 유형, 전공, 자료 활용 계획, 데이터를 알게 된 경로를 선택한 후 [확인] 버튼을 누릅니다.

그림 13-2 한국 아동·청소년 패널조사 데이터 신청 동의

이제 청소년정책연구원에서 제공하는 여러 데이터의 목록을 활용할 수 있습니다. 본인의 연구 주제에 부합하는 데이터와 코드북, 조사표를 검색하여 다운로드하면 됩니다.

[그림 13-3(a)]와 같이 '패널조사'의 '한국 아동·청소년 패널조사 2018' 자료 중 '중1 코호트'를 검색하여 '[데이터] KCYPS 2018 중1 코호트 제1~5차 조사 데이터'를 찾아 클릭합니다. [그림 13-3(b)]와 같이 [다운로드] 버튼을 클릭하여 파일을 다운로드하고 압축을 풀어줍니다. 우리는 SPSS를 활용하여 분석을 수행하므로 'KCYPS2018m1(SPSS)' 자료만 다운로드합니다.

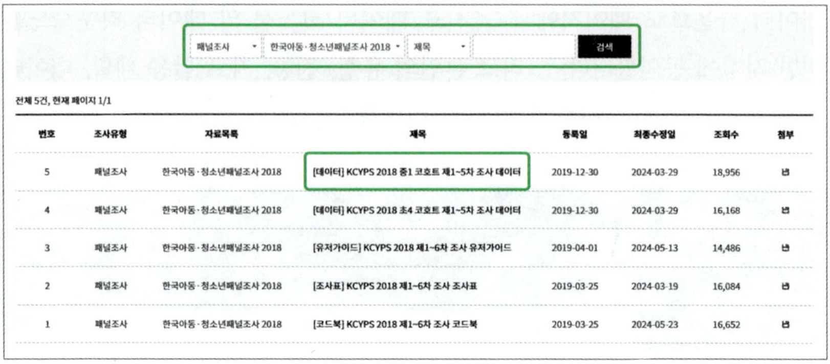

(a) 한국 아동·청소년 패널조사 데이터 목록

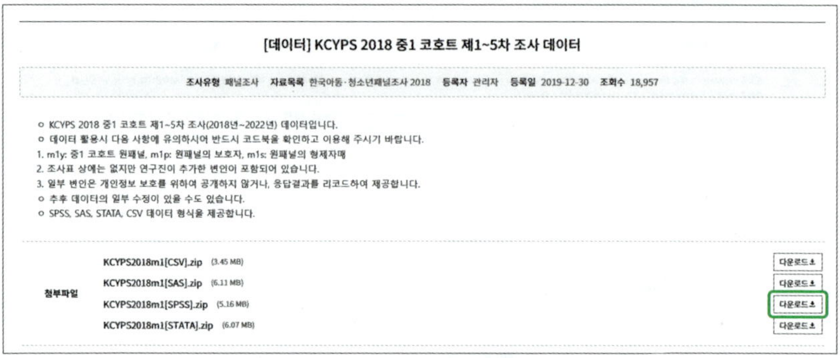

(b) 한국 아동·청소년 패널조사 중1 코호트 다운로드

그림 13-3 한국 아동·청소년 패널조사 2018 데이터 다운로드

[그림 13-4]의 파일들은 [그림 13-3(b)]의 페이지에서 다운로드한 5개년 조사 자료입니다. 자료의 각 파일명에 공통으로 들어간 'KCYPS2018m1'은 한국 아동·청소년 2018 패널의 중학교 1학년 코호트 자료임을 나타냅니다. 각 파일명에서 그다음에 오는 알파벳 Y, P, S는 순서대로 원패널(학생 본인), 부모(parents), 형제자매(sibling)를 의미하며, 파일명 마지막에 위치한 w는 몇 차 연도 자료인지를 나타냅니다. 예를 들어 'KCYPS2018m1Yw1.sav'는 '한국 아동·청소년 2018 패널의 중학교 1학년 코호트 자료 중 1차년도 학생 본인의 응답'을 기록한 파일이란 의미입니다.

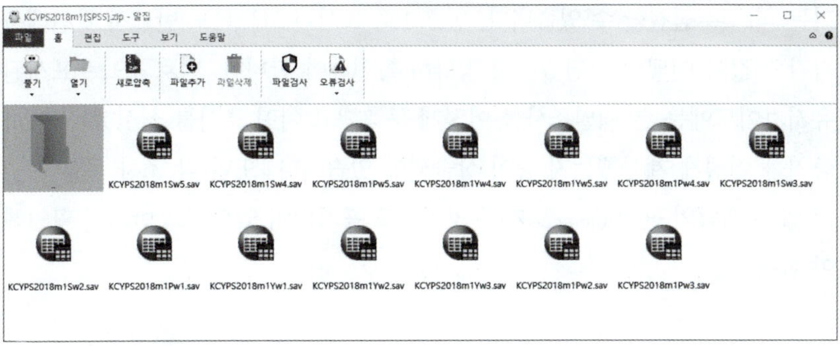

그림 13-4 중1 코호트 파일

분석에 앞서 반드시 살펴봐야 하는 자료가 [그림 13-5]의 코드북과 조사표, 유저가이드입니다. 이 화면은 [그림 13-3(a)]의 과정에서 확인할 수 있습니다.

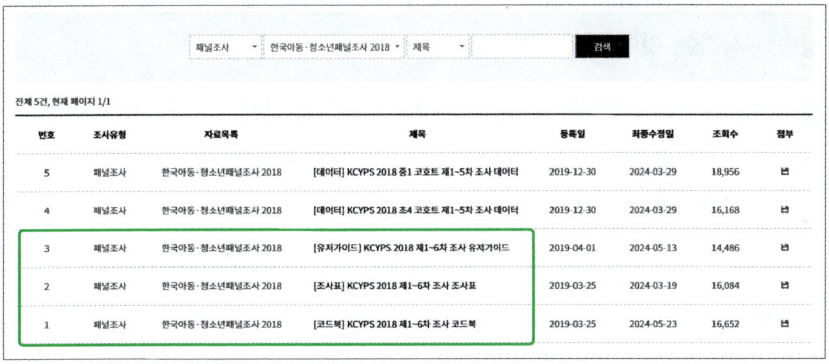

그림 13-5 유저가이드, 조사표, 코드북

[그림 13-5]의 화면에서 번호 2로 표시된 조사표는 실제 설문지가 학생들에게 어떤 형태로 제시되어 있는지를 보여줍니다. 따라서 이 조사표를 통해 어떤 영역을 어떤 문항으로 측정했는지 명확히 확인할 수 있습니다. 예를 들어 '자기효능감'을 측정했다고 SPSS 파일에는 표시되어 있는데 어떤 자기효능감인지 명확하지 않은 경우가 있습니다. 이때 조사표를 참고하여 "여기서 묻고 있는 자기효능감은 전반적 자기효능감이 아니라 학업적 자기효능감이구나"

라는 식으로 점검할 수 있습니다. 번호 1로 표시된 코드북도 반드시 확인해서 각각의 값을 어떻게 코딩했는지 명확히 확인해야 합니다. 번호 3으로 표시된 유저가이드에는 본 패널조사를 어떻게 구축했고 어떤 조사를 실시했는지, 가중치를 어떻게 계산했는지 등이 상술되어 있습니다. 또한 각 조사 문항이 묻고 있는 개념의 근거reference가 무엇인지도 표기되어 있으므로 반드시 확인해야 합니다.

기술통계 분석하기

이제 본격적으로 기술통계 분석을 수행하는 절차에 대해 알아보겠습니다. 기술통계는 자료의 특성을 한눈에 볼 수 있도록 제시하는 통계입니다. 논문에서는 주로 3장에 해당하는 연구 방법에서 기술통계를 활용하여 연구 대상의 특성을 제시하는 것이 일반적입니다.

아래 예시부터는 중학교 1학년 코호트 1차년도 원패널 자료(KCYPS2018 m1Yw1.sav)를 바탕으로 설명하겠습니다. 다음과 같이 논문 제목과 연구문제를 설정했다고 가정합시다.

논문 제목: 중학교 1학년 학업성취도에 영향을 미치는 심리적 특성 탐색

연구문제: 중학교 1학년 학업성취도에는 심리적 특성이 영향을 미칠 것이다.

이때 여러 요인을 고려하여 연구모형을 설정합니다. 연구모형은 연구자가 설정한 가설을 검증하기 위해 변수 간의 관계를 표현한 설계도입니다. 연구모형을 설정하기 위해 어떤 변인이 독립변수, 종속변수, 통제변수가 될 수 있는지 이론적 배경을 통해 점검해야 합니다. 즉 학생의 학업성취도에 영향을 미칠 수 있는 다양한 변인(독립변수)과 본 연구에서 통제해야 하는 통제변인들이 있으며 선행 연구를 통해 이를 점검합니다. 기술통계에서는 연구모형에 활용된 모든 변수의 기술통계량을 제공하는 것이 일반적입니다.

본 연구에서는 배경 변인으로 학생이 거주하는 곳의 '도시규모'와 '성별'을 활용하고, 종속변수로 '학업성취도'를 활용하겠습니다. 독립변수인 심리적 특성에는 '학업열의', '협동심', '그릿'을 활용했다고 가정하겠습니다. 본 데이터에서는 학생들의 객관적인 학업성취 점수를 수집하고 있지 않으므로 '지난 학기 전 과목 성적 수준'에 주관적으로 응답한 내용을 학업성취도 변인으로 대신 활용하겠습니다.

■ 변수 보기 시트에서 기술통계 분석하기

도시규모와 성별에 대한 기술통계량을 분석하는 방법은 [그림 13-6]과 같습니다. 변수 보기 시트에서 8행과 13행을 선택한 뒤 마우스 오른쪽 버튼을 누른 후 [기술통계량]을 클릭합니다.

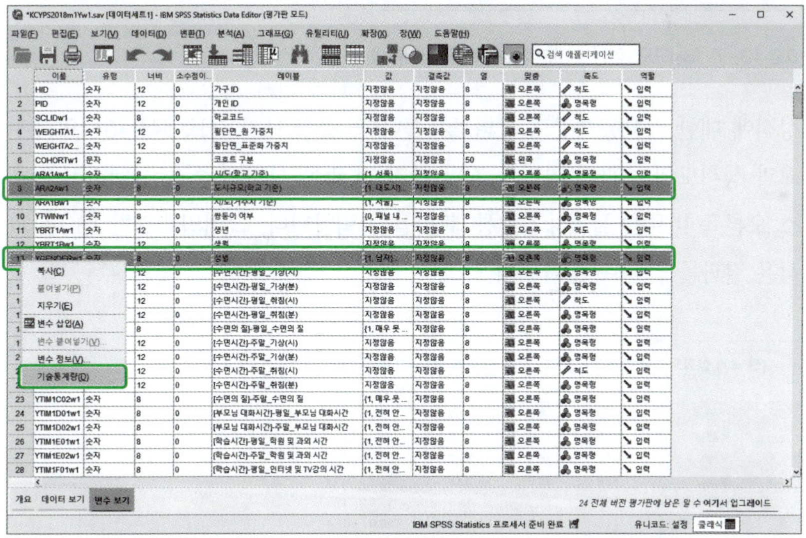

그림 13-6 기술통계 분석 방법 1

[그림 13-7]과 같은 결과가 출력됩니다. 대도시에서 42.0%, 중소도시에서 43.9%, 읍면지역에서 14.2% 표집되었음을 확인할 수 있습니다. 즉, 도시규모별로 표집된 것으로 유추할 수 있습니다. 성별은 남성 54.2%, 여성 45.8%로 비슷하게 표집되었으나 남학생이 조금 더 많이 표집되었음을 알 수 있습니다.

빈도표

도시규모(학교 기준)

		빈도	퍼센트	유효 퍼센트	누적 퍼센트
유효	대도시	1087	42.0	42.0	42.0
	중소도시	1136	43.9	43.9	85.8
	읍면지역	367	14.2	14.2	100.0
	전체	2590	100.0	100.0	

성별

		빈도	퍼센트	유효 퍼센트	누적 퍼센트
유효	남자	1405	54.2	54.2	54.2
	여자	1185	45.8	45.8	100.0
	전체	2590	100.0	100.0	

그림 13-7 도시규모, 성별에 대한 기술통계량(빈도분석)

성적에 대한 기술통계량도 살펴보겠습니다. 변수 보기 시트에서 46행의 '[전 교과 성취도의 주관적 평가]-지난 학기 전 과목 성적 수준'을 선택하고 마우스 오른쪽 버튼을 눌러 [기술통계량]을 클릭합니다. 그러면 [그림 13-8]과 같은 결과를 얻을 수 있습니다.

[전 교과 성취도의 주관적 평가]-지난 학기 전 과목 성적 수준

		빈도	퍼센트	유효 퍼센트	누적 퍼센트
유효	매우 못함	52	2.0	2.0	2.0
	못함	308	11.9	11.9	13.9
	보통	952	36.8	36.8	50.7
	잘함	868	33.5	33.5	84.2
	매우 잘함	291	11.2	11.2	95.4
	잘 모르겠음	119	4.6	4.6	100.0
	전체	2590	100.0	100.0	

그림 13-8 주관적 교과 성취도에 대한 기술통계량(빈도분석)

[그림 13-8]을 보면 '매우 못함'에서 '매우 잘함'까지 1~5점 리커트 척도로 응답하였음을 알 수 있습니다. [그림 13-9(a)]와 같이 46행의 값 레이블을 클릭하면, [그림 13-9(b)]와 같이 응답 결과별로 1~5의 값이 매겨졌음을 확인할 수 있습니다. 응답 결과에서 '잘 모르겠음'은 6번으로 할당되어 있습니다.

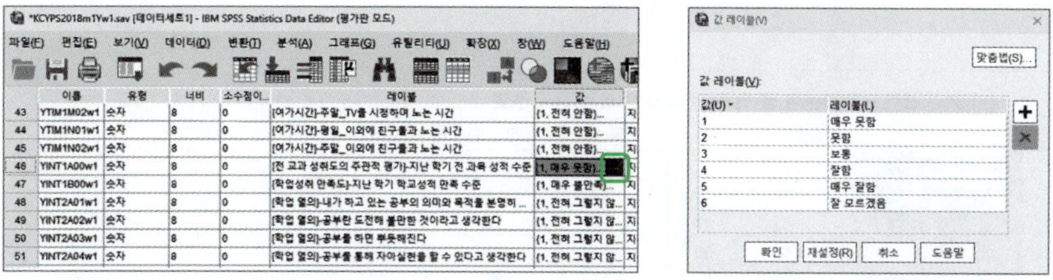

(a) 값 레이블

(b) 값별로 매겨진 레이블

그림 13-9 값 레이블 확인

우리는 종속변수(성적)로 '주관적 교과 성취도'를 활용하기로 했기 때문에 6번 '잘 모르겠음'으로 응답한 학생들은 결측으로 처리해야 합니다. 이를 위해 [그림 13-10(b)]와 같이 해당 변수의 결측값 항목에서 '이산형 결측값'을 선택한 후 '6'을 입력하고 [확인] 버튼을 클릭합니다. 그러면 '잘 모르겠음'으로 응답한 학생들은 결측으로 인식됩니다.

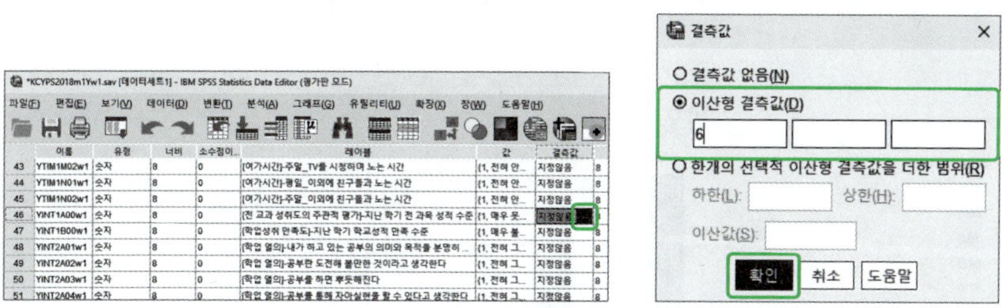

(a) 결측값

(b) 주관적 교과 성취도의 결측값 설정

그림 13-10 주관적 교과 성취도의 결측응답 처리

'잘 모르겠음'을 결측으로 처리한 결과는 [그림 13-11]과 같습니다. '잘 모르겠음'으로 응답한 학생 119명의 결과가 결측으로 처리되어, 유효 퍼센트의 비율이 조정되었음을 확인할 수 있습니다. [그림 13-8]의 표와 비교하면 '매우 잘함'이 11.2%에서 11.8%로, '잘함'이 33.5%에서 35.1%로, '보통'이 36.8%에서 38.5%로, '못함'이 11.9%에서 12.5%로, '매우 못함'이 2.0%에서 2.1%로 유효 퍼센트가 달라졌습니다.

[전 교과 성취도의 주관적 평가]-지난 학기 전 과목 성적 수준

		빈도	퍼센트	유효 퍼센트	누적 퍼센트
유효	매우 못함	52	2.0	2.1	2.1
	못함	308	11.9	12.5	14.6
	보통	952	36.8	38.5	53.1
	잘함	868	33.5	35.1	88.2
	매우 잘함	291	11.2	11.8	100.0
	전체	2471	95.4	100.0	
결측	잘 모르겠음	119	4.6		
전체		2590	100.0		

그림 13-11 주관적 교과 성취도의 결측값 설정 이후 기술통계량

이 데이터를 한눈에 보기 위해 [그림 13-12]와 같이 그래프로 간단히 나타낼 수도 있습니다. 이 같은 그래프는 엑셀에서 쉽게 그릴 수 있습니다. SPSS에서도 그래프 기능을 지원하나 그래픽이 예쁘지 않아서 단순한 그림을 그릴 때에는 엑셀을 사용하는 편이 더 낫습니다. 복잡한 그래프를 그릴 때에는 분석의 용이성 때문에 SPSS에 내장된 그래프를 사용하기도 합니다.

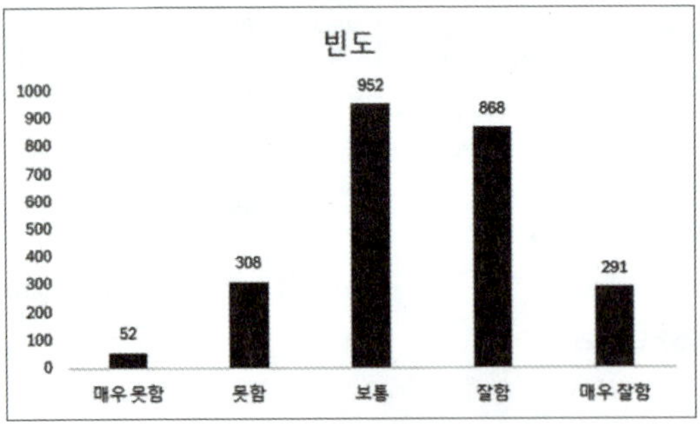

그림 13-12 주관적 교과 성취도 분포의 막대그래프

■ 메뉴 바를 활용하여 기술통계 분석하기

변수 보기 시트에서 마우스 오른쪽 버튼을 활용하는 방법 외에도 기술통계량을 확인할 수 있는 또 다른 방법이 있습니다. [그림 13-13]과 같이 SPSS 화면 상단의 메뉴 바를 활용하는 방법입니다. '분석 ▶ 기술통계량 ▶ 빈도분석'을 클릭합니다.

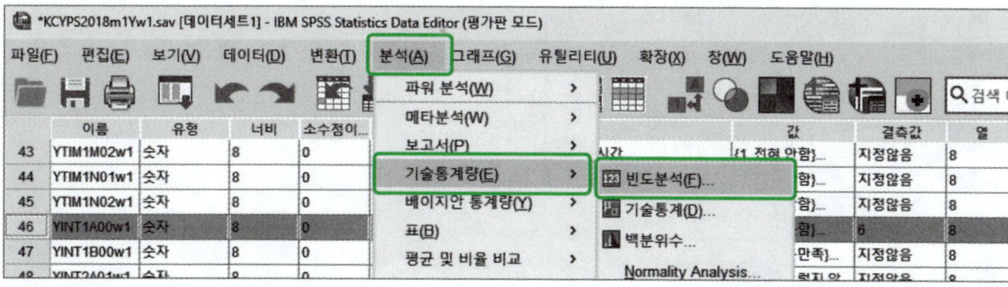

그림 13-13 기술통계 분석 방법 2

[그림 13-14]와 같은 빈도 분석 창이 나타납니다. 왼쪽 상자에서 해당하는 변수를 선택하고 화살표 버튼(➡)을 눌러 오른쪽 상자로 옮겨 줍니다. 해당 변수들이 잘 옮겨졌는지 확인한 후 [통계량] 버튼을 클릭합니다.

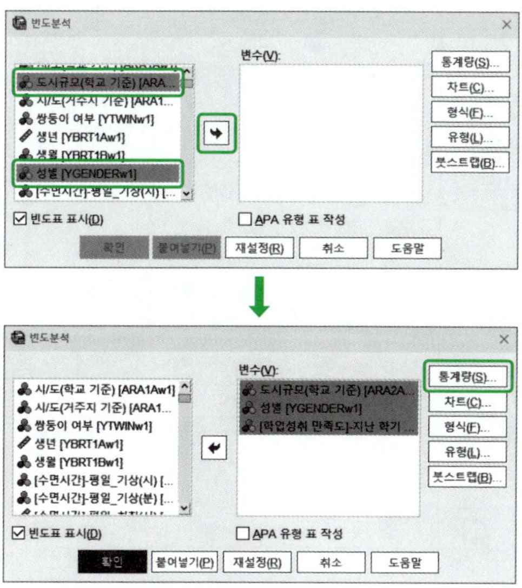

그림 13-14 빈도분석

[그림 13-15]와 같은 빈도분석: 통계량 창이 나타납니다. 여기서 원하는 통계량에 체크하고 [계속] 버튼을 누르면 [그림 13-14]의 아래쪽 화면 상태로 돌아갑니다. 여기서 [확인] 버튼을 누릅니다.

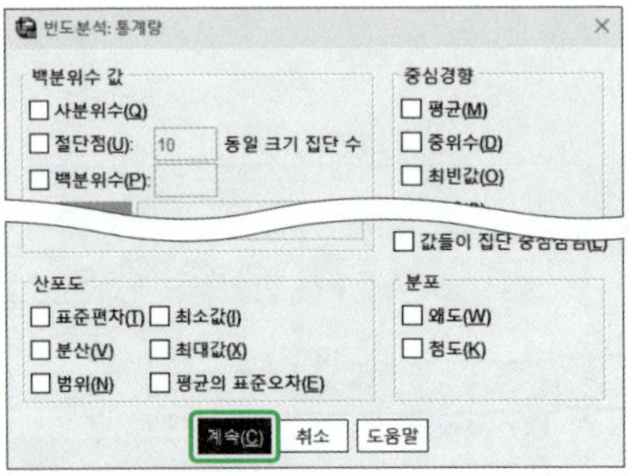

그림 13-15 빈도분석 통계량

[그림 13-16]과 같은 출력 결과가 나타납니다. 이 결과를 [그림 13-7], [그림 13-8]과 비교해 보면, 서로 같은 결괏값임을 확인할 수 있습니다. 다만 [그림 13-16]의 빈도분석 결과는 결측값으로 표시한 내용이 반영되지 않았다는 점에 주의합니다.

빈도표

도시규모(학교 기준)

		빈도	퍼센트	유효 퍼센트	누적 퍼센트
유효	대도시	1087	42.0	42.0	42.0
	중소도시	1136	43.9	43.9	85.8
	읍면지역	367	14.2	14.2	100.0
	전체	2590	100.0	100.0	

성별

		빈도	퍼센트	유효 퍼센트	누적 퍼센트
유효	남자	1405	54.2	54.2	54.2
	여자	1185	45.8	45.8	100.0
	전체	2590	100.0	100.0	

[학업성취 만족도]-지난 학기 학교성적 만족 수준

		빈도	퍼센트	유효 퍼센트	누적 퍼센트
유효	매우 불만족	66	2.5	2.5	2.5
	불만족	360	13.9	13.9	16.4
	보통	874	33.7	33.7	50.2
	만족	819	31.6	31.6	81.8
	매우 만족	377	14.6	14.6	96.4
	잘 모르겠음	94	3.6	3.6	100.0
	전체	2590	100.0	100.0	

그림 13-16 빈도분석 결과

■ 사용자 정의 표를 활용하여 기술통계 분석하기

기술통계를 분석하는 범용적인 방법을 한 가지 더 소개합니다. [그림 13-17]과 같이 SPSS 화면 상단의 메뉴 바에서 '분석 ▶ 표 ▶ 사용자 정의 표'를 클릭합니다. '사용자 정의 표'라는 이름에서 알 수 있듯 이 메뉴는 사용자가 원하는 대로 표를 작성할 수 있는 기능입니다.

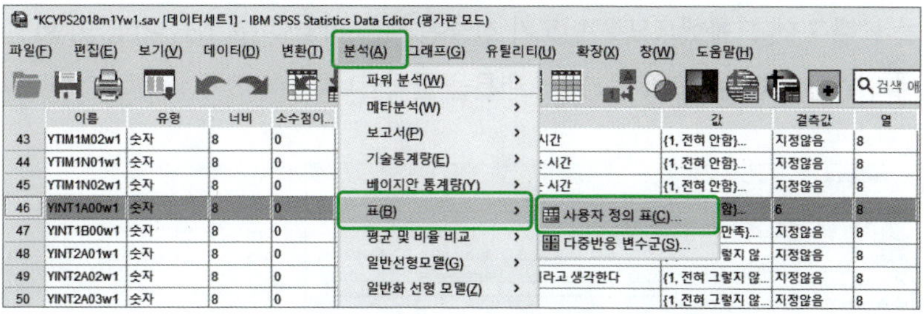

그림 13-17 기술통계 분석 방법 3

[그림 13-18]과 같은 창이 나타납니다. 왼쪽에는 변수 항목이 나열되어 있으며, 오른쪽에는 '행'과 '열'로 표시된 공간이 있습니다.

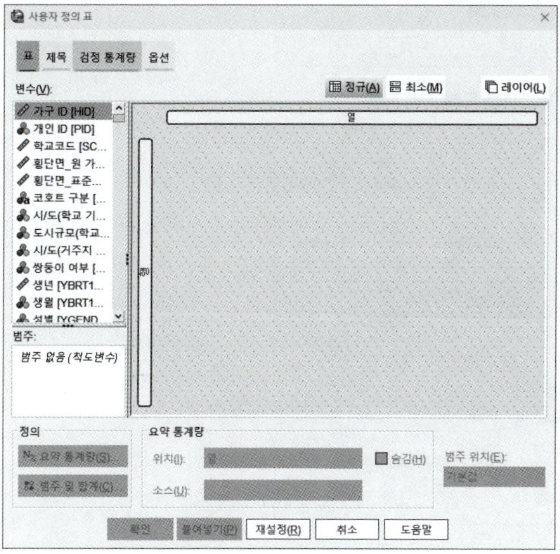

그림 13-18 사용자 정의 표: 분석 화면

[그림 13-19]와 같이 변수 항목에서 연구자가 원하는 변수를 선택하여 행 또는 열로 드래그 앤 드롭하면 [그림 13-20]과 같이 표의 모양을 확인할 수 있습니다. 변수 보기 시트에서 측도를 명목으로 설정하였는지, 척도로 설정하였는지에 따라 변수 앞에 표시된 아이콘의 모양이 달라집니다. 명목형 변수를 드래그 앤 드롭하면 빈도를 산출하는 표로 변하고, 척도형 변수를 드래그 앤 드롭하면 평균을 산출하는 표로 변합니다. [그림 13-20]에서는 명목형 변수를 드래그 앤 드롭했으므로 빈도가 산출된 것을 확인할 수 있습니다. 이 화면에서 왼쪽 하단의 [요약 통계량] 버튼을 클릭합니다.

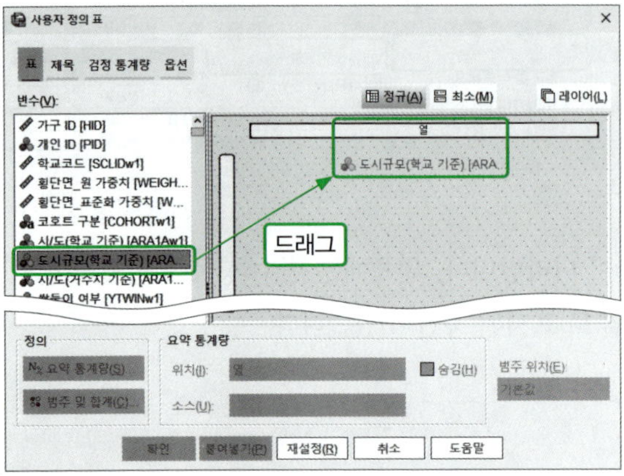

그림 13-19 사용자 정의 표: '열'에 변수를 드래그 앤 드롭

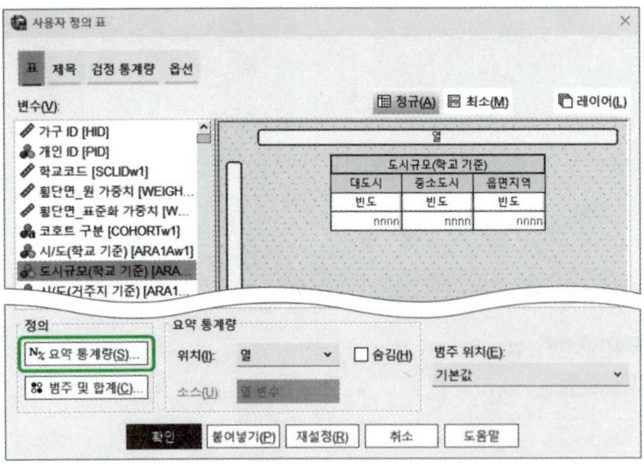

그림 13-20 사용자 정의 표: 분석 결과가 미리보기 형태로 제시

[그림 13-21]과 같은 요약 통계량 창이 나타납니다. 여기서 원하는 항목에 대한 통계량을 적용하고 형식을 지정할 수 있습니다. 예를 들어 '통계량' 항목에서 '열 퍼센트 ▶ 열 N %'를 선택하고 화살표 버튼(➔)을 눌러 소수점 이하 자릿수를 지정한 후, [선택한 항목에 적용]과 [닫기] 버튼을 순차적으로 누르면 [그림 13-22]와 같이 나타납니다.

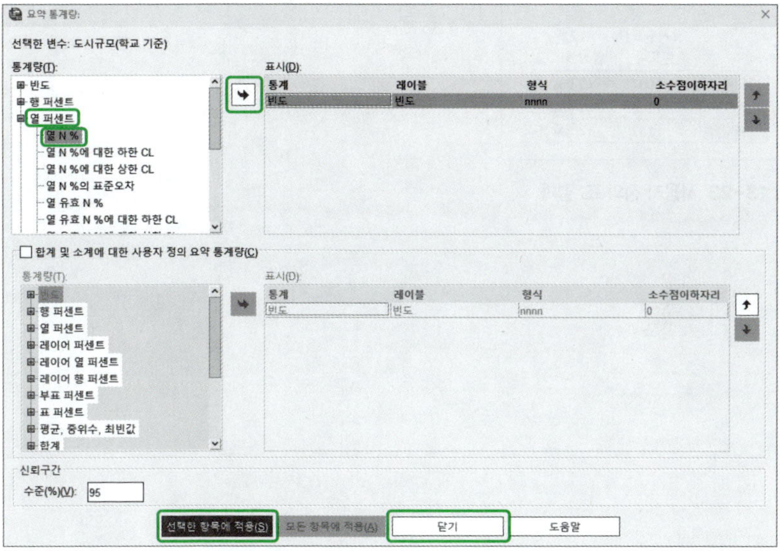

그림 13-21 사용자 정의 표: 요약 통계량 지정

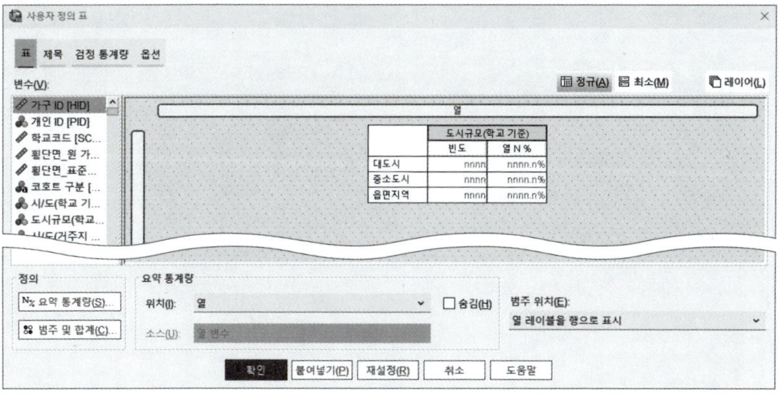

그림 13-22 사용자 정의 표: 요약 통계량 적용

[그림 13-22]에서 하단에 있는 '요약 통계량'의 '위치'를 통해 원하는 표 형태를 지정하고 난 뒤 [확인] 버튼을 누르면 [그림 13-23]과 같은 결과를 얻을 수 있습니다. 이 결과는 [그림 13-16]의 빈도분석 결과와 같음을 확인할 수 있습니다.

➜ 사용자 정의 표

	도시규모(학교 기준)	
	빈도	열 N %
대도시	1087	42.0%
중소도시	1136	43.9%
읍면지역	367	14.2%

그림 13-23 사용자 정의 표: 결과

CHAPTER 14 상관분석

상관분석은 두 변수 간의 관계를 하나의 지수(상관계수 ρ_{xy})로 나타내는 분석 방법입니다. 이 장에서는 SPSS를 활용하여 상관분석을 수행하는 방법에 대해 살펴보고, 분석 결과를 논문에 기술하는 방식도 배워보겠습니다.

상관분석을 처음 배울 때는 조금 어렵게 느껴질 수 있으나, 논문을 쓸 때 기술통계를 제시하는 부분에서 상관분석 결과도 함께 제시하는 것이 일반적이므로 꼭 알아두어야 합니다. 상관분석은 변수 간의 관계를 파악하는 데 도움을 주므로 논문에서 중요한 역할을 합니다. 특히 구조방정식 모형, 다층모형, 공분산분석 등 고급 통계 방법을 사용하는 논문에서는 본격적인 분석에 앞서 상관분석 결과를 필수적으로 제시하는 경우가 많습니다. 물론 최근에는 통계 방법이 고도화되어 공분산분석 결과나 상관분석 결과 없이도 분석이 가능해졌습니다. 그러나 상관분석 결과를 함께 제시하는 방법은 자료의 전반적인 형태와 특징을 이해하는 데 여전히 유용합니다.

앞서 6장에서 상관분석의 이론적 중요성을 이해했으니, 이제 실습을 통해 실제 데이터를 분석해 보겠습니다. 실습 과정에서 상관분석이 데이터를 탐색하고 관계를 이해하는 데 얼마나 유용한지 직접 확인할 수 있습니다.

서열척도 변수 간의 상관분석

13장에서 실습용으로 다운로드한 KCYPS2018m1Yw1.sav 파일을 열어봅시다. 변수를 살펴보면 학습시간과 여가시간이 평일과 주말로 구분되어 있는데 평일 학습시간과 여가시간의 상관관계를 나타내는 분석을 수행해 보겠습니다.

[그림 14-1]과 같이 SPSS 화면 상단의 메뉴 바에서 '분석 ▶ 상관분석 ▶ 이변량 상관'을 선택합니다.

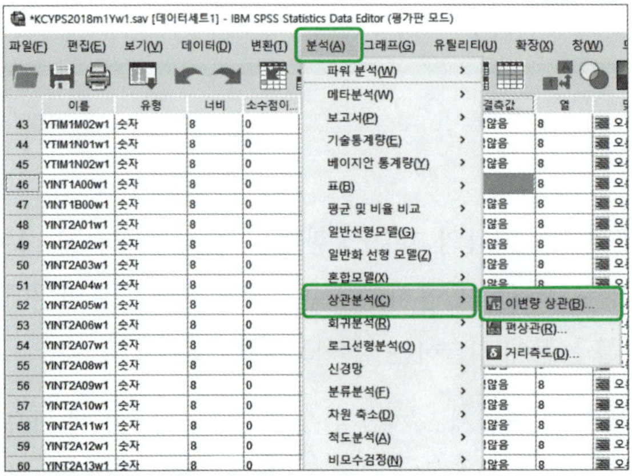

그림 14-1 상관분석 메뉴 선택

먼저 평일의 종류별 학습시간과 여가시간의 상관관계를 분석해 보겠습니다. [그림 14-2]와 같이 왼쪽 상자에서 해당 변수를 선택하고 화살표 버튼(➔)을 눌러 오른쪽 상자로 옮깁니다.

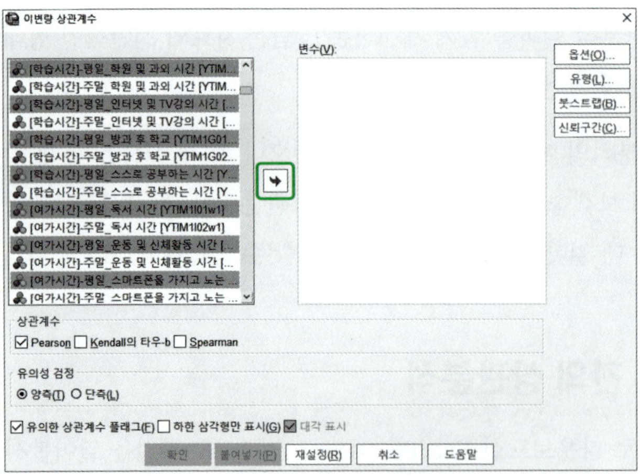

그림 14-2 상관분석 수행

[그림 14-2]의 중간 부분에 있는 '상관계수'에는 세 가지 옵션(Pearson, Kendall의 타우-b, Spearman)이 있습니다. 그렇다면 이 중 어떤 상관계수를 선택해야 할까요? 앞서 6장(상관분석)에서 이론을 배울 때 다룬 상관계수는 Pearson 상관계수입니다. Pearson 상관계수는 19세기 후반에 개발되었으나 계산의 용이성 등 이점이 커서 지금까지도 많이 활용되고 있습니다. 6장에서 우리는 상관계수가 특잇값outlier에 민감하다고 배웠습니다. Pearson 상관계수의 이러한 단점을 보완하기 위해 1904년 스피어만Spearman이 순위 상관계수rank correlation coefficient를 개발합니다. Spearman 상관계수는 자료를 순위 형태로 변환하여 계산하기 때문에 비선형 관계나 비정규분포를 따르는 데이터에 활용할 수 있으며, 이상치의 영향을 줄이고자 할 때도 활용합니다. 이후 켄달Kendall이 순위 데이터 간의 일관성을 더 엄격하게 측정하기 위해 타우-b를 개발하였습니다. 타우-b는 일치하는 쌍과 불일치하는 쌍의 비율을 기반으로 순위 간의 관계를 분석하며, 동일 순위가 많은 경우에도 보정이 가능하도록 만들어졌습니다. 연구 방법에 따라 원하는 상관계수를 선택할 수 있지만, 이 중 가장 많이 사용하는 것은 Pearson 상관계수입니다.

다시 [그림 14-2]를 보면 '상관계수' 아래에 '유의성 검정'이 있습니다. 유의성 검정은 통계적으로 유의한 상관이 있는지를 검정해 주는 것으로, 양측 검정과 단측 검정 중 선택할 수 있습니다. 상관분석에서 영가설은 "두 변수 간의 상관관계는 0이다."이며 대립가설은 "두 변수의 상관관계는 0이 아니다."입니다. 상관분석에서 p-값이 0.05보다 작게 나오면 두 변수 간의 상관이 0이라는 영가설을 기각하며 두 변수 간의 상관이 있다고 표현할 수 있습니다. '유의성 검정' 아래에 '유의한 상관계수 플래그'라는 체크 박스가 있는데, 이곳에 체크하면 통계적으로 유의한 상관이 있는 계수 옆에 *, **, ***이 표시됩니다.

옵션 선택을 모두 마쳤으면 하단의 [확인] 버튼을 클릭하여 분석을 수행합니다.

[그림 14-3]과 같은 상관분석 결과가 산출됩니다.

상관관계

		[학습시간]-평일_학원 및 과외 시간	[학습시간]-평일_인터넷 및 TV 강의 시간	[학습시간]-평일_방과 후 학교	[학습시간]-평일_스스로 공부하는 시간	[여가시간]-평일_독서 시간	[여가시간]-평일_운동 및 신체 활동 시간	[여가시간]-평일_스마트폰을 가지고 노는 시간	[여가시간]-평일_컴퓨터를 가지고 노는 시간	[여가시간]-평일_TV를 시청하며 노는 시간	[여가시간]-평일_이외에 친구들과 노는 시간
[학습시간]-평일_학원 및 과외 시간	Pearson 상관	1	-.005	-.057**	.298**	.064**	.008	-.138**	-.122**	-.070**	-.139**
	유의확률 (양측)		.815	.004	<.001	.001	.668	<.001	<.001	<.001	<.001
	N	2590	2590	2590	2590	2590	2590	2590	2590	2590	2590
[학습시간]-평일_인터넷 및 TV강의 시간	Pearson 상관	-.005	1	.094**	.157**	.160**	.123**	.018	.063**	.067**	.051**
	유의확률 (양측)	.815		<.001	<.001	<.001	<.001	.365	.001	<.001	.009
	N	2590	2590	2590	2590	2590	2590	2590	2590	2590	2590
[학습시간]-평일_방과 후 학교	Pearson 상관	-.057**	.094**	1	.027	.128**	.170**	.064**	.038	.032	.079**
	유의확률 (양측)	.004	<.001		.175	<.001	<.001	.001	.051	.103	<.001
	N	2590	2590	2590	2590	2590	2590	2590	2590	2590	2590
[학습시간]-평일_스스로 공부하는 시간	Pearson 상관	.298**	.157**	.027	1	.355**	.067**	-.174**	-.116**	-.040*	-.078**
	유의확률 (양측)	<.001	<.001	.175		<.001	<.001	<.001	<.001	.041	<.001
	N	2590	2590	2590	2590	2590	2590	2590	2590	2590	2590
[여가시간]-평일_독서 시간	Pearson 상관	.064**	.160**	.128**	.355**	1	.213**	-.105**	-.013	.019	.004
	유의확률 (양측)	.001	<.001	<.001	<.001		<.001	<.001	.513	.345	.842
	N	2590	2590	2590	2590	2590	2590	2590	2590	2590	2590
[여가시간]-평일_운동 및 신체활동 시간	Pearson 상관	.008	.123**	.170**	.067**	.213**	1	.074**	.136**	.074**	.259**
	유의확률 (양측)	.668	<.001	<.001	<.001	<.001		<.001	<.001	<.001	<.001
	N	2590	2590	2590	2590	2590	2590	2590	2590	2590	2590
[여가시간]-평일_스마트폰을 가지고 노는 시간	Pearson 상관	-.138**	.018	.064**	-.174**	-.105**	.074**	1	.136**	.181**	.261**
	유의확률 (양측)	<.001	.365	.001	<.001	<.001	<.001		<.001	<.001	<.001
	N	2590	2590	2590	2590	2590	2590	2590	2590	2590	2590
[여가시간]-평일_컴퓨터를 가지고 노는 시간	Pearson 상관	-.122**	.063**	.038	-.116**	-.013	.136**	.136**	1	.075**	.186**
	유의확률 (양측)	<.001	.001	.051	<.001	.513	<.001	<.001		<.001	<.001
	N	2590	2590	2590	2590	2590	2590	2590	2590	2590	2590
[여가시간]-평일_TV를 시청하며 노는 시간	Pearson 상관	-.070**	.067**	.032	-.040*	.019	.074**	.181**	.075**	1	.179**
	유의확률 (양측)	<.001	<.001	.103	.041	.345	<.001	<.001	<.001		<.001
	N	2590	2590	2590	2590	2590	2590	2590	2590	2590	2590
[여가시간]-평일_이외에 친구들과 노는 시간	Pearson 상관	-.139**	.051**	.079**	-.078**	.004	.259**	.261**	.186**	.179**	1
	유의확률 (양측)	<.001	.009	<.001	<.001	.842	<.001	<.001	<.001	<.001	
	N	2590	2590	2590	2590	2590	2590	2590	2590	2590	2590

**. 상관관계가 0.01 수준에서 유의합니다(양측).

*. 상관관계가 0.05 수준에서 유의합니다(양측).

그림 14-3 상관분석 결과

산출한 상관계수 표에는 각 변수 간의 상관계수, 표본의 수, 유의확률이 표시됩니다. 유의확률이 .05보다 작은 경우에는 * 플래그가 표시됩니다. 상관분석 표를 자세히 보면 재미있는 형태를 발견할 수 있습니다. 자기 자신과의 상관계수는 언제나 1로 동일하고 그것이 대각선 방향으로 쭉 배치되어 있음을 확인할 수 있습니다. 그리고 이 '1' 대각선을 중심으로 표를 반으로 접으면 데칼코마니 형태의 표가 됨을 알 수 있습니다. 가령 '[학습시간]-평일_학원 및 과외 시간'과 '[여가시간]-평일_이외에 친구들과 노는 시간'의 상관계수는 -.139로 1열 제일 마지막 행 또는 1행 제일 마지막 열에서 확인할 수 있습니다. 마찬가지로 '[학습시간]-평일_스스로 공부하는 시간'과 '[여가시간]-평일_독서 시간'의 상관계수는 5행 4열에 있는 .355로 4행 5열에 있는 값과 동일함을 확인할 수 있습니다. 따라서 논문에서는 이 모든 표를 동시에 나타내지 않고 상관계수만 산출하여 [표 14-1]과 같은 형식으로 제시합니다.

표 14-1 상관계수 표

		학습시간				여가시간					
		학원/과외	인터넷강의	방과후학교	스스로학습	독서	운동/신체 활동	스마트폰	컴퓨터	TV시청	친구
학습시간	학원/과외	1.00									
	인터넷강의	0.00	1.00								
	방과후학교	-.057**	.094**	1.00							
	스스로학습	.298**	.157**	0.03	1.00						
여가시간	독서	.064**	.160**	.128**	.355**	1.00					
	운동/신체 활동	0.01	.123**	.170**	.067**	.213**	1.00				
	스마트폰	-.138**	0.02	.064**	-.174**	-.105**	.074**	1.00			
	컴퓨터	-.122**	.063**	0.04	-.116**	-0.01	.136**	.136**	1.00		
	TV시청	-.070**	.067**	0.03	-.040*	0.02	.074**	.181**	.075**	1.00	
	친구	-.139**	.051**	.079**	-.078**	0.00	.259**	.261**	.186**	.179**	1.00

표 14-2 상관계수 표(수정)

		학습시간				여가시간				
		학원/과외	인터넷강의	방과후학교	스스로학습	독서	운동/신체 활동	스마트폰	컴퓨터	TV시청
학습시간	인터넷강의	0.00								
	방과후학교	-.057**	.094**							
	스스로학습	.298**	.157**	0.03						
여가시간	독서	.064**	.160**	.128**	.355**					
	운동/신체 활동	0.01	.123**	.170**	.067**	.213**				
	스마트폰	-.138**	0.02	.064**	-.174**	-.105**	.074**			
	컴퓨터	-.122**	.063**	0.04	-.116**	-0.01	.136**	.136**		
	TV시청	-.070**	.067**	0.03	-.040*	0.02	.074**	.181**	.075**	
	친구	-.139**	.051**	.079**	-.078**	0.00	.259**	.261**	.186**	.179**

[표 14-1]의 정보들은 모두 의미가 있을까요? 자기 자신과의 상관계수를 나타내는 부분은 언제나 상관이 1이므로 생략할 수 있습니다. 따라서 첫 번째 행을 삭제하고 두 번째 행부터 제시할 수 있으며, 자연스레 마지막 열도 같은 논리로 삭제됩니다. 그래서 상관계수 1을 지워주는 [표 14-2]와 같은 형태가 논문에서 주로 활용됩니다.

상관분석의 완성된 결과물은 [표 14-2]와 같이 나타납니다. 6장에서 복잡한 수식들을 가지고 상관분석에 대해 배웠지만, SPSS에서는 상관분석 메뉴를 선택하여 관심 있는 변수들을 모두 투입하고 [확인] 버튼을 누르기만 하면 간단하게 분석이 완료됩니다. 연구자가 할 일은 이 표에 제시된 통계분석 결과를 자세히 살펴보고 어떤 의미가 있는지를 찾아내는 것, 즉 데이터의 행간을 읽는 일입니다.

조금 더 살펴보겠습니다. 학습시간과 여가시간 설문지의 설문에 대한 응답 항목은 [표 14-3]과 같습니다.

표 14-3 설문 응답 항목

값	응답 항목
1	전혀 안 함
2	30분 미만
3	30분~1시간
4	1시간~2시간 미만
5	2시간~3시간 미만
6	3시간~4시간 미만
7	4시간 이상

[표 14-3]의 문항은 앞서 배운 명목척도, 서열척도, 등간척도, 비율척도 중 어느 척도에 해당할까요? 1번 값(전혀 안 함)과 2번 값(30분 미만) 사이의 간격과 3번 값(30분~1시간)과 4번 값(1시간~2시간 미만) 사이의 간격이 서로 다르지만 값에 따른 우열이 있으므로 서열척도ordinal scale로 볼 수 있습니다. 6장에서 상관분석의 절차에 대해 설명할 때 산점도를 그려 특잇값이 없는지 파악해야 한다고 했는데 서열척도의 경우에는 이 과정을 생략해도 됩니다.

연속형 변수인 사람의 키를 예로 들어 설명해 보겠습니다. 200cm는 매우 큰 키이지만 존재할 수 있는 키입니다. 230cm도 상상은 잘 안 되지만 존재할 수 있는 키입니다. 그런데 300cm는 존재할 수 있을까요? 아마도 없을 것입니다. 연속형 변수에는 입력 오류나 불성실한 응답 등으로 300cm라는 자료 값이 나타날 수 있으므로 이를 제거해 줘야 합니다. 그렇지 않으면 실제와 다른 상관분석 결과를 내놓을 수 있기 때문입니다. 하지만 서열척도의 경우 서열의 범위가 결정되어 있습니다. [표 14-3]을 예로 들어 설명해 보겠습니다. 여가시간 중 하루에 5시간씩 스마트폰을 보는 사람과 하루에 7시간씩 스마트폰을 보는 사람 모두 7번으로 응답하게 됩니다. 즉 자료의 범위가 명확히 제시되어 있으므로 굳이 산점도를 그려 특잇값을 찾아낼 필요가 없습니다. 그런 이유로 앞서 분석할 때 산점도 그리는 과정을 생략하였습니다.

비율척도 변수 간의 상관분석

이제 서열척도의 상관계수를 분석했던 KCYPS2018m1Yw1.sav 파일에서 키(YPHY2A00w1[1])와 몸무게(YPHY2B00w1)에 대한 상관분석을 수행해 보겠습니다. 앞선 실습 절차와 동일한 절차로 분석을 진행하지만 먼저 산점도를 그려 특잇값이 있는지 파악합니다.

1 KCYPS2018m1Yw1.sav 파일의 변수명에서 YPHY2A00w1을 찾거나 레이블에서 '키'를 찾으면 됩니다. 몸무게도 동일하게 YPHY2B00w1 변수명을 찾거나 레이블에서 '몸무게'를 찾아 분석을 수행하면 됩니다.

SPSS 화면 상단의 메뉴 바에서 '그래프 ▶ 차트 작성기'를 선택합니다.

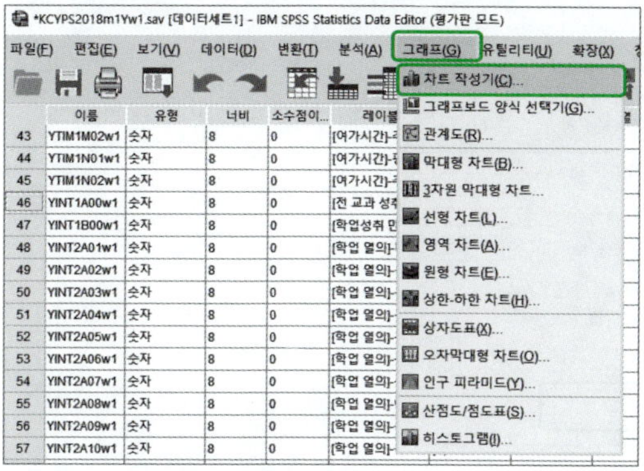

그림 14-4 차트 작성 메뉴 선택

[그림 14-5]와 같이 차트 작성기 창이 나타납니다. '갤러리' 탭에서 '산점도/점도표' 중 '(단순) 산점도'를 선택합니다.

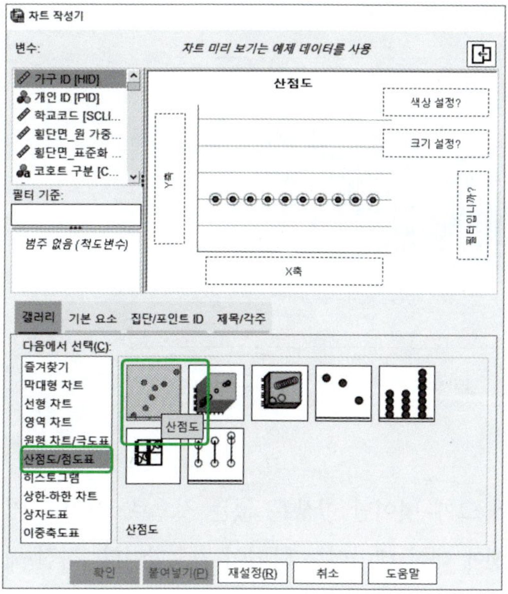

그림 14-5 산점도 그리기: 산점도

'(단순) 산점도'를 더블클릭하면 미리보기 부분에 차트가 생성됩니다. 차트의 x축에는 키, y축에는 몸무게 변수를 넣습니다.

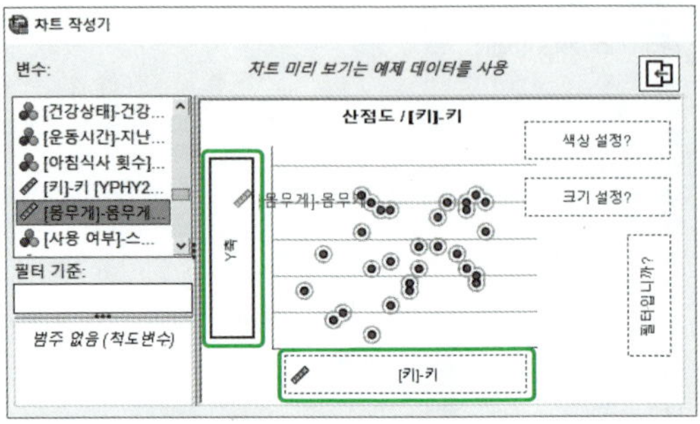

그림 14-6 산점도 그리기: 키/몸무게 산점도

차트 작성기 창에서 [확인]을 클릭하면 [그림 14-7]과 같은 산점도가 생성됩니다.

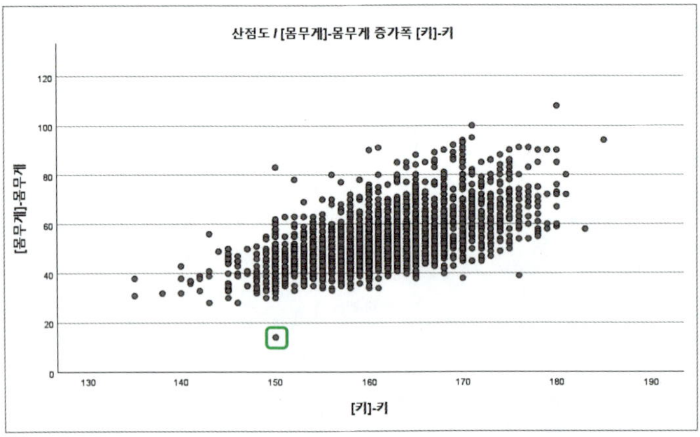

그림 14-7 키-몸무게 산점도 결과

산점도 결과를 보면 상식에서 크게 벗어난 학생은 없는 것으로 보이나, 키 150cm에 몸무게 10kg대 학생에 대한 데이터는 확인이 필요합니다. 직접 해당 학생의 키와 몸무게를 확인하는 것이 가장 정확한 방법이지만 모든 특잇값

데이터를 직접 확인하면 시간과 비용이 많이 소요됩니다. [그림 14-7]의 경우 전체 선형성을 크게 해치지 않는다고 판단하고 분석을 진행하면 됩니다. 6장에서 설명한 바와 같이 특잇값을 찾아내는 것은 어려운 일입니다. 단순히 해당 값이 매우 크다고 해서, 혹은 매우 작다고 해서 해당 데이터가 특잇값이라고 판단하는 것은 적절하지 않습니다. 실제로 존재하는 값인데 임의로 삭제해 버린다면 데이터를 연구자 마음대로 조작한 셈이 되니까요. 해당 데이터가 잘못 입력된 값이라면 삭제한 후 분석해야 하고, 그렇지 않다면 그대로 두고 분석해야 합니다. 과연 어떠한 값이 특잇값인지 판단하기 위해 마할라노비스 거리mahalanobis distance[2]를 계산하여 나온 값을 사용하기도 합니다.

별다른 특잇값이 없다고 판단되면 서열척도의 상관분석과 동일한 절차로 상관분석을 수행합니다. [그림 14-8]과 같이 SPSS 화면 상단의 메뉴 바에서 '분석 ▶ 상관분석 ▶ 이변량 상관'을 선택합니다.

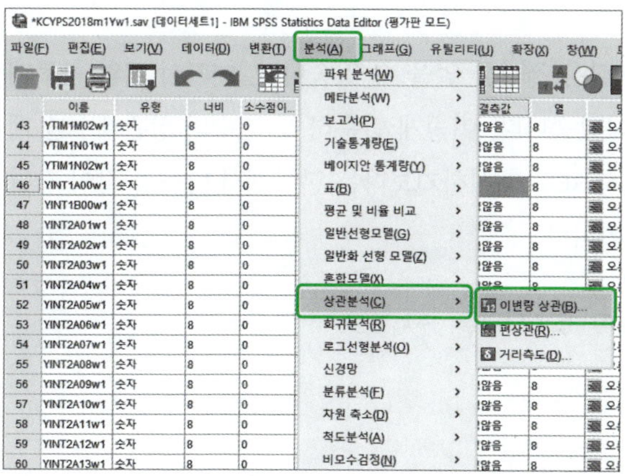

그림 14-8 상관분석 메뉴 선택

2 마할라노비스 거리는 관측치와 평균의 거리를 공분산 구조를 고려한 표준화된 거리로 계산합니다. 거리가 특정 임곗값(카이제곱 분포의 임곗값)보다 큰 경우 이상치로 간주합니다. SPSS에는 이 기능이 내장되어 있지 않으며 회귀분석의 잔차분석을 통해 예상해 볼 수 있습니다.

[그림 14-9]와 같이 이변량 상관계수 창이 나타나면 왼쪽의 변수 항목에서 키와 몸무게를 선택하여 오른쪽 상자로 옮깁니다. [확인] 버튼을 클릭합니다.

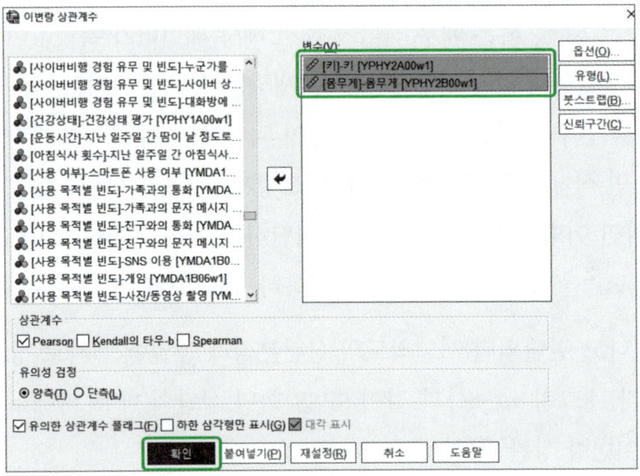

그림 14-9 키-몸무게 상관분석

그러면 [그림 14-10]과 같은 결과를 얻을 수 있습니다. 여기서 키와 몸무게의 상관은 0.596으로 나타났습니다. 이렇게 단순히 두 변수의 상관계수를 계산한 경우 논문에 상관분석 표로 제시하기보다는 본문에서 다음과 같이 간단히 진술하는 것이 일반적입니다.

"키와 몸무게의 상관은 .596으로 나타났다."

상관관계

		[키]-키	[몸무게]-몸무게
[키]-키	Pearson 상관	1	.596**
	유의확률 (양측)		<.001
	N	2588	2586
[몸무게]-몸무게	Pearson 상관	.596**	1
	유의확률 (양측)	<.001	
	N	2586	2586

**. 상관관계가 0.01 수준에서 유의합니다(양측).

그림 14-10 키-몸무게 상관분석 결과

공분산 행렬 계산하기

최근 구조방정식을 활용한 논문들을 자주 접할 수 있습니다. 구조방정식의 발전 과정을 보면, 초기에는 변수 간의 공분산 행렬을 활용하여 변수의 관계를 분석하는 형태로 발전해 왔으며 이후 상관계수 행렬을 활용한 분석으로 이어져 왔습니다. 최근 들어서는 공분산 행렬을 활용하지 않고 직접 개별 변수들의 값을 활용하여 분석하는 것이 일반적이지만, 상관계수 행렬이나 공분산 행렬을 제시하는 논문도 자주 접할 수 있습니다. 대부분의 구조방정식 분석 프로그램에는 공분산 행렬과 상관계수 행렬을 제시하는 옵션이 있어 이 옵션을 적용하여 계산한 값을 가져다가 활용하는 것이 일반적이나, SPSS에서도 공분산 행렬을 나타낼 수 있습니다. 공분산 행렬을 계산하는 방법은 다음과 같습니다.

서열척도에서 학습시간과 여가시간의 상관관계를 분석했던 예시를 활용하여 공분산 행렬을 제시하겠습니다. [그림 14-11]과 같이 SPSS 화면 상단의 메뉴 바에서 '분석 ▶ 상관분석 ▶ 이변량 상관'을 선택합니다.

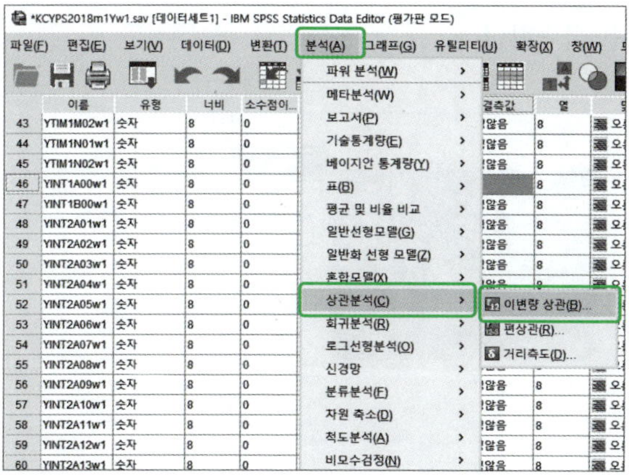

그림 14-11 상관분석 메뉴 선택

[그림 14-12]와 같이 이변량 상관계수 창이 나타나면 왼쪽 상자에게 해당 변수를 선택하고 화살표 버튼(➡)을 눌러 오른쪽 상자로 옮겨줍니다.

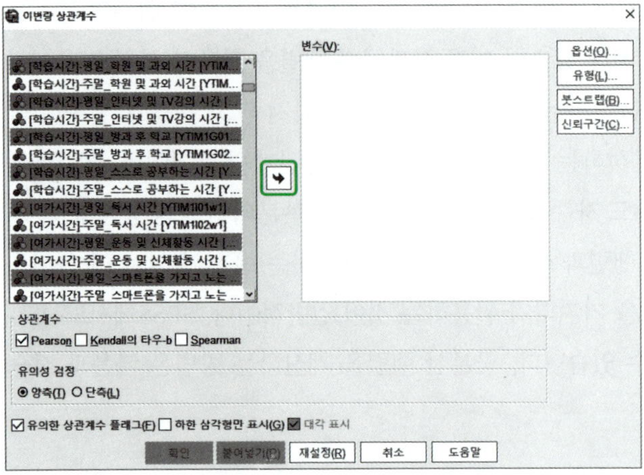

그림 14-12 상관분석 실행

[그림 14-13]과 같은 화면에서 [옵션] 버튼을 클릭합니다. 옵션 창이 뜨면 '교차곱 편차와 공분산'에 체크한 후 [계산] 버튼을 클릭합니다. 이변량 상관계수 창에서 [확인] 버튼을 클릭합니다.

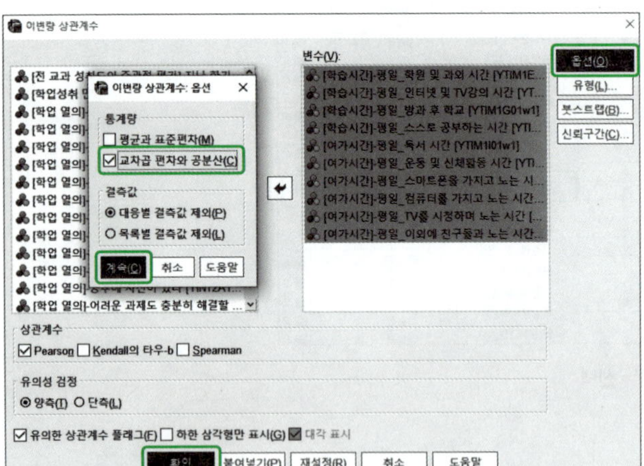

그림 14-13 공분산 행렬 계산

그러면 [그림 14-14]와 같이 상관계수 행렬에 공분산 값이 산출되는데, 이 값을 정리하여 공분산 행렬로 제시할 수 있습니다.

상관관계

		[학습시간]-평일_학원 및 과외 시간	[학습시간]-평일_인터넷 및 TV 강의 시간	[학습시간]-평일_방과 후 학교	[학습시간]-평일_스스로 공부하는 시간	[여가시간]-평일_독서 시간	[여가시간]-평일_운동 및 신체 활동 시간	[여가시간]-평일_스마트폰을 가지고 노는 시간	[여가시간]-평일_컴퓨터를 가지고 노는 시간	[여가시간]-평일_TV를 시청하며 노는 시간	[여가시간]-평일_이외에 친구들과 노는 시간
[학습시간]-평일_학원 및 과외 시간	Pearson 상관	1	-.005	-.057**	.298**	.064**	.008	-.138**	-.122**	-.070**	-.139**
	유의확률 (양측)		.815	.004	<.001	.001	.668	<.001	<.001	<.001	<.001
	제곱합 및 교차곱	8708.935	-34.326	-382.484	2085.604	393.715	62.302	-962.859	-932.847	-479.573	-1181.800
	공분산	3.364	-.013	-.148	.806	.152	.024	-.372	-.360	-.185	-.456
	N	2590	2590	2590	2590	2590	2590	2590	2590	2590	2590
[학습시간]-평일_인터넷 및 TV강의 시간	Pearson 상관	-.005	1	.094**	.157**	.160**	.123**	.018	.063**	.067**	.051**
	유의확률 (양측)	.815		<.001	<.001	<.001	<.001	.365	.001	<.001	.009
	제곱합 및 교차곱	-34.326	6373.118	542.395	936.822	834.352	779.537	106.086	415.259	392.977	373.200
	공분산	-.013	2.462	.209	.362	.322	.301	.041	.160	.152	.144
	N	2590	2590	2590	2590	2590	2590	2590	2590	2590	2590
[학습시간]-평일_방과 후 학교	Pearson 상관	-.057**	.094**	1	.027	.128**	.170**	.064**	.038	.032	.079**
	유의확률 (양측)	.004	<.001		.175	<.001	<.001	.001	.051	.103	<.001
	제곱합 및 교차곱	-382.484	542.395	5212.668	144.149	605.627	975.168	347.119	227.338	169.932	519.400
	공분산	-.148	.209	2.013	.056	.234	.377	.134	.088	.066	.201
	N	2590	2590	2590	2590	2590	2590	2590	2590	2590	2590

그림 14-14 공분산 행렬이 추가된 상관분석 결과

마무리

상관분석은 단순히 두 변수 간의 관계를 숫자로 표현하는 과정일 뿐입니다. 분석 자체는 어렵지 않을 수 있지만, 중요한 것은 분석 결과에 나타난 숫자의 의미를 제대로 이해하고 데이터가 담고 있는 '이야기'를 읽어내는 것입니다. 데이터 분석은 단순한 기술적 작업이 아니라 숨겨진 패턴과 의미를 발견하는 탐구의 과정입니다. 상관계수 하나를 보더라도 그 숫자가 나타내는 관계의 방향과 강도뿐 아니라 그 관계의 맥락과 배경을 고려해야 합니다.

앞으로 데이터를 다룰 때, 단순히 통계분석 결과와 숫자가 나왔다는 사실에 그치기보다는 그 뒤에 있는 데이터의 행간을 읽고, 그 의미를 깊이 고민하며 해석하는 연습을 해보세요. 그렇게 할 때 비로소 데이터 분석은 단순한 수치 계산을 넘어, 의미 있는 결론과 통찰을 제공하는 도구가 될 것입니다. 베스트셀러에 오른 세스 스티븐스Seth Stephens의 책 『모두 거짓말을 한다』에 등장하는 심도 있는 분석들 대부분이 상관분석과 t-검정 결과임을 생각해 보면, 통계분석 기술보다 통찰이 더 중요함을 유추할 수 있습니다.

CHAPTER

15 *t*-검정

t-검정은 두 집단의 평균차이가 통계적으로 유의한지를 확인하는 통계분석 방법입니다. *t*-검정에서 영가설은 "두 집단의 평균은 같다."이며, 대립가설은 "두 집단의 평균은 같지 않다."가 됩니다. *p*-값이 유의수준인 0.05보다 작으면 영가설을 기각하여 두 집단의 평균이 통계적으로 유의하게 차이가 난다고 판단할 수 있습니다. *t*-검정은 가장 기본이 되는 통계분석 방법입니다. 가령 새로운 교육 방법을 고안하여 해당 교육 방법의 효율성을 입증하고 싶을 때, 또는 특정한 환경에서 자란 사람과 그렇지 않은 사람 사이에 어떠한 차이가 있는지 검증하고 싶을 때 *t*-검정을 활용합니다.

독립표본 *t*-검정: 상관이 없는 두 집단의 평균 비교

여기서는 13장에서 다운로드한 '한국 아동·청소년 패널조사 2018' 데이터를 가지고 두 집단의 평균을 비교하는 *t*-검정을 배워보겠습니다. 다음과 같은 연구문제를 해결하기 위해 KCYPS2018m1Yw1.sav 파일을 대상으로 분석을 수행해 보겠습니다.

> **연구문제:** 중학교 1학년 학생의 창의성에는 성별에 따른 차이가 있을 것이다.

본 연구문제를 해결하기 위해 먼저 창의성을 측정하는 문항이 있는지 살펴봅니다. KCYPS2018m1Yw1.sav 파일을 열고 변수 보기 시트를 클릭합니다.

변수 보기 시트에 [창의적 성격]을 묻는 문항이 [그림 15-1]처럼 YPSY6A01w1부터 YPSY6A30w1까지 나열되어 있는 것을 볼 수 있습니다. 개별 문항에 대한 응답은 0, 1이며 각각 '선택 안 함'과 '선택'을 의미합니다.

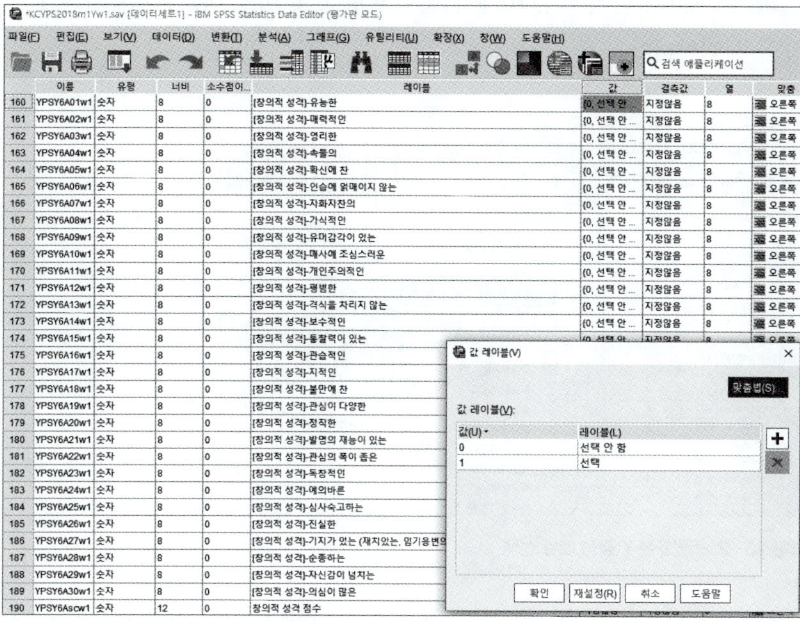

그림 15-1 창의적 성격 문항

창의적 성격을 나타내는 문항은 어떻게 만들어졌는지 확인해 볼 필요가 있습니다. KCYPS2018 유저가이드 83쪽을 보면 이 문항이 어떤 문항을 번안한 것인지 나타나 있고, 최인수, 표정민(2014)[1]의 문항을 사용한 것이라는 설명도 포함되어 있습니다. 해당 논문을 찾아보면, [그림 15-1]에 제시된 문항들은 창의적 성격에 해당하는 형용사 18개와 비창의적 성격에 해당하는 형용사 12개를 활용한 체크리스트 문항으로, 창의적 성격에 해당하는 형용사는 1점, 비창의적 성격에 해당하는 형용사에는 −1점을 부여하여 총점의 범위는 −12

1 최인수, 표정민. (2014). 한국인의 창의성에 대한 암묵적 이론 척도 개발. 한국심리학회지: 사회및성격, 28(1), 27−47.

점에서 18점까지 나타날 수 있다고 보고하고 있습니다. 총점에 해당하는 창의적 성격 점수를 나타내는 변수인 'YPSY6Ascw1'을 종속변수로 활용하고, '성별'을 독립변수로 활용하여 분석을 수행합니다.

[그림 15-2]와 같이 메뉴 바에서 '분석 ▶ 평균 및 비율 비교 ▶ 독립표본 T 검정'을 선택합니다.

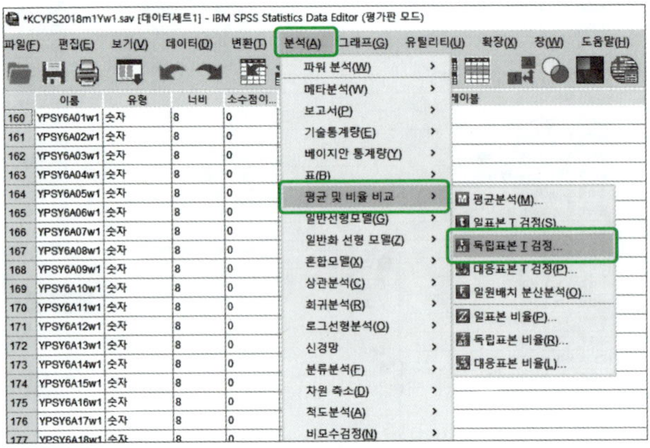

그림 15-2 독립표본 T 검정 메뉴 선택

[그림 15-3]과 같이 독립표본 T 검정 창이 나타납니다. '검정 변수'에는 종속변수인 창의적 성격 점수(YPSY6Ascw1)를 넣어주고, '집단변수'에는 성별(YGENDERw1)을 넣어줍니다. 이렇게 변수를 입력했는데도 [확인] 버튼이 활성화되지 않은 것을 볼 수 있습니다. [집단 정의] 버튼을 누릅니다.

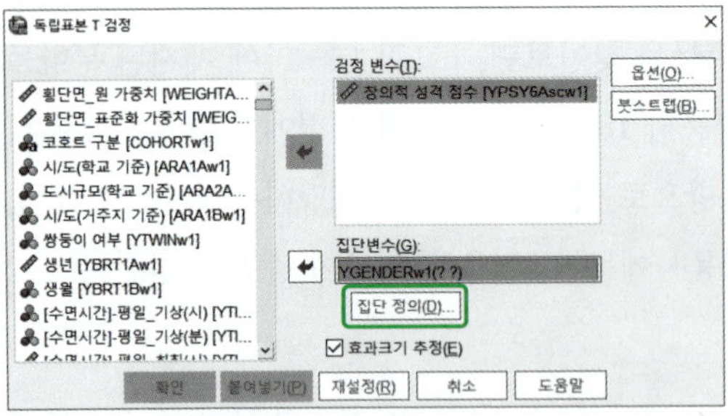

그림 15-3 독립표본 T 검정 과정

[그림 15-4]와 같이 집단 정의 창이 나타납니다. SPSS 프로그램은 값으로 입력된 각각의 숫자가 집단이라는 것을 인지하지 못하기 때문에, 연구자가 직접 입력해 줘야 합니다. *t*-검정은 두 집단에 대한 평균 비교이므로 집단 1과 2에 구분된 집단을 하나씩 입력해 주면 됩니다.

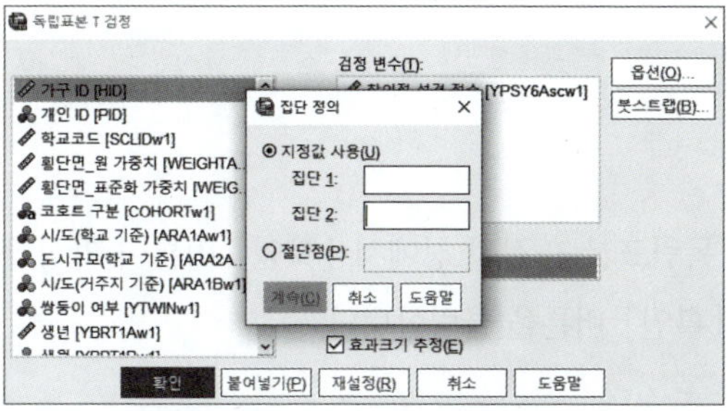

그림 15-4 집단 정의 창

[그림 15-4]의 집단 정의에는 SPSS 파일상에서 집단변수의 값이 어떻게 입력되었는지를 파악하여 그대로 입력해야 합니다. SPSS의 변수 보기 시트에서 [값]을 누르면 성별 변수가 어떻게 입력되었는지를 확인할 수 있습니다. 확인해 보니 [그림 15-5]처럼 남자는 1, 여자는 2로 코딩되어 있습니다.

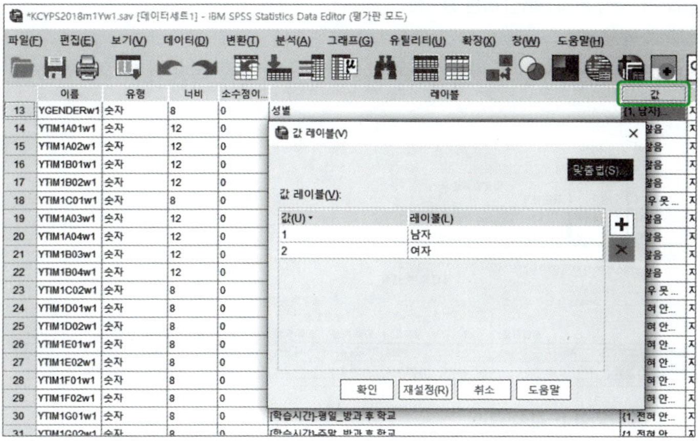

그림 15-5 성별 변수 코딩 확인

앞에서 확인한 값 레이블을 반영하여 [그림 15-6]과 같이 '집단 1'에는 남자 집단을 나타내는 '1'을, '집단 2'에는 여자 집단을 나타내는 '2'를 입력해 줍니다.

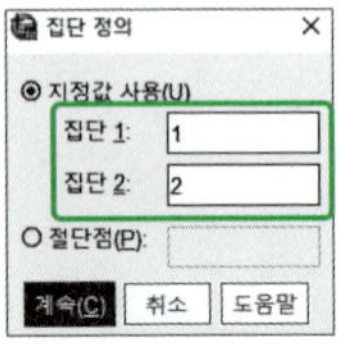

그림 15-6 집단 정의

그러면 [그림 15-7]과 같이 독립표본 T 검정 창에서 [확인] 버튼이 활성화된 것을 확인할 수 있습니다. [확인] 버튼을 클릭합니다.

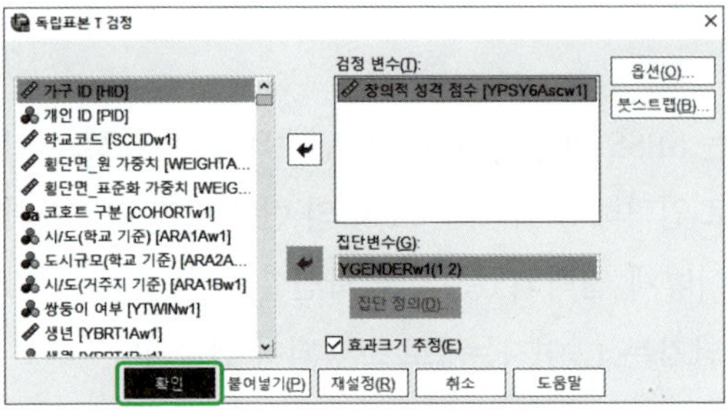

그림 15-7 독립표본 T 검정 창의 [확인] 버튼 활성화

t-검정이 실행되어 [그림 15-8]과 같은 출력 결과가 산출됩니다.

집단통계량

	성별	N	평균	표준편차	평균의 표준오차
창의적 성격 점수	남자	1405	1.66	3.219	.086
	여자	1185	1.19	3.120	.091

독립표본 검정

		Levene의 등분산 검정		평균의 동일성에 대한 T 검정							
						유의확률				차이의 95% 신뢰구간	
		F	유의확률	t	자유도	단측 확률	양측 확률	평균차이	표준오차 차이	하한	상한
창의적 성격 점수	등분산을 가정함	.830	.362	3.696	2588	<.001	<.001	.463	.125	.217	.708
	등분산을 가정하지 않음			3.706	2538.644	<.001	<.001	.463	.125	.218	.708

그림 15-8 성별에 따른 창의성 t-검정 결과

먼저 [그림 15-8]의 결과 화면에서 상단에 제시된 집단통계량을 살펴봅시

다. 집단통계량에는 각 집단의 평균과 표준편차가 제공되는데, 여기서는 남자와 여자의 평균이 각각 제시된 것을 확인할 수 있습니다. 남학생의 창의성 평균은 1.66점, 여학생의 평균은 1.19점으로 나타납니다.

다음으로 제시된 표는 [그림 10-9]와 같은 독립표본 t-검정 결과입니다. 이 표에서는 먼저 박스 표시된 Levene의 등분산 검정 결과를 확인해야 합니다.

독립표본 검정

		Levene의 등분산 검정		평균의 동일성에 대한 T 검정							
						유의확률				차이의 95% 신뢰구간	
		F	유의확률	t	자유도	단측 확률	양측 확률	평균차이	표준오차 차이	하한	상한
창의적 성격 점수	등분산을 가정함	.830	.362	3.696	2588	<.001	<.001	.463	.125	.217	.708
	등분산을 가정하지 않음			3.706	2538.644	<.001	<.001	.463	.125	.218	.708

그림 15-9 Levene의 등분산 검정

왼쪽에 '등분산을 가정함'과 '등분산을 가정하지 않음'의 두 개 행이 있습니다. 이것은 t-검정을 통해 검정하는 두 집단의 분산이 등분산성을 가지는지 검정하는 절차입니다. 유의확률이 .362로 영가설을 기각하지 못한 것을 확인할 수 있습니다. Levene의 등분산 검정에서 영가설은 "두 집단의 분산이 등분산성을 가진다."이므로 이 분석에서는 [그림 15-10]에 박스 표시한 '등분산을 가정함' 행의 결과를 가지고 판단하면 됩니다.

독립표본 검정

		Levene의 등분산 검정		평균의 동일성에 대한 T 검정							
						유의확률				차이의 95% 신뢰구간	
		F	유의확률	t	자유도	단측 확률	양측 확률	평균차이	표준오차 차이	하한	상한
창의적 성격 점수	등분산을 가정함	.830	.362	3.696	2588	<.001	<.001	.463	.125	.217	.708
	등분산을 가정하지 않음			3.706	2538.644	<.001	<.001	.463	.125	.218	.708

그림 15-10 Levene의 등분산 검정 후 t-검정 결과

[그림 15-10]에서 '등분산을 가정함' 행에 나타난 t-값은 3.696, 자유도는 2588, 유의확률은 <.001로 영가설을 기각했음을 알 수 있습니다. 즉 두 집단 간에 통계적으로 유의한 평균차이가 있다는 의미입니다.

만약 등분산 검정에서 유의확률이 .05보다 낮게 나와 영가설을 기각한다면 '등분산을 가정하지 않음' 행에 나타난 결과를 가지고 해석하면 됩니다. 이 경

우 자유도는 2588에서 2538.644로 낮아집니다. 즉 등분산성을 만족하지 못하는 경우, 자유도에 패널티를 줘서 상대적으로 보수적인 검정을 수행하도록 변경됩니다. 여기서는 *t*-값이 3.706이 된 것을 확인할 수 있습니다.

논문에 결과를 제시할 때는 [표 15-1]과 같은 형식으로 나타냅니다. 두 집단의 평균을 각각 제시하고 *t*-값을 제시합니다. *p*-값은 *t*-값에 위첨자로 표현해 줍니다. [그림 15-6]에서 집단 1을 '1', 집단 2를 '2'로 입력했는데, 만약 집단 1에 '2', 집단 2에 '1'을 입력하였다면 *t*-값은 음수로 표기됩니다. 그러나 *t*-값은 양수로 통일하는 것이 일반적입니다. 남자와 여자 간에 평균차이가 있는지를 검정하는 것이므로 남자의 평균에서 여자의 평균을 빼든, 여자의 평균에서 남자의 평균을 빼든 *p*-값은 동일하기 때문입니다.

표 15-1 *t*-검정의 논문 제시 형식

	남자	여자	t
창의성	1.66	1.19	3.70***

* p<.05, ** p<.01, *** p<.001

종속표본 *t*-검정: 상관이 있는 두 집단의 평균 비교

종속표본 *t*-검정은 상관이 있는 두 집단의 평균을 비교할 때 사용됩니다. 특정 프로그램 참여 결과 사전검사pre-test 점수의 평균보다 사후검사post-test 점수의 평균이 더 높다는 사실을 밝히고 싶을 때 주로 활용합니다. 앞서 7장(*t*-검정)에서 설명했듯이, 상관이 높으면 *t*-값을 계산할 때 분모 값이 작아지는 효과가 있어 영가설을 더 효율적으로 기각할 수 있습니다. 다음과 같은 연구문제를 분석해 보겠습니다.

> **연구문제:** 중학교 1학년 학생들이 부모님과 대화하는 시간은 평일과 주말에 서로 다를 것이다.

이 연구문제를 해결하기 위해 KCYPS2018m1Yw1.sav 파일을 열고 변수 보기 시트에서 평일 부모님과의 대화시간을 나타내는 변수인 YTIM1D01w1과 주말 부모님과의 대화시간을 나타내는 변수인 YTIM1D02w1을 활용해 분석을 수행해 보겠습니다. 먼저 두 변수의 상관이 존재하는지 확인하기 위해 14장에서 다룬 상관분석을 시행해 봅니다. 두 변수 모두 응답별 코딩은 [표 15-2]와 같습니다.

표 15-2 부모님과의 대화시간 문항에 대한 응답별 코딩

값	응답
1	전혀 안 함
2	30분 미만
3	30분~1시간 미만
4	1시간~2시간 미만
5	2시간~3시간 미만
6	3시간~4시간 미만
7	4시간 이상

상관분석 결과, 두 변수의 상관은 .821로 매우 높게 나타납니다. 평일에 부모님과 대화를 많이 하는 학생들은 주말에도 부모님과 대화를 많이 할 것이라 예상할 수 있습니다. 이제 본격적으로 종속표본 *t*-검정을 수행해 보겠습니다.

[그림 15-11]과 같이 SPSS 화면 상단의 메뉴 바에서 '분석 ▶ 평균 및 비율 비교 ▶ 대응표본 T 검정'을 선택합니다. '종속표본 *t*-검정'은 영어로 'paired *t*-test'인데, 문헌마다 서로 다르게 번역되곤 합니다. 종속표본 *t*-검정, 대응표본 *t*-검정, 쌍체 비교 등이 모두 같은 의미입니다. SPSS에서도 버전과 번역에 따라 다르게 표기되는 경우가 있으니 비슷한 이름을 찾아서 선택하면 됩니다. 이후부터는 SPSS 화면과 매칭하기 위해 '대응표본 *t*-검정'으로 표기하겠습니다.

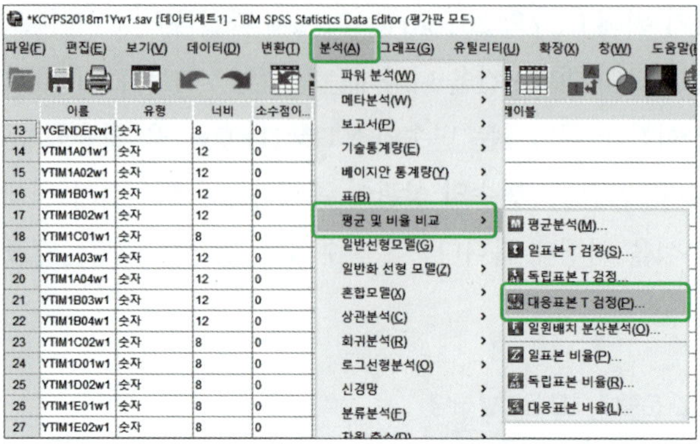

그림 15-11 대응표본 T 검정(종속표본 T 검정) 메뉴 선택

대응표본, 즉 종속표본은 하나의 표본이 두 개의 값을 나란히 대응되게 가지고 있다는 의미로 앞서 7장에서 배운 내재된nested 자료라는 말과 같은 의미입니다. 대응표본 T-검정 메뉴의 아이콘도 자세히 살펴보면 t라는 글자 아래 A_1-A_2가 그려져 있음을 확인할 수 있습니다. 즉 하나의 값에 하나가 대응되는 형태, 종속되는 형태의 분석을 수행할 때 활용합니다.

[그림 15-12]와 같이 대응표본 T 검정 창이 나타납니다.

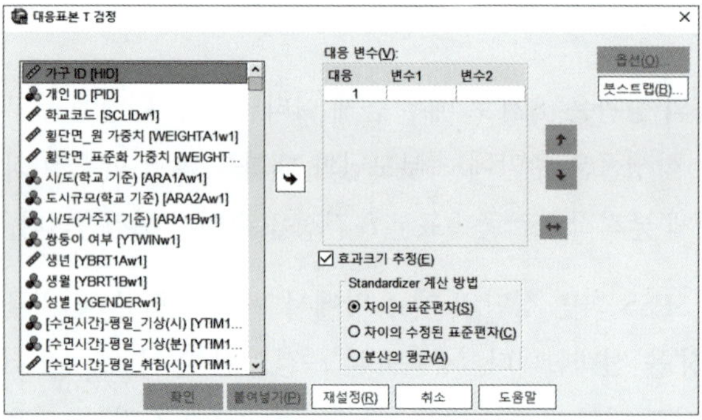

그림 15-12 대응표본 T 검정 창

대응표본 T 검정 창은 [그림 15-3]의 독립표본 T 검정 창과는 모양이 조금 다릅니다. 가장 큰 차이점은 독립표본 T 검정 창에 있던 [집단 정의] 버튼이 대응표본 T 검정 창에는 없다는 것입니다. 두 집단을 비교해야 하는데 왜 [집

단 정의] 버튼이 없을까요? 그 이유는, 대응표본 *t*-검정에서 비교해야 하는 두 집단이 한 개인에게 속한 첫 번째 변수(평일에 부모님과 대화하는 시간)와 두 번째 변수(주말에 부모님과 대화하는 시간)이기 때문입니다. 사전-사후 검사를 실시하는 것이라면 변수1이 사전검사, 변수2가 사후검사 형태로 들어오면 될 것입니다.

[그림 15-13]의 왼쪽 상자에서 평일 부모님과의 대화시간을 나타내는 변수인 YTIM1D01w1과 주말 부모님과의 대화시간을 나타내는 변수인 YTIM1D02w1을 선택하고 화살표 버튼(➡)을 클릭하여 오른쪽 '대응 변수'로 옮깁니다. 활성화된 [확인] 버튼을 클릭합니다.

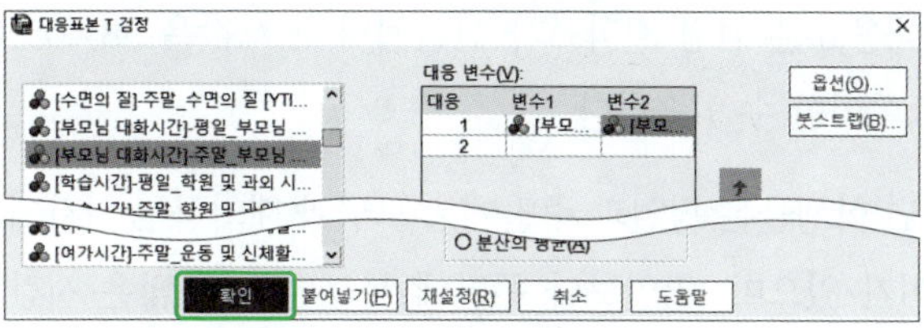

그림 15-13 대응표본 T 검정 창의 [확인] 버튼 활성화

[그림 15-14]와 같은 분석 결과가 나타납니다.

대응표본 통계량

		평균	N	표준편차	평균의 표준오차
대응 1	[부모님 대화시간]-평일_부모님 대화시간	3.87	2590	1.423	.028
	[부모님 대화시간]-주말_부모님 대화시간	4.55	2590	1.573	.031

대응표본 상관계수

		N	상관관계	유의확률	
				단측 확률	양측 확률
대응 1	[부모님 대화시간]-평일_부모님 대화시간 & [부모님 대화시간]-주말_부모님 대화시간	2590	.821	<.001	<.001

대응표본 검정

		대응차					t	자유도	유의확률	
		평균	표준편차	평균의 표준오차	차이의 95% 신뢰구간					
					하한	상한			단측 확률	양측 확률
대응 1	[부모님 대화시간]-평일_부모님 대화시간 - [부모님 대화시간]-주말_부모님 대화시간	-.685	.908	.018	-.720	-.650	-38.405	2589	<.001	<.001

그림 15-14 대응표본 *t*-검정 결과

앞서 독립표본 t-검정과 마찬가지로, 대응표본 t-검정 결과에서도 대응표본에 대한 통계량이 먼저 제시됩니다. 학생들이 평일에 부모님과 대화하는 시간은 평균 3.87로 3~4 사이의 값을 가집니다. 이는 SPSS의 변수 보기 시트에서 YTIM1D01w1 변수의 [값]으로 확인할 수 있습니다. [표 15-2]에서 각각의 값이 무엇을 가리키는지 살펴보았는데, 평균이 3과 4 사이의 값이라면 평일에 학생들이 부모님과 대화하는 시간은 45~90분에 가장 많이 분포함을 예측할 수 있습니다. 반면 주말에는 평균이 4.55로 4와 5 사이의 값을 가지므로, 주말에 부모님과 대화하는 시간은 1시간 30분에서 2시간 30분 사이에 있음을 확인할 수 있습니다. 다음으로 제시되는 표는 대응표본 상관계수입니다. 상관계수는 .821로 산출되었으며, 이는 앞서 상관분석으로 분석한 결과와 동일합니다. 마지막으로 대응표본 검정 결과표가 산출됩니다. t-값은 38.405, 유의확률은 <.001임을 확인할 수 있습니다.

결과적으로 중학교 1학년 학생들은 평일과 주말에 부모님과 대화하는 시간에 통계적으로 유의한 차이가 있으며, 평일보다 주말에 부모님과 더 많은 시간 동안 대화함을 확인할 수 있습니다.

마무리

이번 장에서는 독립표본 t-검정과 종속표본 t-검정(대응표본 t-검정)을 통해 각각 독립된 두 집단 간의 평균차이와 동일한 집단 내 두 시점 간 평균차이를 비교하는 방법을 익혔습니다. t-검정은 단순하지만 강력한 통계 기법으로서 다양한 연구에서 데이터를 해석하고 의미 있는 결론을 도출하는 데 활용됩니다. 예를 들어 교육 분야에서는 새로운 교육 프로그램의 효과를 검증하는 데 쓰이고, 심리학 연구에서는 성격적 특성이 집단 간에 차이가 있는지 확인하는 데 유용합니다.

다음 장에서는 t-검정보다 조금 더 복잡한 여러 집단의 평균 비교를 다룰 수 있는 분산분석(ANOVA)에 대해 학습할 것입니다. t-검정을 기초로 한 개념 확장을 통해 한 단계 더 심화된 통계분석 방법을 배워봅시다.

CHAPTER

16 분산분석(ANOVA)

분산분석은 세 집단 이상의 평균을 비교할 때 활용하는 분석 방법입니다. 분산분석의 종류에는 요인이 한 개인 일원배치 분산분석one-way ANOVA과 요인이 두 개인 이원배치 분산분석two-way ANOVA이 있습니다. 요인이 세 개일 때는 삼원분산분석, 네 개일 때는 사원분산분석 등으로 쓸 수 있지만, 보통 요인이 세 개 이상이면 다원분산분석이라는 포괄적 용어를 사용하는 경우가 많습니다. 요인이 많아질수록 상호작용효과를 고려하기가 복잡해지고 계산의 복잡도가 증가하므로, 이 책에서는 일원배치 분산분석과 이원배치 분산분석에 대해 살펴보고 논문에서는 어떻게 기술하는지 알아보겠습니다.

일원배치 분산분석

다음 연구문제를 살펴봅시다.

연구문제: 도시 규모별(대도시, 중소도시, 읍면지역)로 학업열의에는 차이가 있을 것이다.

이 연구문제를 해결하기 위해 13장에서 다운로드한 KCYPS2018m1Yw1.sav 파일을 이용합니다. 이 파일을 보면 YINT2A01w1부터 YINT2A16w1까지 16개의 문항이 학업열의 문항으로 제시되어 있으며, 해당 문항과 응답은 [표 16-1]과 같습니다.

표 16-1 학업열의 문항과 응답

번호	문항	응답
1	내가 하고 있는 공부의 의미와 목적을 분명히 안다	1: 전혀 그렇지 않다. 2: 그렇지 않다. 3: 그렇다. 4: 매우 그렇다.
2	공부란 도전해 볼만한 것이라고 생각한다	
3	공부를 하면 뿌듯해진다	
4	공부를 통해 자아실현을 할 수 있다고 생각한다	
5	공부할 때 힘이 나고 활기가 생긴다	
6	공부할 때 에너지가 생긴다	
7	공부할 때 정신적으로 힘이 난다	
8	아침에 일어나면 수업 들으러 학교에 가고 싶다	
9	공부를 잘한다	
10	공부에 있어 누구에게도 뒤지지 않는다	
11	공부에 자신이 있다	
12	어려운 과제도 충분히 해결할 만한 능력이 있다	
13	공부할 때 내 주변의 다른 모든 것을 잊어버린다	
14	공부를 시작하면 푹 빠진다	
15	공부를 하다보면 나도 모르게 집중할 때가 있다	
16	공부할 때 시간이 잘 간다	

설문 문항은 [그림 16-1]과 같이 SPSS의 변수 보기 시트에서 간략한 내용을 확인할 수 있으며, 문항의 출처와 자세한 내용은 코드북과 조사표를 살펴보는 것이 좋습니다. 응답은 '1: 전혀 그렇지 않다.'부터 '4: 매우 그렇다.'까지 4점 리커트 척도를 사용하고 있습니다. 논문에서는 이런 경우 주로 해당 문항 전체의 평균을 종속변수로 활용합니다.

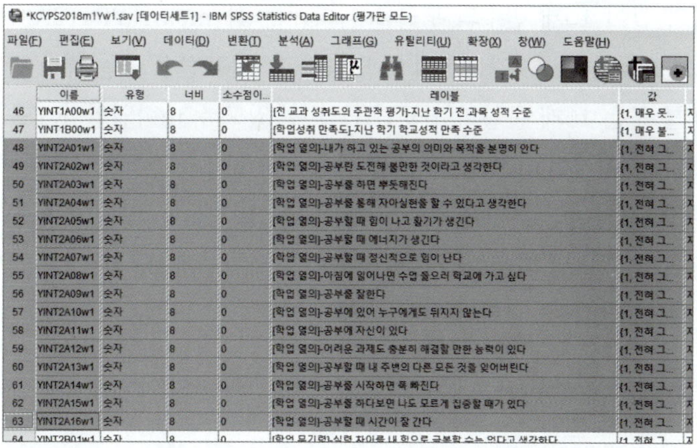

그림 16-1 학업열의 문항 확인: SPSS의 변수 보기 시트

분석을 하기 위해서는 먼저 종속변수를 생성해야 합니다. 16개 문항의 평균을 계산하기 위해 [그림 16-2]와 같이 메뉴 바에서 '변환 ▶ 변수 계산'을 선택하면 [그림 16-3]과 같은 창이 나타납니다.

그림 16-2 변수 계산 메뉴 선택

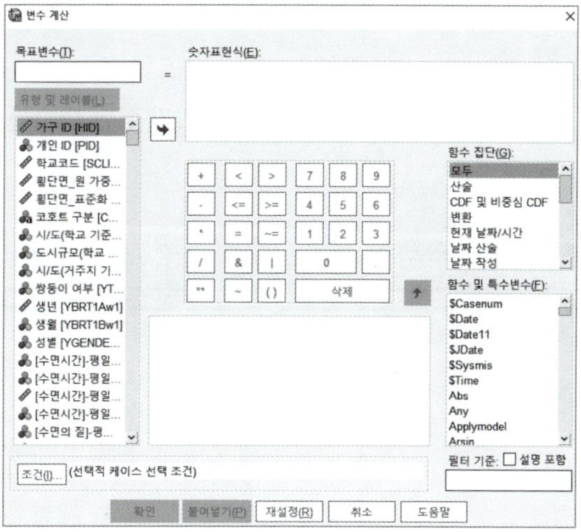

그림 16-3 변수 계산 창

[그림 16-4]와 같이 16개 변수의 평균을 나타내는 식(mean(YINT2A01w1 to YINT2A16w1))을 '숫자표현식'에 입력하고, '목표변수'에는 해당 변수가 학업열의를 묻는 16개 문항의 평균임을 알 수 있도록 'm학업열의y1'을 입력해 주겠습니다. 여기서 m은 평균을 나타내는 mean의 약자이며, y1은 '1차년도의 값'이라는 의미입니다. 연구자가 마음대로 입력할 수 있으나, 나중에 헷갈리지 않도록 어떠한 식을 계산해서 넣었는지 레이블에 표시해 주는 것이 좋습니다. [확인] 버튼을 클릭합니다.

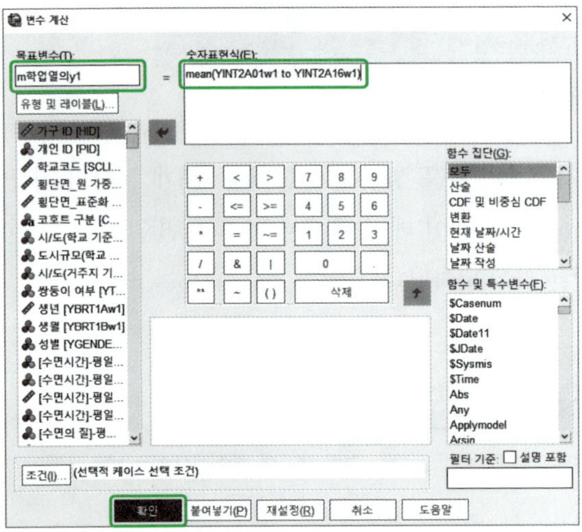

그림 16-4 변수 계산

[그림 16-5]와 같이 변수 보기 시트에서 가장 아랫줄에 새로 생성된 변수를 확인할 수 있습니다.

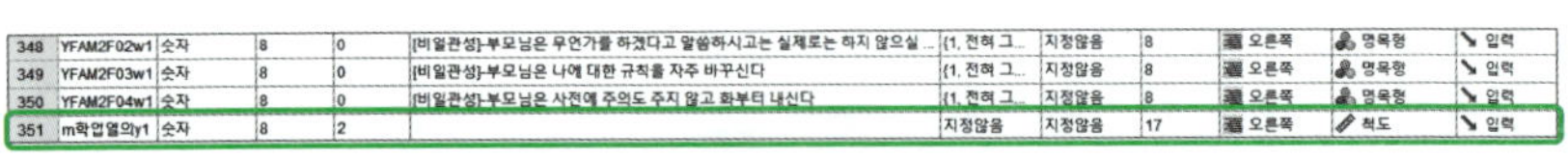

그림 16-5 변수 계산 결과

이제 학생이 속한 도시 규모별(대도시, 중소도시, 읍면지역)로 학생들의 학업 열의를 비교하는 분석을 수행해 보겠습니다. [그림 16-6]과 같이 메뉴 바에서 '분석 ▶ 평균 및 비율 비교 ▶ 일원배치 분산분석'을 선택합니다.

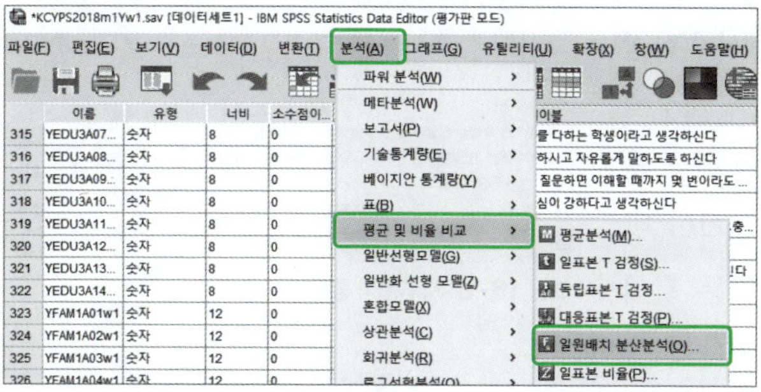

그림 16-6 일원배치 분산분석 메뉴 선택

[그림 16-7]과 같이 일원배치 분산분석 창이 나타납니다. '종속변수'에는 검정하고자 하는 변수인 'm학업열의y1' 변수를 넣어주고, '요인'에는 독립변수인 '도시규모'를 넣어줍니다. 이어서 사후분석을 수행하기 위해 [사후분석] 버튼을 클릭합니다. 사후분석post hoc이란 일원배치 분산분석의 영가설("모든 집단의 평균은 같다.")이 기각되었을 때 어느 집단 간에 통계적으로 유의한 차이가 있는지를 밝히는 분석입니다.

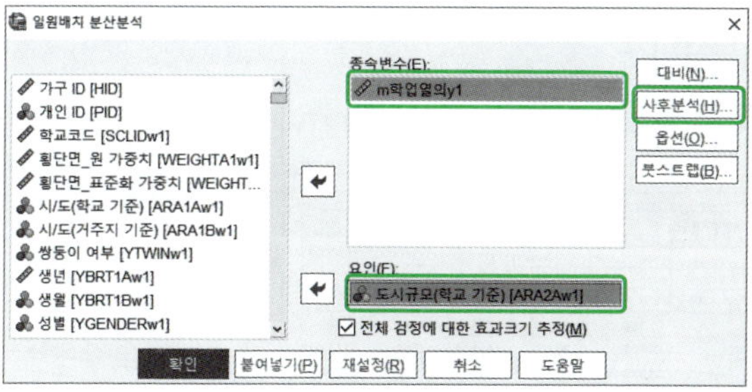

그림 16-7 일원배치 분산분석 수행

[그림 16-8]과 같이 사후분석-다중비교 창이 나타납니다. '등분산을 가정함' 항목에 LSD, Bonferroni, Sidak 등 매우 다양한 종류의 사후검정 방법이 있습니다. 선택 개수에 제약은 없으나, 본인의 학문 분야에서 활용하는 대표적인 방법을 선택해서 보고하는 것이 일반적입니다. 여기서는 교육학 분야에서 많이 사용하는 Tukey, Scheffe 방법을 선택한 후 [계속] 버튼을 클릭합니다.

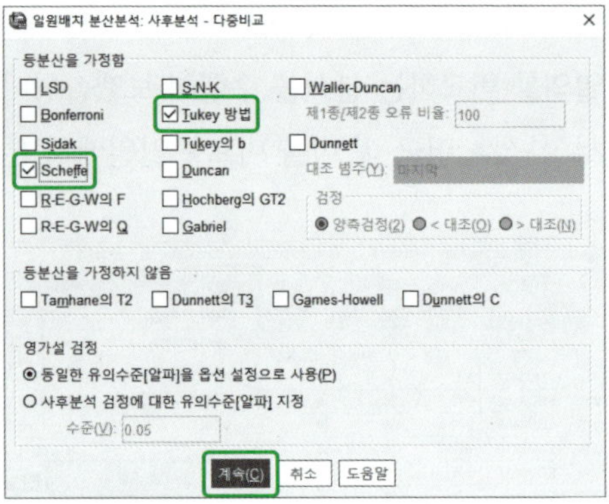

그림 16-8 사후분석 종류

이렇게 분석한 결과는 [그림 16-9]와 같습니다. 위쪽에 ANOVA라는 제목이 붙은 표가 제시되는데, ANOVA는 Analysis of Variance(분산분석)의 약자입니다. 이처럼 분산분석 결과인 분산분석 표가 앞에 산출되고, 그 아래 사후검정 결과가 산출됩니다.

일원배치 분산분석

ANOVA

m학업열의y1

	제곱합	자유도	평균제곱	F	유의확률
집단-간	.472	2	.236	.774	.461
집단-내	788.699	2587	.305		
전체	789.172	2589			

사후검정

다중비교

종속변수: m학업열의y1

	(I) 도시규모(학교 기준)	(J) 도시규모(학교 기준)	평균차이(I-J)	표준오차	유의확률	95% 신뢰구간 하한	95% 신뢰구간 상한
Tukey HSD	대도시	중소도시	.01339	.02343	.835	-.0416	.0683
		읍면지역	.04123	.03333	.431	-.0369	.1194
	중소도시	대도시	-.01339	.02343	.835	-.0683	.0416
		읍면지역	.02785	.03315	.678	-.0499	.1056
	읍면지역	대도시	-.04123	.03333	.431	-.1194	.0369
		중소도시	-.02785	.03315	.678	-.1056	.0499
Scheffe	대도시	중소도시	.01339	.02343	.849	-.0440	.0708
		읍면지역	.04123	.03333	.465	-.0404	.1229
	중소도시	대도시	-.01339	.02343	.849	-.0708	.0440
		읍면지역	.02785	.03315	.703	-.0533	.1090
	읍면지역	대도시	-.04123	.03333	.465	-.1229	.0404
		중소도시	-.02785	.03315	.703	-.1090	.0533

그림 16-9 분산분석 결과

분산분석 결과, 유의확률이 .461로 통계적으로 유의하지 않은 것으로 나타났습니다. 즉 세 집단(대도시, 중소도시, 읍면지역)의 학업열의에는 통계적으로 유의한 차이가 없었다고 기술할 수 있습니다. 통계적으로 유의한 차이를 발견하지 못하였기 때문에 [그림 16-9] 하단의 사후검정 결과(다중비교표)에서도 유의한 차이를 보이는 집단이 없음을 확인할 수 있습니다.

다음으로 13장에서 배운 기술통계를 활용하여 평균과 표준편차를 구한 후 이 결과를 논문에 제시해 줍니다. 분석 방법을 간단히 살펴보겠습니다. 먼저 [그림 16-10]처럼 메뉴 바에서 '분석 ▶ 평균 및 비율 비교 ▶ 평균분석'을 선택합니다.

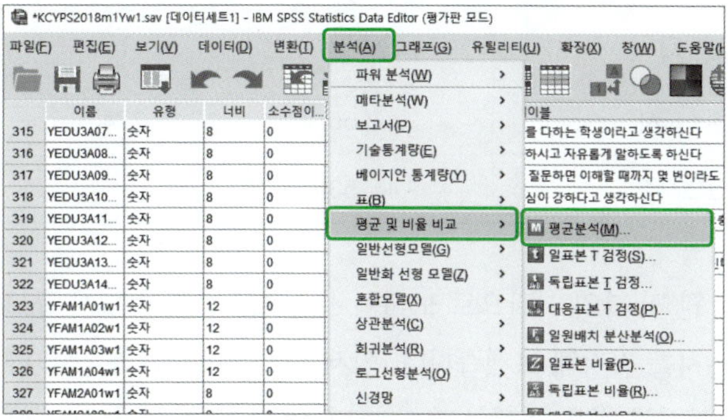

그림 16-10 도시규모별 학업열의에 대한 기술통계 분석

[그림 16-11]과 같이 '독립변수'에는 '도시규모'를 넣고, '종속변수'에는 'm학업열의y1'을 넣은 후 [확인] 버튼을 클릭합니다.

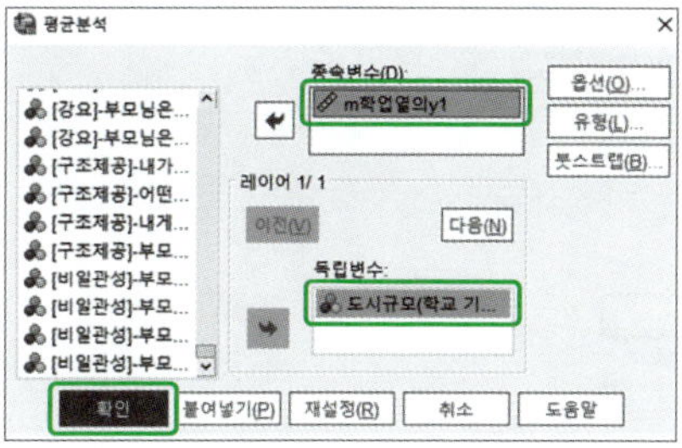

그림 16-11 평균분석

[그림 16-12]와 같이 평균과 표준편차가 계산되어 나타납니다. 이 결과를 바탕으로 [표 16-2]를 작성하여 논문에 제시합니다.

보고서

m학업열의y1

도시규모(학교 기준)	평균	N	표준편차
대도시	2.4838	1087	.56096
중소도시	2.4705	1136	.55110
읍면지역	2.4426	367	.52853
전체	2.4721	2590	.55210

그림 16-12 평균분석 결과

표 16-2 분산분석 결과 논문 제시

		평균(표준편차)	*F*
도시규모	대도시	2.48(.56)	.774
	중소도시	2.47(.55)	
	읍면지역	2.44(.53)	

종속변수를 주말에 학원 및 과외 시간으로 보내는 시간으로 바꿔서 도시 규모별로 평균차이가 있는지를 검정해 보겠습니다. 앞서 [그림 16-6]과 같이 메뉴 바에서 '일원배치 분산분석'을 선택한 후, [그림 16-13]과 같이 '요인'에는 '도시규모'를, '종속변수'에는 '[학습시간]-주말_학원 및 과외 시간'을 넣어줍니다. [확인] 버튼을 클릭합니다.

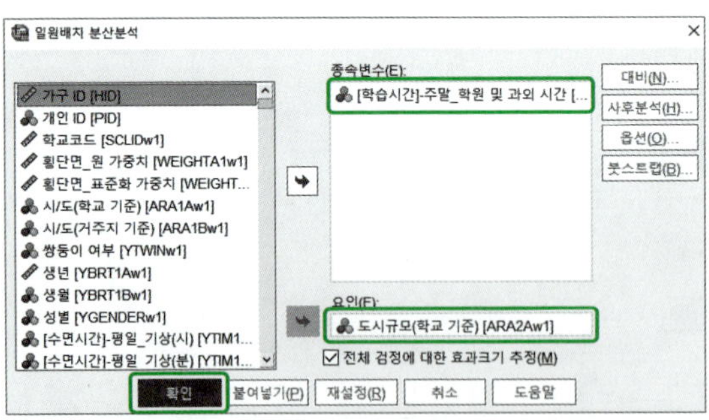

그림 16-13 도시규모에 따른 학원 및 과외 시간(주말) 평균 비교

결과는 [그림 16-14]와 같습니다.

일원배치 분산분석

ANOVA

[학습시간]-주말_학원 및 과외 시간

	제곱합	자유도	평균제곱	F	유의확률
집단-간	87.760	2	43.880	13.326	<.001
집단-내	8518.169	2587	3.293		
전체	8605.929	2589			

사후검정

다중비교

종속변수: [학습시간]-주말_학원 및 과외 시간

	(I) 도시규모(학교 기준)	(J) 도시규모(학교 기준)	평균차이(I-J)	표준오차	유의확률	95% 신뢰구간 하한	95% 신뢰구간 상한
Tukey HSD	대도시	중소도시	.204*	.077	.022	.02	.38
		읍면지역	.557*	.110	<.001	.30	.81
	중소도시	대도시	-.204*	.077	.022	-.38	-.02
		읍면지역	.353*	.109	.003	.10	.61
	읍면지역	대도시	-.557*	.110	<.001	-.81	-.30
		중소도시	-.353*	.109	.003	-.61	-.10
Scheffe	대도시	중소도시	.204*	.077	.030	.02	.39
		읍면지역	.557*	.110	<.001	.29	.83
	중소도시	대도시	-.204*	.077	.030	-.39	-.02
		읍면지역	.353*	.109	.005	.09	.62
	읍면지역	대도시	-.557*	.110	<.001	-.83	-.29
		중소도시	-.353*	.109	.005	-.62	-.09

*. 평균차이는 0.05 수준에서 유의합니다.

그림 16-14 분산분석 결과: 종속변수([학습시간]–주말_학원 및 과외 시간)

도시규모에 따른 학원 및 과외 시간(주말) 평균을 분산분석한 결과, 이번에는 분산분석 표의 유의확률이 <.001로 모든 집단의 평균이 같다는 영가설을 기각하도록 산출되었습니다. 따라서 하단의 다중비교 표(사후검정 결과)를 확인해야 합니다. Scheffe의 결과를 가지고 해석해 보겠습니다. 대도시와 중소도시의 평균차이는 .204로 유의확률이 .030, 대도시와 읍면지역의 평균차이는 .557로 유의확률이 <.001, 중소도시와 읍면지역의 평균차이는 .353으로 유의확률이 .005입니다.

다중비교 표를 조금 더 자세히 살펴보면, 첫 번째 행에 '(I) 도시규모(학교 기준), (J) 도시규모(학교 기준), 평균차이(I–J)'라고 되어 있습니다. 즉 네 번째 열에 해당하는 평균차이(I–J)는 두 번째 열에서 세 번째 열을 뺀 값을 의미합니다. 두 수의 차이가 양수일 때는 앞의 값(I)의 크기가 크다는 것을 알 수 있습니다. 대도시(I)–중소도시(J)의 차이가 .204, 대도시(I)–읍면지역(J)의 차이가 .557이며, * 표시가 되어 있어 통계적으로 유의한 차이가 있음을 알 수 있습니다. 즉 두 수 모두 양수이므로 대도시의 값이 중소도시나 읍면지역의 값보다 큽니다. 중소도시(I)–읍면지역(J)의 값도 양수인 .353으로서 통계적으로 유의한 것으로 나타나, 중소도시의 값이 읍면지역보다 큰 것을 알 수 있습니다. 이를 통해 '대도시>중소도시>읍면지역' 순으로 주말에 학원이나 과외로 시간을 보내는 학생이 많음을 통계적으로 밝힐 수 있습니다.

위와 같은 분석 결과를 그래프로 나타낼 수 있습니다. [그림 16–15]와 같이 메뉴 바에서 '그래프 ▶ 차트 작성기'를 선택합니다. 차트 작성기 창이 열리면 [그림 16–16]과 같이 기본형인 첫 번째 상자도표를 선택하고 '도시규모' 변수를 x축에, '[학습시간]–주말_학원 및 과외 시간'을 y축에 드래그 앤 드롭해 줍니다. [확인] 버튼을 클릭합니다.

그림 16–15 차트 작성기 메뉴 선택

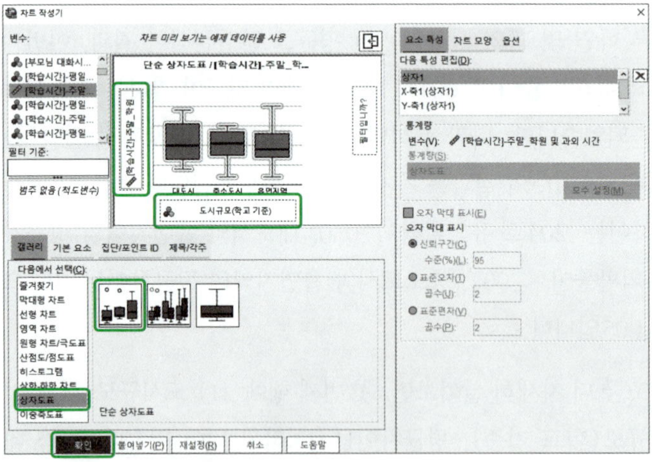

그림 16–16 차트 작성기 설정: 상자도표 선택

[그림 16-17]과 같은 결과가 산출됩니다.

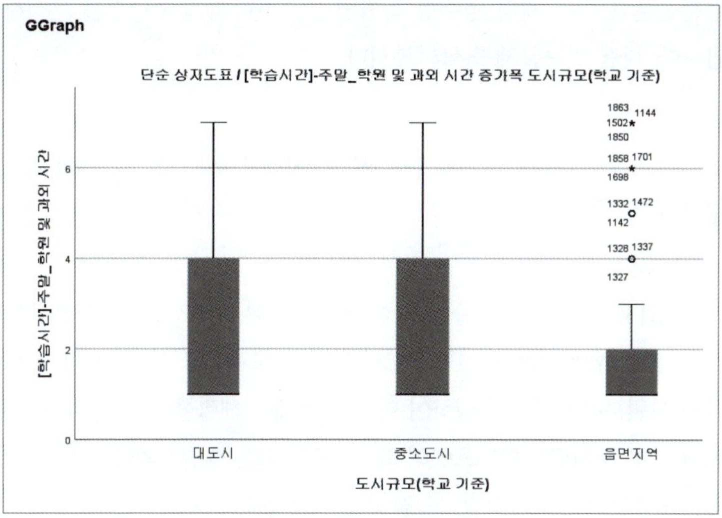

그림 16-17 도시 규모별 주말 학원/과외 학습 시간에 대한 상자도표

[그림 16-17]의 상자도표를 보면, 전반적으로 대도시와 중소도시 학생들 대비 읍면지역 학생들이 학원이나 과외에 적게 참여함을 한눈에 알 수 있었습니다. 일원배치 분산분석 결과를 논문에 표기할 때는 [표 16-3]과 같이 나타냅니다. 평균과 표준편차를 구하는 방법은 [그림 16-11]과 [그림 16-12]를 참고하기 바랍니다.

표 16-3 분산분석 결과 논문 제시

		평균(표준편차)	*F*
도시규모	대도시	2.40(1.93)	13.326*** 대도시>중소도시>읍면지역
	중소도시	2.20(1.78)	
	읍면지역	1.84(1.54)	

* p<.05, ** p<.01, *** p<.001

이원배치 분산분석

이원배치 분산분석은 두 개의 범주형 독립변수로 하나의 종속변수를 분석하는 방법입니다. 다음 연구문제를 살펴봅시다.

> **연구문제:** 학생이 속한 도시 규모(대도시, 중소도시, 읍면지역)와 성별에 따라 학생들의 창의성에 차이가 있을 것이다.

KCYPS2018m1Yw1.sav 파일 중 15장에서 독립표본 t-검정을 할 때 활용한 창의성 성격 점수 'YPSY6Ascw1'을 종속변수로, '도시규모'와 '성별'을 독립변수로 하는 이원분산분석을 수행하여 이 연구문제를 해결할 수 있습니다. 이론 부분에서 다룬 것처럼, 개별 요인의 효과(도시규모, 성별) 외에도 두 변수의 상호작용효과(도시규모*성별)를 검정해야 합니다.

먼저 [그림 16-18]과 같이 SPSS 화면 상단의 메뉴 바에서 '분석 ▶ 일반선형모델 ▶ 일변량'을 선택합니다. 일원배치 분산분석one way ANOVA까지는 독립변수 한 개만 다루므로 평균 및 비율 비교 메뉴에 포함되어 있지만, 이원배치 분산분석부터는 집단이 여러 개인 다원배치 분산분석으로 확장될 가능성이 있으므로 일반선형모형의 메뉴를 활용해야 합니다.

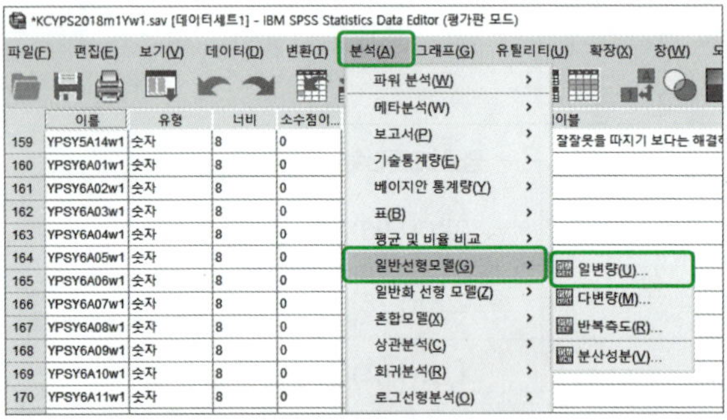

그림 16-18 일반선형모델의 일변량 메뉴 선택

8장과 9장에서는 '일원분산분석', '이원분산분석'으로만 표현했는데, SPSS에서는 '일원배치', '이원배치'라는 용어가 등장하여 헷갈릴 수 있습니다. 통계학 용어가 처음 번역되고 실험 설계design가 중요했던 시기에는 "어떤 요인을 배치했다"라는 표현을 흔히 사용하였으므로 '이원배치 분산분석'이라는 용어를 쓴 반면, 분석 자체에 관심을 두는 측면에서는 '이원분산분석'이라는 용어를 사용했습니다(영어로는 모두 'two-way ANOVA'로 표현합니다). 통계 패키지별로 표기가 조금씩 다른 경우가 있으나 서로 같은 용어임을 인지하고 사용하면 됩니다. 여기서는 하나의 요인만 다룬 일원배치 분산분석의 확장으로서 '이원배치 분산분석'으로 표현하겠습니다.

일변량 분석 창이 나타나면 [그림 16-19]와 같이 '종속변수'에는 '창의적 성격 점수'를, '고정요인'에는 독립변수인 '성별'과 '도시규모'를 넣어줍니다. 이어서 [모델] 버튼을 클릭합니다.

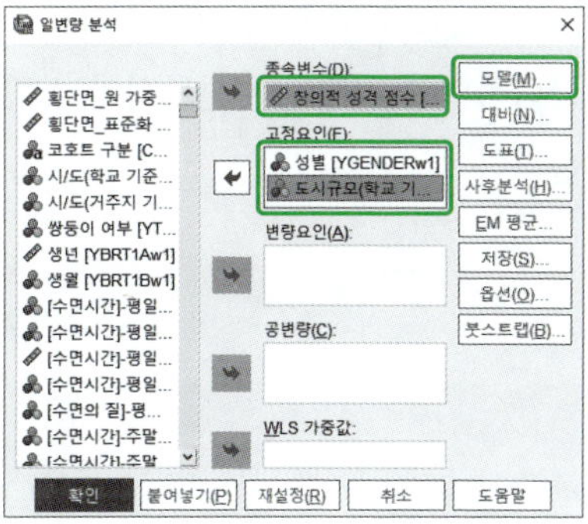

그림 16-19 이원배치 분산분석 과정

이원배치 분산분석에서는, 두 독립변수의 효과만 있다고 가정하는 '주효과 모형'과 두 요인 외에도 상호작용항이 존재한다고 가정하는 '완전요인 모형'이 있습니다. 주효과 모형은 상호작용항을 제외한 분석 모형으로 두 요인이 완전히 독립적이라는 이론적 배경이 있을 때, 표본의 수가 매우 부족해서 통계적 유의성을 얻기 어렵다고 판단될 때, 연구 초기에 각 요인의 독립적 영향을 간단히 탐색할 때 활용됩니다. 일반적인 이원배치 분산분석 연구에서는 상호작용항을 가정하는 모형인 완전요인 모형을 활용하며 분석합니다.

[그림 16-20]과 같은 일변량: 모델 창이 나타납니다. 여기서 모형을 설정할 수 있는데, 이미 '완전요인모형'이 선택되어 있음을 알 수 있습니다. 이대로 [계속] 버튼을 클릭합니다.

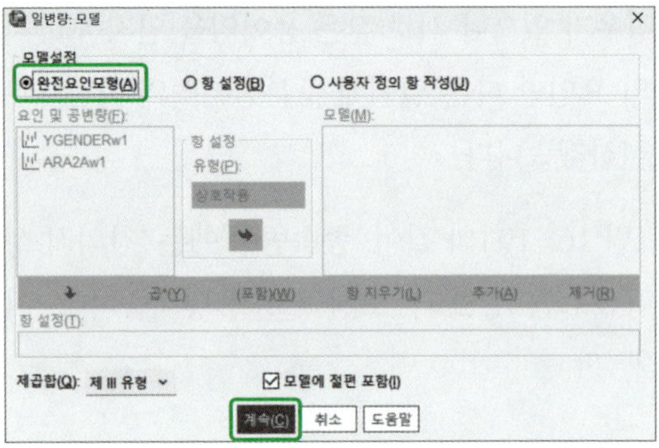

그림 16-20 모형 설정

[그림 16-19] 화면에서 [확인] 버튼을 클릭하면 이원배치 분산분석이 수행됩니다. 수행 결과는 [그림 16-21]과 같습니다.

개체-간 요인

		값 레이블	N
성별	1	남자	1405
	2	여자	1185
도시규모(학교 기준)	1	대도시	1087
	2	중소도시	1136
	3	읍면지역	367

개체-간 효과 검정

종속변수: 창의적 성격 점수

원인	제 III 유형 제곱합	자유도	평균제곱	F	유의확률
수정된 모형	222.306[a]	5	44.461	4.422	<.001
절편	3625.068	1	3625.068	360.503	<.001
YGENDERw1	101.858	1	101.858	10.130	.001
ARA2Aw1	84.132	2	42.066	4.183	.015
YGENDERw1 * ARA2Aw1	.045	2	.022	.002	.998
오차	25983.626	2584	10.056		
전체	31621.000	2590			
수정된 합계	26205.932	2589			

a. R 제곱 = .008 (수정된 R 제곱 = .007)

그림 16-21 이원배치 분산분석 결과

[그림 16-21]에는 개체-간 요인 표에 요인별 표본의 수가 제시되고, 개체-간 효과 검정 표에 이원배치 분산분석 결과가 제시되어 있습니다. 개체-간 효과 검정 표에 따르면, 성별을 나타내는 YGENDERw1 변수의 유의확률이 .001, 지역을 나타내는 ARA2w1 변수의 유의확률이 .015로 모두 창의성에 통계적으로 유의한 차이가 있음을 알 수 있지만, 두 변수의 상호작용효과를 나타내는 YGENDERw1*ARA2w1은 유의확률이 .998로 통계적으로 유의하지 않음을 확인할 수 있습니다.

위 결과를 그림으로 표현하기 위해 SPSS 화면 상단의 메뉴 바에서 '그래프 ▶ 차트 작성기'를 선택합니다. [그림 16-22]와 같이 차트 작성기 창이 열리면 하단의 왼쪽 상자에서 '선형 차트'를 선택합니다. 이어서 x축에는 '도시규모(학교 기준)'을, y축에는 '창의성 성격 점수'를 넣고, '색상 설정'에는 '성별'을 넣습니다. [확인] 버튼을 클릭합니다.

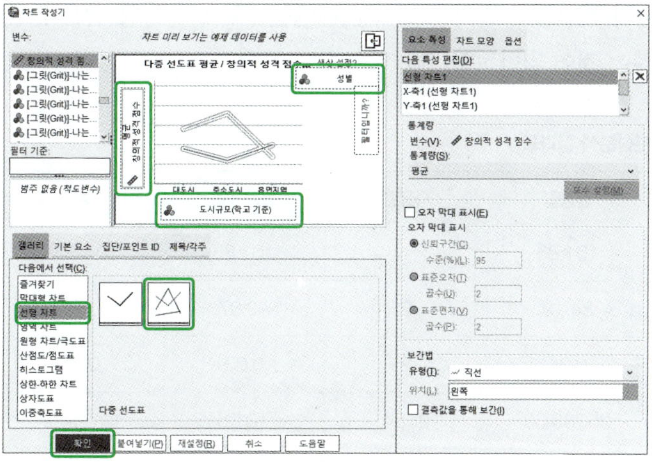

그림 16-22 상호작용효과 그래프 설정

[그림 16-23]과 같은 그래프가 출력됩니다.

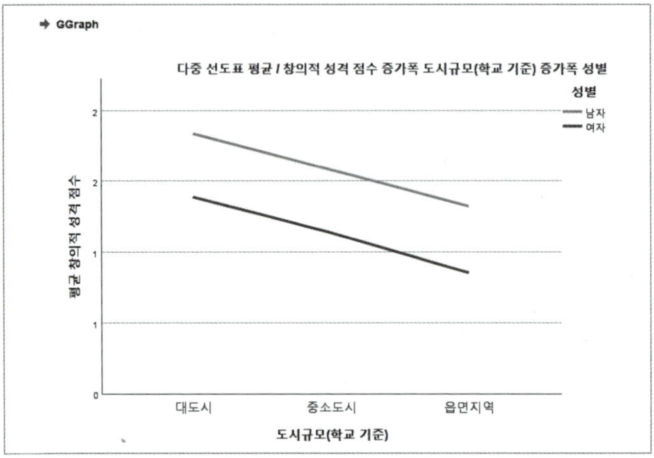

그림 16-23 상호작용효과 그래프 결과

논문에서 이원배치 분산분석 결과를 제시할 때에는 [표 16-4]와 같은 분산분석 표를 제공하는 것이 일반적입니다.

표 16-4 이원배치 분산분석 결과표

요인	제곱합	자유도	평균제곱	*F*
성별	101.86	1	101.86	10.13**
도시규모	84.13	2	42.07	4.18*
성별*도시규모	0.05	2	0.02	.002
오차	25983.63	2584	10.06	
전체	31621.00	2590		

* p<.05, ** p<.01, *** p<.001

마무리

이 장에서는 분산분석의 개념과 이를 활용한 데이터 분석 방법을 학습했습니다. 단일 독립변수를 이용하는 일원배치 분산분석one-way ANOVA과 두 개 이상의 독립변수를 포함하는 이원배치 분산분석two-way ANOVA의 원리와 적용 방법을 구체적으로 살펴보았습니다. 분산분석은 단순한 평균 비교를 넘어, 여러 집단 간의 차이를 동시에 분석할 수 있는 강력한 도구입니다. 사회과학, 교육학, 의학 등 다양한 학문 분야에서 활용되는 기본적인 분석 기법으로, 연구의 질을 높이는 데 중요한 역할을 합니다. 이러한 통계 기법을 숙지함으로써 더욱 복잡한 연구 설계와 데이터 분석을 수행할 때 자신감을 가질 수 있을 것입니다.

CHAPTER

17 회귀분석

회귀분석은 여러 독립변수를 활용하여 연속형 변수인 종속변수를 예측하기 위해 수행하는 분석 방법입니다. 이 장에서는 SPSS를 활용하여 회귀분석을 수행하는 과정에 대해 알아보겠습니다.

일반적인 회귀분석: 독립변수가 연속형 변수로만 구성된 경우

회귀분석의 기본적인 형태를 살펴보기 위해 독립변수가 연속형 변수로만 구성된 경우를 생각해 보겠습니다. 회귀분석은 연속형 종속변수에 영향을 미치는 여러 독립변수의 효과를 설명하기 위한 분석이므로, 먼저 관심 있는 종속변수를 설정합니다. 필자는 그릿grit에 영향을 미치는 변수들과 효과의 크기를 살펴보고자 합니다. 그릿은 심리학적 개념으로, 장기적 목표를 향해 꾸준히 노력하고 포기하지 않는 성향을 의미합니다. 그릿은 미국의 심리학자 앤젤라 더크워스가 제시한 성공의 주요 요소 중 하나로, 단순히 재능이나 지능 같은 선천적 능력이 아닌 장기적인 노력과 열정의 결합으로 이루어집니다. 그릿이 높으면 어려움과 실패를 겪더라도 목표를 향해 지속할 수 있는 힘이 있다고 합니다. 그릿에 영향을 미치는 요인을 파악하기 위해 회귀분석을 수행해 보고자 연구문제를 다음과 같이 설정하였습니다.

> **연구문제:** 그릿(grit)에 영향을 미치는 요인은 무엇인가?

이 연구문제를 해결하기 위해 13장에서 다운로드한 KCYPS2018m1Yw1.sav 파일에서 종속변수로 활용할 그릿 점수의 평균을 계산해야 합니다. 그릿을 측정하는 문항은 총 8문항으로, SPSS 화면 상단의 메뉴 바에서 '변환 ▶ 변수 계산'을 선택하여 평균을 계산합니다. 평균 계산 과정은 16장의 [그림 16-1]~[그림 16-4]를 참고하세요.

다음으로는 이론적 배경을 탐색하여 적절한 독립변수들을 탐색합니다. 관련 논문을 찾아 읽으며 종속변수인 그릿에 영향을 미칠 수 있는 여러 변수들을 고려하되, 영향을 미치는 것처럼 보이지만 종속변수인 그릿과 상관이 높아서 다중공선성을 일으킬 가능성이 있는 변수가 있는지도 고려해야 합니다('끈기'와 같은 변수를 예로 들 수 있습니다. 끈기는 그릿을 구성하는 하위 요인이기 때문에 두 변수의 상관은 매우 높게 나타나지만, 독립변수에 끈기 변수를 사용하면 다중공선성 문제가 발생할 수 있습니다). 꼭 이론적 배경이 있는 변수가 아닐지라도 연구자가 새롭게 주장하고자 하는 바를 고려하여 변수를 설정할 수 있습니다. 선행 연구[1]를 찾아보니 그릿에 영향을 미치는 요인에는 성별, 공격성, 우울, 주의집중, 자아존중, 학업열의 등이 있는 것으로 나타났습니다.

본 연구에서는 보편적으로 그릿에 영향을 미친다고 보고된 변수들이 한국의 중학교 1학년 학생들에게도 동일하게 영향을 미치는지 확인하고, 이외에 추가적인 영향 요인이 있는지 탐색하고자 합니다. KCYPS2018m1Yw1.sav에 나와 있는 공격성, 우울, 주의집중, 자아존중, 학업열의 문항을 확인하기 위해 코드북을 살펴보면 해당 변수들 모두 4점 리커트 척도(1: 전혀 그렇지 않다. 2: 그렇지 않다. 3: 그렇다. 4: 매우 그렇다.)로 표현됐음을 알 수 있습니다. 이렇게 측정된 여러 개의 문항에 대해 변수 계산을 통해 각각 평균을 내어 분석에 활용하고자 합니다.

1 정혜원, 장은아. (2023). 청소년의 그릿 및 학업무기력에 대한 잠재프로파일 분류와 영향요인 탐색, 아시아교육연구, 85(1), p75-107.

SPSS 화면 상단의 메뉴 바에서 '변환 ▶ 변수 계산'을 선택하면 [그림 17-1]과 같은 변수 계산 창이 나타납니다. 그릿의 평균을 계산한 것과 같은 과정을 거쳐 공격성, 우울, 주의집중, 자아존중, 학업열의 문항의 평균을 계산합니다. 나중에 알아보기 쉽도록 '목표변수'에 입력하는 계산된 변수의 이름을 'm변수명y1'의 형태로 만듭니다. 'm'은 평균mean을 나타내고, 'y1'은 1차년도 자료를 활용했다는 의미입니다. '목표변수'에 입력하는 과정을 통해 'm공격성y1', 'm우울y1', 'm주의집중y1', 'm자아존중y1', 'm학업열의y1' 변수를 만들어 줍니다. [확인] 버튼을 클릭합니다.

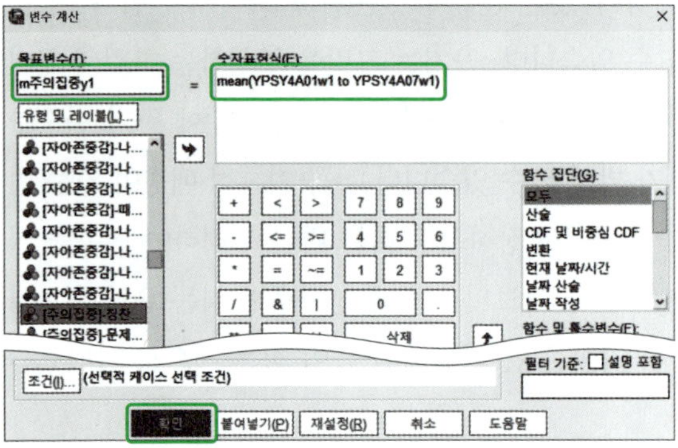

그림 17-1 변수 계산

회귀분석을 수행하기 위해 [그림 17-2]와 같이 SPSS 화면 상단의 메뉴 바에서 '분석 ▶ 회귀분석 ▶ 선형'을 선택합니다.

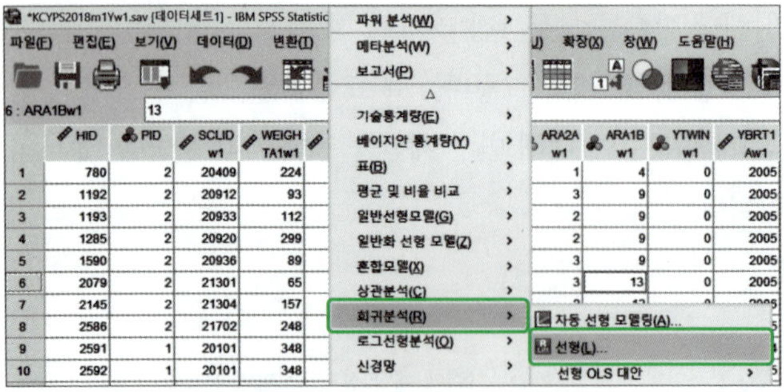

그림 17-2 회귀분석 메뉴 선택

[그림 17-3]과 같은 선형 회귀 창이 나타납니다. 여기서 종속변수와 독립변수를 설정할 수 있습니다.

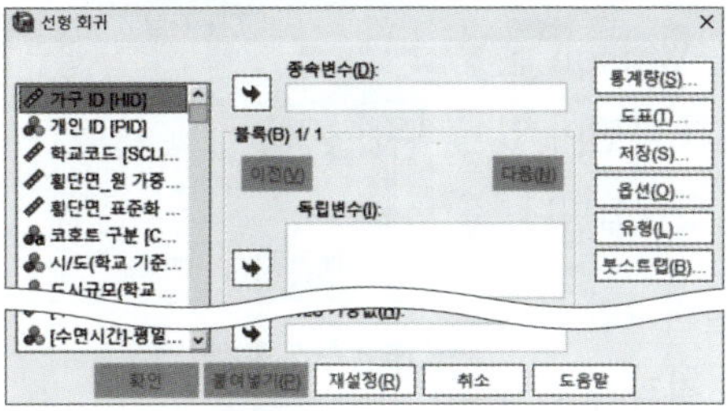

그림 17-3 선형 회귀 분석 창

앞서 수행한 여러 분석을 잘 따라왔다면 [그림 17-3]도 직관적으로 이해할 수 있을 것입니다. '종속변수'에는 연구문제의 종속변수인 그릿의 평균을 입력해 주어야 하고, '독립변수'에도 우리가 변수로 활용하기로 한 변수들을 입력해 주어야 합니다. '독립변수'는 '블록(B)'의 영역 안에 포함되어 있습니다. 이 영역은 독립변수를 순차적으로 증가시키거나 감소시킴으로써 일종의 모형 비교를 간단히 할 수 있는 기능을 합니다.

간단한 모형을 만들어 수행해 보겠습니다. 가장 기초가 되는 모형을 설정해야 하므로 학생의 정의적 특성 변수들인 학업열의, 자아존중, 주의집중, 공격성 변수를 넣고 분석을 수행하겠습니다. 편의상 이를 '모형 1'로 표기하겠습니다. 이제 [그림 17-4]와 같이 설정한 후 오른쪽 상단의 [통계량] 버튼을 클릭합니다.

모형 1

$$\begin{aligned}\text{Grit} = b_0 &+ b_1 * \text{학업열의} \\ &+ b_2 * \text{자아존중} \\ &+ b_3 * \text{주의집중} \\ &+ b_4 * \text{공격성} + e_i\end{aligned}$$

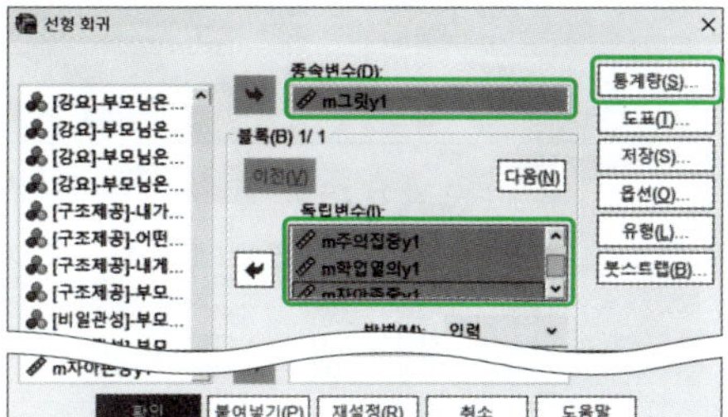

그림 17-4 모형 1의 선형회귀분석

[그림 17-5]와 같은 선형 회귀: 통계량 창이 뜹니다. 여기서 '공선성 진단'과 'Durbin-Watson'을 추가로 선택합니다. '공선성 진단'은 다중공선성을 진단하고, 'Durbin-Watson'은 잔차에 우리가 찾아내지 못한 특정한 패턴이 있는지를 점검합니다. [계속] 버튼을 클릭합니다.

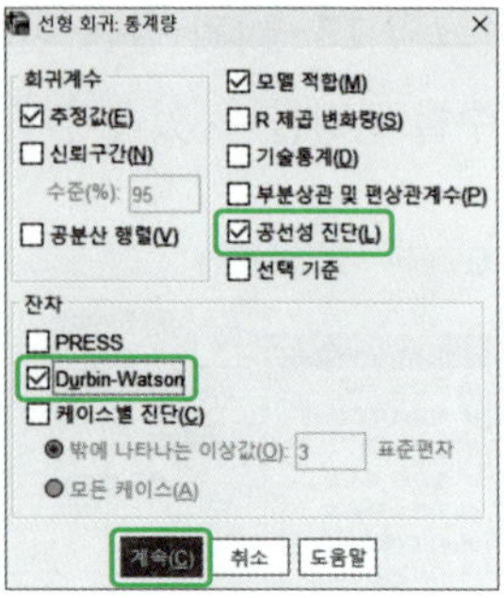

그림 17-5 통계량 옵션 설정

선형 회귀 창에서 [확인] 버튼을 클릭하면 분석이 수행되어 [그림 17-6]과 같은 결과가 산출됩니다.

모델 요약[b]

모델	R	R 제곱	수정된 R 제곱	추정값의 표준오차	Durbin-Watson
1	.282[a]	.079	.078	.30551	1.958

a. 예측자: (상수), m자아존중y1, m주의집중y1, m학업열의y1, m공격성y1
b. 종속변수: m그릿y1

ANOVA[a]

모델		제곱합	자유도	평균제곱	F	유의확률
1	회귀	20.797	4	5.199	55.707	<.001[b]
	잔차	241.270	2585	.093		
	전체	262.067	2589			

a. 종속변수: m그릿y1
b. 예측자: (상수), m자아존중y1, m주의집중y1, m학업열의y1, m공격성y1

계수[a]

모델		비표준화 계수 B	표준오차	표준화 계수 베타	t	유의확률	공선성 통계량 공차	VIF
1	(상수)	1.583	.072		21.969	<.001		
	m공격성y1	.031	.013	.058	2.421	.016	.626	1.596
	m주의집중y1	.119	.014	.210	8.359	<.001	.564	1.773
	m학업열의y1	.087	.012	.151	6.996	<.001	.761	1.313
	m자아존중y1	.162	.025	.126	6.432	<.001	.932	1.073

a. 종속변수: m그릿y1

공선성 진단[a]

모델	차원	고유값	상태지수	분산비율 (상수)	m공격성y1	m주의집중y1	m학업열의y1	m자아존중y1
1	1	4.838	1.000	.00	.00	.00	.00	.00
	2	.111	6.589	.00	.15	.07	.13	.00
	3	.031	12.426	.01	.84	.47	.07	.00
	4	.015	17.824	.08	.00	.43	.78	.17
	5	.004	33.522	.91	.00	.03	.02	.82

a. 종속변수: m그릿y1

잔차 통계량[a]

	최소값	최대값	평균	표준화 편차	N
예측값	2.0039	2.9726	2.5375	.08963	2590
잔차	-1.85232	1.46542	.00000	.30527	2590
표준화 예측값	-5.954	4.855	.000	1.000	2590
표준화 잔차	-6.063	4.797	.000	.999	2590

a. 종속변수: m그릿y1

그림 17-6 모형 1의 회귀분석 결과

각 결과표를 자세히 살펴보겠습니다. [그림 17-7]의 모델 요약 표를 보면 수정된 R 제곱(결정계수)adjusted R-square은 .078임을 알 수 있습니다. 즉, 네 개 변수로 그릿을 예측했을 때 7.8%밖에 설명하지 못한다는 의미입니다.

모델	R	R 제곱	수정된 R 제곱	추정값의 표준오차	Durbin-Watson
1	.282[a]	.079	.078	.30551	1.958

모델 요약[b]

a. 예측자: (상수), m자아존중y1, m주의집중y1, m학업열의y1, m공격성y1
b. 종속변수: m그릿y1

그림 17-7 모형 요약 표

[그림 17-8]의 ANOVA 표는 분산분석 결과로서 회귀분석 모형의 적합성을 나타냅니다. 이때 영가설은 "회귀모형이 적합하지 않다(변화량이 없다)."이며, 대립가설은 "회귀모형이 적합하다."입니다. 유의확률이 <.001로 영가설을 기각했으므로 회귀모형이 적합함을 알 수 있습니다.

ANOVA[a]

모델		제곱합	자유도	평균제곱	F	유의확률
1	회귀	20.797	4	5.199	55.707	<.001[b]
	잔차	241.270	2585	.093		
	전체	262.067	2589			

a. 종속변수: m그릿y1
b. 예측자: (상수), m자아존중y1, m주의집중y1, m학업열의y1, m공격성y1

그림 17-8 분산분석 표

[그림 17-9]는 회귀계수가 산출된 결과입니다. 논문을 쓸 때 이 내용이 가장 중요합니다. 각 독립변수가 종속변수에 얼마나 영향을 미치는지 알 수 있기 때문입니다. 계수 표에는 비표준화 계수와 표준화 계수가 표시되어 있고 *t*-값과 유의확률, 공선성 통계량이 제시되어 있습니다.

계수[a]

모델		비표준화 계수		표준화 계수	t	유의확률	공선성 통계량	
		B	표준오차	베타			공차	VIF
1	(상수)	1.583	.072		21.969	<.001		
	m공격성y1	.031	.013	.058	2.421	.016	.626	1.596
	m주의집중y1	.119	.014	.210	8.359	<.001	.564	1.773
	m학업열의y1	.087	.012	.151	6.996	<.001	.761	1.313
	m자아존중y1	.162	.025	.126	6.432	<.001	.932	1.073

a. 종속변수: m그릿y1

그림 17-9 회귀계수 표

비표준화 계수는 회귀분석에서 각 독립변수가 종속변수에 미치는 영향을 나타내며 원래 데이터의 단위를 그대로 활용합니다. 예를 들어 학업열의가 4점 척도에서 1점 올랐다고 하면, 그릿은 0.087점 상승한다고 표기할 수 있습니다. 반면에 표준화 계수(베타)는 종속변수와 독립변수가 서로 다른 단위를 가지고 있을 때 변수 간의 영향을 비교하기 위해 개별 변수의 값을 표준화(평균 0, 표준편차 1)하여 단위를 제거하고 비교할 수 있게 제공하는 값입니다. 표준화 계수를 사용하면 개별 변수들 중 어떤 변수가 더 영향을 많이 미치는지 서로 비교할 수 있습니다. 다음으로 제시된 t-값은 개별 독립변수들이 종속변수에 통계적으로 유의한 영향을 미치는지를 나타내는 통곗값입니다. 여기서는 모든 t-값이 통계적으로 유의하게 나왔으므로 모든 변수가 영향을 미쳤다고 볼 수 있습니다. 마지막으로 제시된 공선성 통계량은 공차와 VIF입니다. 공차는 0.1보다 작은 경우, VIF는 10보다 큰 경우 다중공선성이 있다고 판단합니다. 이 분석에서는 다중공선성이 없음을 확인할 수 있습니다.

[그림 17-10]의 잔차 통계량 표는 회귀분석 후 남게 되는 잔차residual에 대한 분석 결과입니다. 모형 1의 식 가장 마지막 항인 e_i에 대한 분석 결과라고 볼 수 있습니다. 이 표에서 잔차의 평균은 0임을 확인할 수 있습니다. 이때 한 가지 더 확인해야 할 것이 [그림 17-7]에서 가장 오른쪽에 제시된 Durbin-Watson 값입니다. Durbin-Watson 값은 잔차들이 서로 상관이 있는지를 분석한 통계량입니다. Durbin-Watson 값이 2에 가까울수록 잔차 간 상관이 낮은 것으로 해석하며, 그 값이 0이나 4에 가까울수록 자기상관이 높은 것으로 해석합니다. 후자라면 잘못된 회귀분석을 했다는 의미입니다. 일부 논문에서는 Durbin-Watson 값을 간단히 DW라고 표기하기도 합니다.

잔차 통계량[a]

	최소값	최대값	평균	표준화 편차	N
예측값	2.0039	2.9726	2.5375	.08963	2590
잔차	-1.85232	1.46542	.00000	.30527	2590
표준화 예측값	-5.954	4.855	.000	1.000	2590
표준화 잔차	-6.063	4.797	.000	.999	2590

a. 종속변수: m그릿y1

그림 17-10 잔차 통계량 표

지금까지 나온 결과를 종합하여 논문에 표현할 때는 [표 17-1]과 같은 형식으로 제시할 수 있습니다.

표 17-1 모형 1의 회귀분석 결과 정리

	모형 1			
	회귀계수 (B)	표준화 회귀계수(β)	*t*	VIF
절편	1.58	–	21.97***	
학업열의	0.09	0.15	7.00***	1.31
자아존중	0.16	0.13	6.43***	1.07
주의집중	0.12	0.21	8.36***	1.77
공격성	0.03	0.06	2.42**	1.60
$adj\text{–}R^2$	.08			
DW	1.96			

더미변수가 추가된 회귀분석: 범주형 변수를 회귀분석의 독립변수로 활용한 경우

모형 1의 결과 수정된 R 제곱이 .08로 자료를 8%밖에 설명하지 못합니다. 모형 1은 연속형 변수만 독립변수에 추가했기 때문에 실제 그릿에 영향을 줄 수 있는 여러 범주형 변수들이 포함되지 못했다는 문제가 있습니다. 이 문제를 해결하기 위해 연속형 변수 중 제외했던 변수와 범주형 변수들을 추가하여 모형 2를 설정하겠습니다. 모형 2에는 연속형 변수인 우울, 범주형 변수인 성별과 도시규모를 추가하겠습니다.

모형 2

$$\text{Grit} = b_0 + b_1 * \text{학업열의} + b_2 * \text{자아존중} + b_3 * \text{주의집중} + b_4 * \text{공격성} + b_5 * \text{우울} + b_6 * \text{성별} + b_7 * \text{도시규모} + e_i$$

우울 변수는 [그림 17-1]에서 계산한 것과 동일하게 평균을 계산하여 모형에 추가하면 되지만, 성별이나 도시규모 변수는 달리 처리해야 합니다. 성별과 도시규모 변수는 명목형 변수로서 각 숫자에는 직접적인 의미가 없습니다. 단순히 값을 구분하기 위해 설정한 숫자이기 때문입니다. 따라서 이 값들을 회귀식에 투입하기 위해서는 사전 작업이 필요합니다. 즉 10장의 '더미변수의 활용' 절에서 배운 더미변수로 바꿔 주어야 합니다. SPSS 29 이전 버전에는 상단 메뉴 바에서 '변환 ▶ 더미변수 작성' 메뉴를 통해 간단히 더미변수를 생성할 수 있었지만, SPSS 30 버전 이후부터는 변수 계산 메뉴를 활용하여 더미변수를 생성합니다. 현재 성별을 나타내는 변수 YGENDERw1는 '남자=1', '여자=2'로 코딩되어 있습니다. 회귀분석에서 사용하는 더미변수로 바꿔 주려면 기준이 되는 집단의 코딩을 0, 비교하고자 하는 집단의 코딩을 1로 변환해야 합니다.

SPSS 화면 상단의 메뉴 바에서 '변환 ▶ 변수 계산'을 선택합니다. [그림 17-11]과 같이 변수 계산 창이 열리면 '목표 변수'에는 성별을 나타내는 더미변수임을 명시하기 위해 '성별_2'라는 이름을 입력합니다. '숫자 표현식'에 'YGENDERw1=2'를 입력하면, 기존에 2로 코딩된 값은 1, 나머지 값(1)은 0으로 변환됩니다. 모형 2의 수식에서 $b_0 \sim b_5$, b_7 계수가 모두 0이라고 가정하면 어떻게 될까요? 그러면 성별을 나타내는 더미변수만 남고, 남학생과 여학생의 평균차이가 b_6 계수로 산출될 것입니다. 계수를 해석하는 방법은 뒤에서 더 자세히 배우겠습니다.

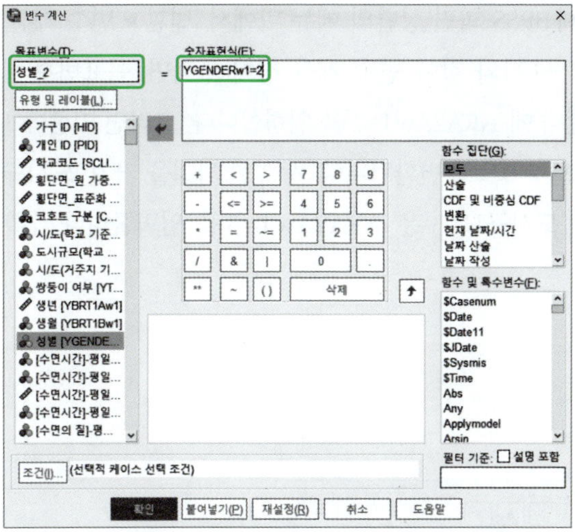

그림 17-11 더미변수 만들기

성별처럼 범주가 두 개(남자 또는 여자)인 경우에는 '성별_1' 또는 '성별_2'의 두 변수 중 하나만 사용해도 분석하는 데 지장이 없습니다. 그렇다면 범주가 세 개 이상일 땐 어떻게 해야 할까요? 도시규모 변수로 예를 들어보겠습니다. 세 개의 범주가 있는 범주형 변수를 더미변수로 만들려면 [표 17-2]와 같이 대도시를 나타내는 독립변수 하나, 중소도시를 나타내는 독립변수 하나, 읍면지역을 나타내는 독립변수 하나로 나타낼 수 있습니다. 즉 범주형일 때는 하나의 변수였던 것(도시규모)이 더미변수로 바뀌면 세 개의 변수(도시규모_1: 대도시, 도시규모_2: 중소도시, 도시규모_3: 읍면지역)로 늘어나게 됩니다.

표 17-2 더미변수

	도시규모_1	도시규모_2	도시규모_3
대도시	1	0	0
중소도시	0	1	0
읍면지역	0	0	1

더미변수를 추가하기 위해 SPSS 화면 상단의 메뉴 바에서 '변환 ▶ 변수 계산'을 선택합니다. [그림 17-12]와 같이 변수 계산 창이 열리면 '목표변수'에 '도시규모_1'을, '숫자 표현식'에 'ARA2Aw1=1'을 입력합니다. 그러면 기존에 1이었던 값을 제외하고는 모두 0으로 변환됩니다. 동일한 과정을 거쳐 '도시규모_2'는 'ARA2Aw1=2', '도시규모_3'은 'ARA2Aw1=3'을 입력합니다. [확인] 버튼을 클릭합니다.

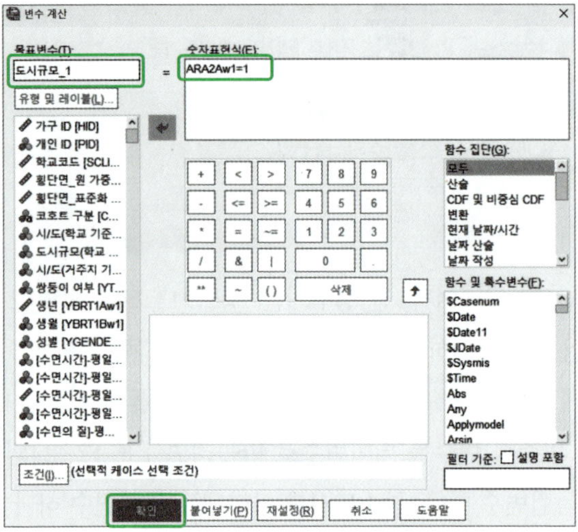

그림 17-12 도시규모 변수를 더미변수로 변경하기

변수의 수가 도시규모(ARA2Aw1) 한 개에서 도시규모_1~3의 세 개로 늘어났지만, 실제로 분석할 때에는 이 중 두 개만 활용합니다. 가령 도시규모_2, 도시규모_3만 활용하더라도 두 변수에 모두 0이라고 응답한 경우 해당 학생이 거주하는 곳이 대도시임을 알 수 있기 때문입니다. 따라서 여기서는 도시규모_2, 도시규모_3 변수만 활용하여 분석을 수행하겠습니다.

[그림 17-13]과 같이 SPSS 화면 상단의 메뉴 바에서 '분석 ▶ 회귀분석 ▶ 선형'을 선택합니다.

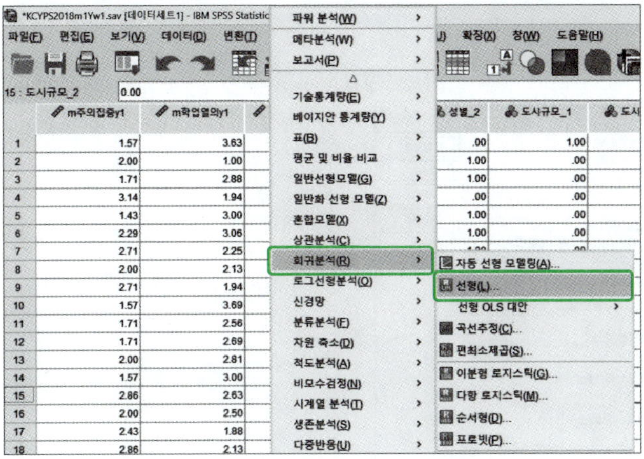

그림 17-13 회귀분석 메뉴 선택

앞서 연속형 독립변수만 사용한 회귀분석을 하고 나서 다시 '분석 ▶ 회귀분석 ▶ 선형'을 선택하면 앞에서 분석한 변수들이 그대로 들어 있는 선형 회귀 창이 나타납니다. 이제 세 개의 변수(우울, 성별: 성별_2여자, 도시규모: 도시규모_2중소도시, 도시규모_3읍면지역)를 추가하여 새로운 분석을 진행해야 합니다. '블록(B)' 영역 안의 [다음] 버튼을 클릭합니다.

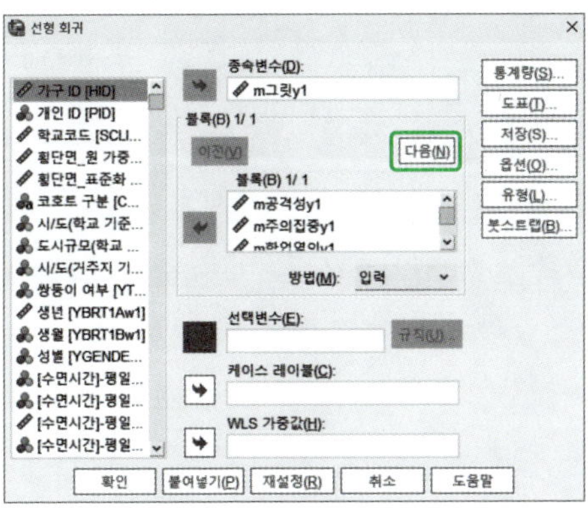

그림 17-14 모형 1의 독립변수가 들어 있는 창

[그림 17-15]와 같이 블록(B) 칸이 '2/2'로 변경되고, 다른 독립변수를 추가로 넣을 수 있는 창이 생성됩니다. 여기에 '우울', '성별_2여자', '도시규모_2중소도시', '도시규모_3읍면지역' 변수를 넣고 우측 상단의 [통계량] 버튼을 클릭합니다.

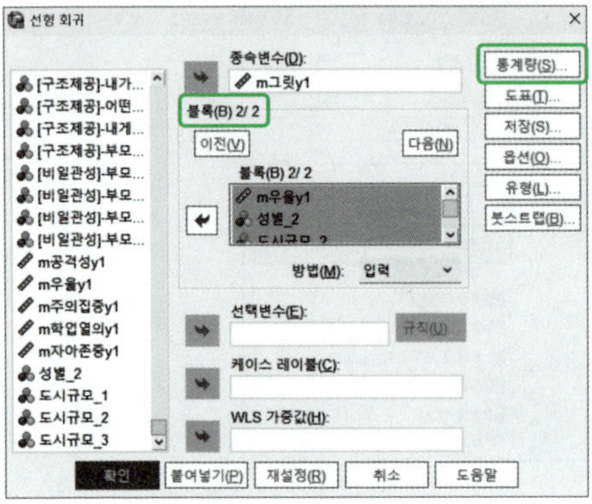

그림 17-15 새로운 독립변수 입력 창

[그림 17-16]과 같이 선형 회귀: 통계량 창에서 'R제곱 변화량'을 선택한 후 [계속] 버튼을 클릭합니다. 선형 회귀 창에서 [확인] 버튼을 클릭하여 분석을 수행합니다.

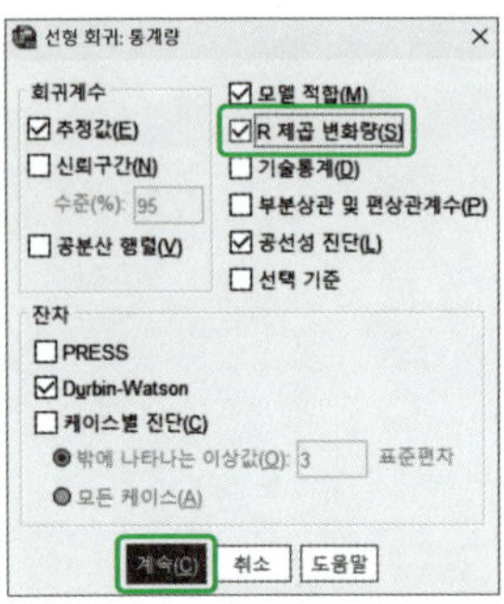

그림 17-16 R 제곱 변화량 선택

모형 2의 분석 결과를 차례로 살펴보겠습니다. [그림 17-17]에서 볼 수 있듯이 이번 분석에는 R 제곱 변화량이 제시됩니다. 모형 2의 수정된 R 제곱 값이 .08에서 .09로 올라간 것을 확인할 수 있으며 R 제곱 변화량에서도 이를 확인할 수 있습니다. 즉 우울, 성별, 도시규모 변수를 추가하여 모형의 설명력이 1% 증가한 것을 확인할 수 있습니다.

모델 요약[c]

모델	R	R 제곱	수정된 R 제곱	추정값의 표준오차	통계량 변화량 R 제곱 변화량	F 변화량	자유도1	자유도2	유의확률 F 변화량	Durbin-Watson
1	.282[a]	.079	.078	.30551	.079	55.707	4	2585	<.001	
2	.297[b]	.088	.086	.30425	.009	6.359	4	2581	<.001	1.958

a. 예측자: (상수), m자아존중y1, m주의집중y1, m학업열의y1, m공격성y1
b. 예측자: (상수), m자아존중y1, m주의집중y1, m학업열의y1, m공격성y1, 도시규모_3, 성별_2, 도시규모_2, m우울y1
c. 종속변수: m그릿y1

그림 17-17 모형 요약 표

[그림 17-18]에는 모형 1과 모형 2의 회귀분석 결과가 함께 제시되었습니다. 모형 1 부분은 앞서 [그림 17-9]에서 제시한 결과와 같다는 것을 알 수 있습니다. 모형 2는 변수를 추가한 상태의 결과를 제시합니다. 분석 결과를 [표 17-3]과 같이 제시하면 모형 1과 모형 2의 수정된 R 제곱 값이 어떻게 변화했는지, 추가된 변수의 영향력은 어느 정도인지 확인할 수 있습니다.

계수[a]

모델		비표준화 계수 B	표준오차	표준화 계수 베타	t	유의확률	공선성 통계량 공차	VIF
1	(상수)	1.583	.072		21.969	<.001		
	m공격성y1	.031	.013	.058	2.421	.016	.626	1.596
	m주의집중y1	.119	.014	.210	8.359	<.001	.564	1.773
	m학업열의y1	.087	.012	.151	6.996	<.001	.761	1.313
	m자아존중y1	.162	.025	.126	6.432	<.001	.932	1.073
2	(상수)	1.606	.073		22.060	<.001		
	m공격성y1	.057	.015	.107	3.926	<.001	.479	2.088
	m주의집중y1	.121	.014	.214	8.505	<.001	.558	1.794
	m학업열의y1	.082	.013	.142	6.482	<.001	.733	1.365
	m자아존중y1	.168	.025	.130	6.664	<.001	.926	1.080
	m우울y1	-.046	.012	-.093	-3.842	<.001	.606	1.650
	성별_2	.029	.012	.046	2.365	.018	.953	1.049
	도시규모_2	-.030	.013	-.046	-2.291	.022	.866	1.155
	도시규모_3	.013	.018	.014	.705	.481	.866	1.155

a. 종속변수: m그릿y1

그림 17-18 회귀계수 표

표 17-3 두 모형의 회귀분석 결과 비교

	모형 1				모형 2			
	회귀계수(B)	표준화 회귀계수(β)	t	VIF	회귀계수(B)	표준화 회귀계수(β)	t	VIF
절편	1.58	–	21.97***	–	1.61	–	22.06***	–
학업열의	0.09	0.15	7.00***	1.31	0.08	0.14	6.48***	1.37
자아존중	0.16	0.13	6.43***	1.07	0.17	0.13	6.66***	1.08
주의집중	0.12	0.21	8.36***	1.77	0.12	0.21	8.51***	1.79
공격성	0.03	0.06	2.42**	1.60	0.06	0.11	3.93***	2.09
우울					−0.05	−0.09	3.84***	1.65
성별(=여자)					0.03	0.05	2.37*	1.05
도시규모(중소도시)					−0.03	−0.05	2.29*	1.16
도시규모(읍면지역)					0.01	0.71	0.71	1.16
$adj\text{-}R^2$	.08				.09			
DW	1.96				1.96			

[표 17-3]의 결과 정리는 기본적으로 [표 17-1]의 정리 과정과 동일하게 진행할 수 있습니다. DW(Durbin-Watson) 통계량은 1.96으로 나타나 잔차의 자기상관이 거의 없음을 시사하며, 회귀모형이 적절하게 설정되었음을 의미합니다. 그리고 모든 독립변수의 VIF가 10 미만으로 나타나 다중공선성이 없음을 확인하였습니다. 분석에 포함된 대부분의 변수가 종속변수인 그릿에 통계적으로 유의미한 영향을 미쳤는데, 학업열의(B=.08), 자아존중(B=.17), 주의집중(B=.12), 공격성(B=.06)은 정적인 영향을 미쳤으며 우울은 회귀계수(B)가 -.05로 부적인 영향을 미치는 것으로 나타났습니다.

다음으로는 더미변수 부분의 해석입니다. '성별_2여자' 변수와 '도시규모_2중소도시' 지역 변수가 통계적으로 유의한 것으로 나타났습니다. 이는 여학생들의 그릿 평균 점수가 .03점 높고, 중소도시 지역 학생들의 그릿 평균점수가 대도시 지역 학생들의 그릿 평균 점수보다 .03점 낮음을 나타냅니다. 범주형 변수를 더미변수로 변환한 경우 응답 값이 0 또는 1밖에 없습니다. 이는 비교하고자 하는 두 집단의 평균차이를 나타냅니다(수식으로 밝힐 수 있지만 복잡하게 느낄 수 있으므로 간단히 이렇게만 설명하겠습니다). 같은 방법으로 '도시규모_3읍면지역' 변수를 해석해 보면, 읍면지역 학생들의 경우 대도시에 사는 학생들과 비교했을 때 통계적으로 유의한 평균차이가 없음을 확인할 수 있습니다.

마무리

회귀분석은 연구자가 설정한 변수 간의 관계를 정량적으로 파악하고 종속변수에 대한 독립변수의 영향을 평가하는 단순하면서도 강력한 도구입니다. 논문에서는 회귀모형의 적합성을 결정계수(R^2)로 제시하며, 회귀계수의 크기를 통해 독립변수가 1단위 증가할 때 종속변수가 어떻게 변화하는지를 설명합니다. 분석 결과는 연구 질문과 이론적 배경에 기반하여 논의하고, 실천적 함의와 한계를 간결하게 제시하여 독자가 결과를 쉽게 이해할 수 있도록 작성하는 것이 좋습니다. 회귀분석을 이해하고 나면 이론적 배경이 비슷한 로지스틱 회귀분석이나 다층모형을 더 수월하게 이해할 수 있습니다.

APPENDIX

부록 SPSS 추가 기능

지금까지 우리는 SPSS를 활용한 통계분석 방법을 학습했습니다. 그러나 실제로 논문을 쓰다 보면 본문에서 학습한 내용만으로는 해결되지 않는 문제를 만날 수 있습니다. 〈부록〉에서는 논문에서 주로 활용하는 간단한 기능들을 추가로 살펴보겠습니다. 여기서도 본문에서 사용한 KCYPS2018m1Yw1.sav 데이터를 기준으로 설명하겠습니다.

변수 계산

16~17장에서도 변수 계산에 대해 다뤘습니다. [그림 A-1]과 같이 SPSS 화면 상단의 메뉴 바에서 '변환 ▶ 변수 계산'을 선택하면 [그림 A-2]와 같은 변수 계산 창이 나타납니다.

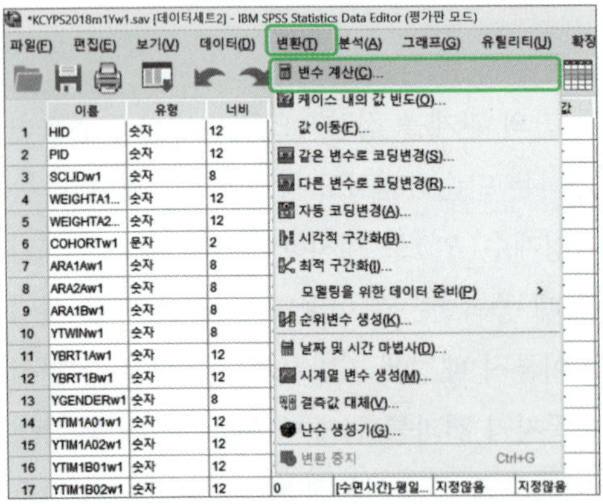

그림 A-1 변수 계산 메뉴

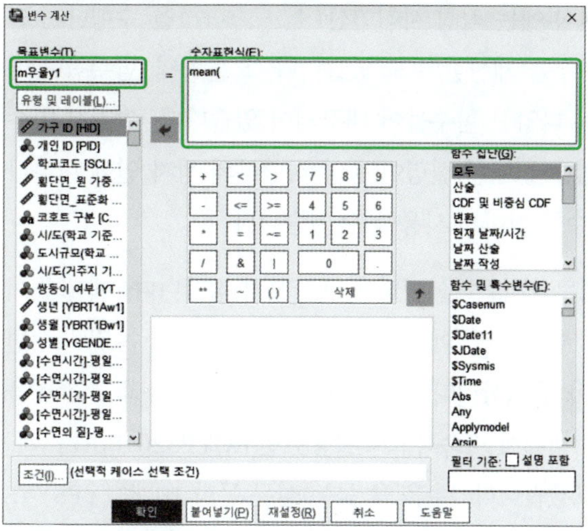

그림 A-2 변수 계산 창

'목표 변수'에는 새로 설정할 변수의 이름을 입력합니다. 가령 1차년도 학생들의 우울감 평균을 계산한다면 평균을 나타내는 'm', 변수명을 나타내는 '우울', 1차년도를 나타내는 'y1'을 합쳐서 'm우울y1'을 변수명으로 설정할 수 있습니다. 어떤 이름이든 가능하지만 띄어쓰기나 특수문자는 불가하므로 이를 고려하여 이름을 설정해야 합니다. 논문을 쓰다 보면 역코딩 문항[1] 처럼 문항의 응답을 역으로 변환하고 평균을 계산해야 하는 경우가 있습니다. 여기서 그치는 것이 아니라 앞에서 계산한 변수를 다시 범주형으로 구분하여 흥미가 높은 집단, 평균 집단, 흥미가 낮은 집단 등의 범주로 다시 구분하여 코딩하고 분석에 활용하기도 합니다. 분석에 변수를 많이 사용하지 않아서 일일이 기억할 수 있다면 큰 문제가 없겠으나, 실제로 논문을 작성하다 보면 분석에 여러 변수를 투입하게 됩니다. 그렇기 때문에 변수 이름에 규칙을 부여하여 어떻게 계산한 값인지 입력해 두지 않으면 나중에 헷갈려서 올바른 분석을 하지 못할 수 있으므로 주의해야 합니다.

1 학업 흥미를 묻는 네 개의 문항이 있다고 가정할 때 세 개의 문항은 '나는 공부를 좋아한다.', '나는 수업 시간에 흥미를 느낀다.'와 같은 문항으로 구성된 반면, 역코딩된 문항은 '나는 수업 시간이 따분하다.'와 같이 학업 흥미를 거꾸로 물어보는 방식입니다.

변수 계산 창의 '숫자표현식'에는 직접 사칙연산(+, −, *, /)을 수행할 수도 있고, 함수를 활용하여 변수를 계산할 수도 있습니다. 오른쪽의 '함수집단'에는 계산에 활용할 수 있는 다양한 함수들이 내장되어 있습니다. 여기서 함수를 하나 선택하면 해당 함수에 대한 설명이 중앙 하단부의 상자 안에 나타나므로 본인에게 필요한 함수를 찾아서 사용할 수 있습니다.

'목표변수'를 입력한 후에는 이 값들을 어떻게 계산할지 정합니다. 예를 들어 평균을 계산한다고 하면, '함수 집단'에서 '통계'를 선택한 후 '함수 및 특수변수' 중에서 'Mean'을 찾아 클릭합니다. 또는 '숫자표현식'에 직접 'mean'을 입력할 수도 있습니다. 이 책에서 지속적으로 활용했던 KCYPS2018m1Yw1.sav 파일에서 예를 들어보겠습니다. '우울'을 묻는 설문 문항 10개[2](YPSY4E01w1~YPSY4E10w1)의 평균을 계산하여 변수로 활용하려고 할 때 어떻게 해야 할까요? 변수 계산 창의 '숫자표현식'에 'mean'을 입력한 후 우울과 관련된 변수를 입력하고 콤마(,)로 구분해 줍니다. 예를 들어 [그림 A-3]과 같이 'mean(YPSY4E01w1,YPSY4E02w1,YPSY4E03w1,YPSY4E04w1,YPSY4E05w1,YPSY4E06w1,YPSY4E07w1,YPSY4E08w1,YPSY4E09w1,YPSY4E10w1)'이라고 입력하여 분석을 수행할 수 있습니다.

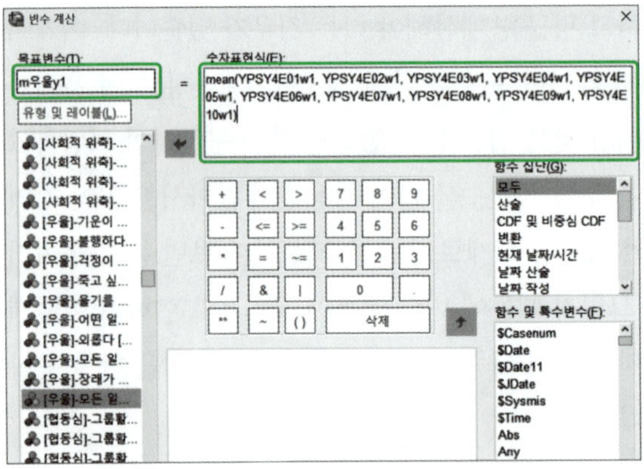

그림 A-3 변수 계산

2 우울에 대한 문항: 4점 척도

그런데 [그림 A-3]과 같이 입력하다가 중간에 변수 하나를 빠트리거나 콤마 하나를 잘못 입력하는 등의 실수가 생기면, 실수가 발생한 부분을 찾기 어려울 수 있습니다. 이럴 때 유용한 방법으로 'to'를 활용하는 것을 추천합니다. 즉, 'mean(YPSY4E01w1 to YPSY4E10w1)'로 입력해도 동일한 결과가 산출됩니다. 이렇게 계산할 수 있는 이유는 YPSY4E01w1 변수가 일정하게 YPSY4E01w1, YPSY4E02w1, YPSY4E03w1, …, YPSY4E10w1까지 이어지기 때문입니다.

여러 변수의 합계를 종속변수로 사용하는 경우에도 변수 계산을 활용할 수 있습니다. 예를 들어 창의적 성격을 묻는 문항인 YPSY6A01w1(문항: 유능함, 응답: 0-그렇지 않다. 1-그렇다.)부터 YPSY6A30w1(문항: 의심이 많음, 응답: 0-그렇지 않다. 1-그렇다.)까지 문항의 합을 's창의문항y1'이란 변수로 만들어 종속변수로 활용한다고 합시다. 이 경우 '목표변수'에 's창의문항y1'을, '숫자표현식'에 'sum(YPSY6A01w1 to YPSY6A30w1)'을 입력해 주면 원하는 값을 얻을 수 있습니다.

한 가지 상황을 더 생각해 봅시다. 계산하고자 하는 변수가 'm우울y1'과 같이 한 개뿐이라면 앞에서 설명한 방식으로 계산해도 무방하나, 이 방식을 20여 개의 변수 분석에 활용한다고 하면 같은 과정을 20번 거쳐야 합니다. 그러면 중간에 실수가 발생할 여지가 크고, 처음에 이 계산을 잘못하면 나중에 어느 부분에서 실수했는지 알기 어렵습니다. 그래서 이렇게 여러 개의 변수를 계산해야 하는 경우라면 명령어를 활용하여 계산하는 것을 추천합니다. 워크북 창에서 '삽입 ▶ 명령문 단락 작성'을 클릭하면 [그림 A-4]와 같은 명령문 입력창이 나타나고, 이곳에 명령문을 입력하여 분석을 수행할 수 있습니다. 또 분석을 반복하고 싶은 경우에도 이곳에 명령문을 입력하여 분석을 수행할 수 있습니다. 그러나 어떤 명령어를 입력해야 할지 몰라 당황스러울 수 있습니다. 이때 워크북 창을 살펴보면 [그림 A-4]와 같이 어떤 식으로 명령문이 작성되었는지 확인할 수 있습니다.

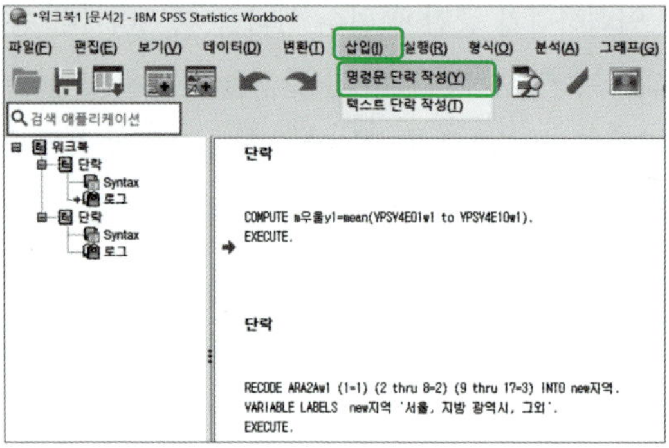

그림 A-4 워크북 명령문 입력 창

[그림 A-5]와 같이 워크북 창에서 해당 명령문을 복사하여 명령문 창에 붙여넣기하면 [그림 A-6]과 같이 입력됩니다. 이제 메뉴 바의 실행 버튼(▶)을 누르면 분석이 수행됩니다. 어떤 변수를 어떻게 계산했었는지 명확히 알 수 있으므로 나중에 실수가 발생하더라도 어느 부분에서 생긴 문제인지를 점검할 수 있어 필자는 이 방법을 선호합니다.

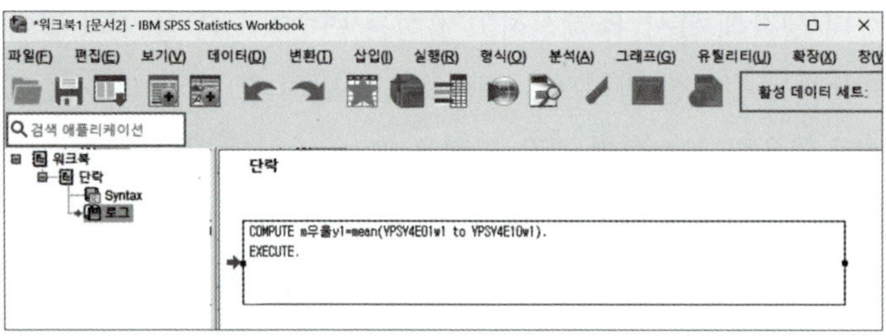

그림 A-5 워크북 창에서 명령문 복사

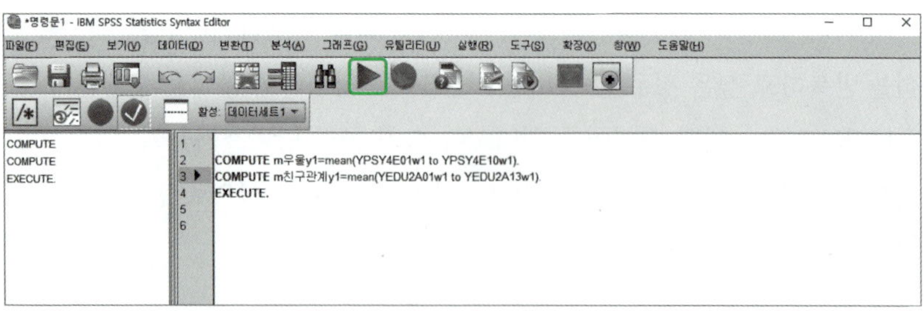

그림 A-6 명령문을 활용한 분석

다른 변수로 코딩변경

종종 변수를 새로 생성해야 할 때가 있습니다. 학생의 거주 지역을 조사한 경우에 대한 예를 들어보겠습니다. KCYPS2018m1Yw1.sav 파일은 한국청소년정책연구원이 2018년에 층화군집표집 방법을 활용하여 전국에 거주하는 학생들을 대상으로 조사를 수행한 결과입니다. 설문에 응답한 학생들은 본인이 사는 지역으로 응답합니다. 응답은 행정구역별로 구분되어 있습니다. 하지만 연구 목적에 따라 지역을 세 개 정도로 분류할 수도 있습니다. 서울을 하나의 그룹으로, 지방 광역시들(대전, 대구, 울산, 부산, 광주, 인천)은 또 다른 하나의 그룹으로, 그 외 지역(세종, 강원, 경기, 충남, 충북, 경북, 경남, 전북, 전남, 제주) 전체를 또 한 그룹으로 묶어, 이렇게 세 개의 그룹으로 새롭게 분류할 수 있습니다. 이때 활용할 수 있는 메뉴가 [그림 A-7]의 '변환 ▶ 다른 변수로 코딩변경'입니다.

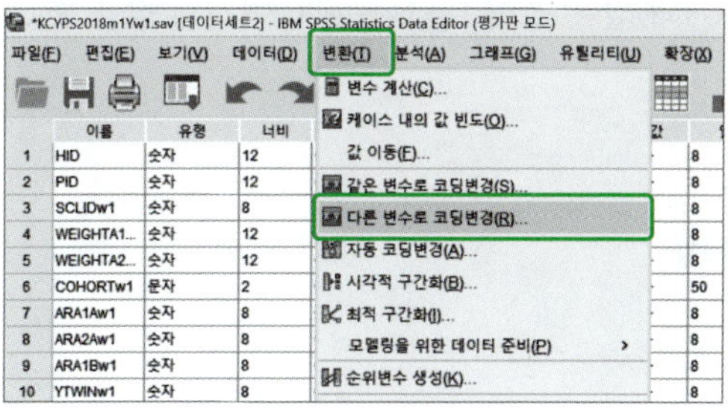

그림 A-7 다른 변수로 코딩변경 메뉴

[그림 A-7]과 같이 '다른 변수로 코딩변경'을 선택하면 [그림 A-8]과 같은 창이 나오는데, 이때 변경할 새로운 변수의 이름을 '이름'에, 해당 변수의 레이블을 '레이블'에 입력합니다. 이 예에서는 변수 이름을 'new지역'으로 설정하고, 레이블은 '서울, 지방 광역시, 그 외'로 표기하겠습니다. 나중에 어떻게 변환했는지 기억하기 위함입니다. 이렇게 설정한 후 [변경] 버튼을 클릭하면 '숫자변수->출력변수'에 '?'로 표기된 출력변수가 'new지역'으로 변경됩니

다. 출력변수가 변경된 것을 확인한 후 [기존값 및 새로운 값] 버튼을 클릭합니다.

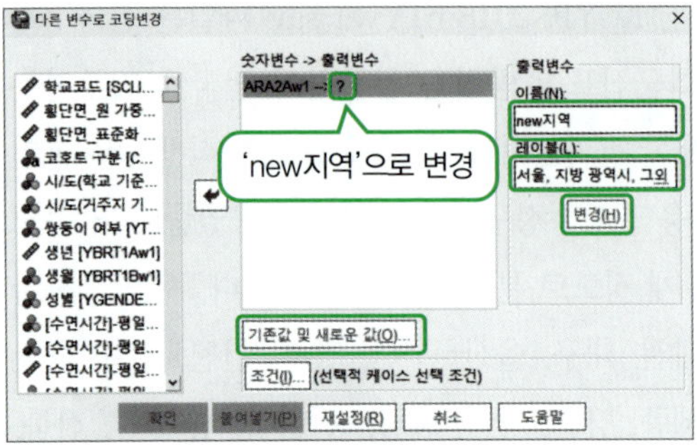

그림 A-8 다른 변수로 코딩변경 설정

기존의 값 레이블은 [그림 A-9]와 같습니다. 즉 1번이 서울, 2~7번이 지방 광역시, 8~17번이 그 외 지방이었습니다. [그림 A-8]에서 [기존값 및 새로운 값]을 선택하면 [그림 A-10]과 같은 창이 나타나는데, 여기서 값을 변경합니다.

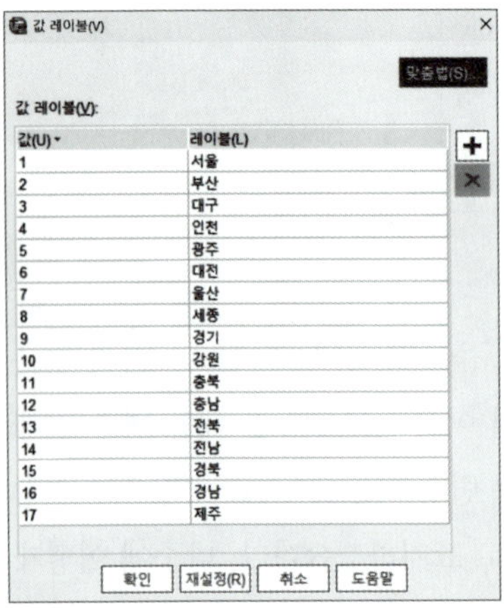

그림 A-9 기존 코딩

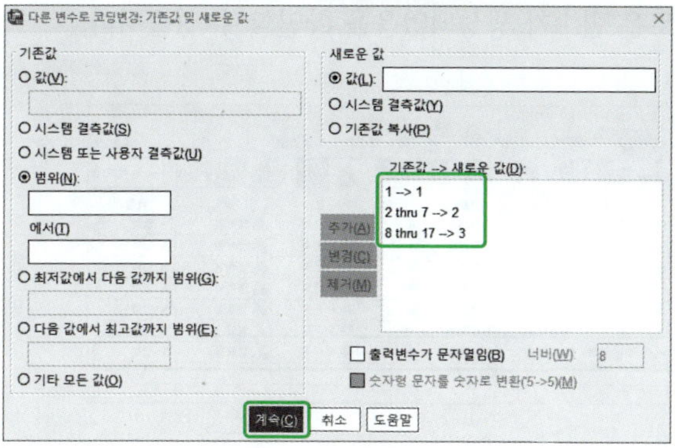

그림 A-10 기존값을 새로운 값으로 변경

원래 1번이었던 '서울'을 '기존값'의 '값'에 입력하고, '서울'은 그대로 '서울'로 코딩할 것이므로 '새로운 값'의 '값'에도 '1'을 입력합니다. 다음으로 2번 부산부터 7번 울산까지 '광역시'로 코딩을 변경해 주겠습니다. 먼저 '기존값'에 '2', '새로운 값'에 '2'를 넣고 [추가] 버튼을 누릅니다. 이어서 대구의 기존 코드인 3번을 '기존값'에 '3'으로 입력하고, '새로운 값'에 '2'를 넣은 후 [추가] 버튼을 누릅니다. 7번 울산까지 이 작업을 반복합니다. 기존 코드 8번(세종)부터 17번(제주)까지는 지방 중소도시이므로 3번으로 코딩을 변경해 줍니다. 즉 '기존값'에 '8', '새로운 값'에 '3', '기존값'에 '9', '새로운 값'에 '3', …과 같이 반복해서 17번까지 작업합니다. 반복 작업이라 수고롭다면, '기존값'에 있는 '범위'를 활용하여 조금 더 수월하게 작업할 수 있습니다. '범위'를 선택한 후 위칸에는 '2', 아래칸에는 '7'을 입력하면, 기존 값 중 2~7이 선택됩니다. '새로운 값'에 '2'를 입력하고 [추가] 버튼을 누르면 2부터 7까지의 모든 값이 2로 변경됩니다. 같은 방식으로 8에서 17까지를 '범위'에 입력하고, '새로운 값'에 3을 입력하면 8부터 17까지의 모든 값이 3으로 변경됩니다. [계속] 버튼을 클릭하여 창을 닫은 후에 다른 변수로 코딩변경 창에서 [확인] 버튼을 클릭합니다.

[그림 A-11]과 같이 새로운 변수가 생성되었음을 확인할 수 있습니다.

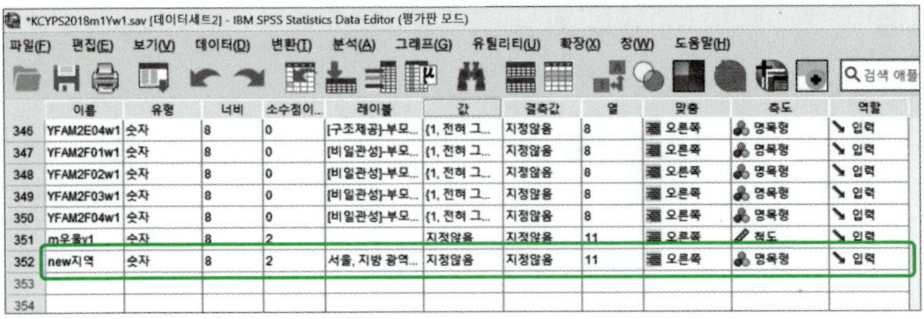

그림 A-11 새로운 변수 생성 완료

앞서 변수 계산을 할 때와 마찬가지로 여러 번 다른 값으로 코딩을 변경해야 하는 경우에는 명령문을 활용할 수 있습니다. 변수 계산을 했을 때와 동일하게 워크북 창에서 '다른 변수로 코딩변경'이 수행된 부분의 명령문을 복사하여 명령문 창에 붙여넣습니다.

KCYPS2018m1Yw1.sav 파일에서 '친구 관계'를 나타내는 변수를 살펴보면, [표 A-1]과 같이 YEDU2A01w1부터 YEDU2A08w1까지는 설문 내용이 일반적인 방향(정방향)으로, YEDU2A09w1부터 YEDU2A13w1까지는 역방향으로 코딩되어 있음을 알 수 있습니다. 이 경우 13개의 문항을 그대로 평균 내서 사용하지 않습니다. 예를 들어 YEDU2A09의 문항 내용은 '친구들과 의견 충돌이 잦다'이므로 '4: 매우 그런 편이다.'에 응답한 경우 실제로 친구 관계가 좋지 않음을 나타냅니다. 따라서 1~8번 문항은 그대로 사용하지만, 9~13번 문항은 코딩을 변경해 주어야 합니다('4: 매우 그런 편이다. → 1: 전혀 그렇지 않다.'로 변경, '3: 그런 편이다. → 2: 그렇지 않은 편이다.'로 변경, '2: 그렇지 않은 편이다. → 3: 그런 편이다.'로 변경, '1: 전혀 그렇지 않다. → 4: 매우 그런 편이다.'로 변경).

표 A-1 친구 관계 문항

변수명	문항 내용	비고
YEDU2A01w1	친구들과 함께 시간을 보낸다	일반적인 문항
YEDU2A02w1	친구들은 속상하고 힘든 일을 나에게 털어놓는다	
YEDU2A03w1	친구들에게 내 이야기를 잘한다	
YEDU2A04w1	친구들에게 내 비밀을 이야기할 수 있다	
YEDU2A05w1	내가 무슨 일을 할 때 친구들은 나를 도와준다	
YEDU2A06w1	친구들은 나를 좋아하고 잘 따른다	
YEDU2A07w1	친구들은 나에게 관심이 있다	
YEDU2A08w1	친구들과의 관계가 좋다	
YEDU2A09w1	친구들과 의견 충돌이 잦다	역문항
YEDU2A10w1	친구와 싸우면 잘 화해하지 않는다	
YEDU2A11w1	친구가 내 뜻과 다르게 행동하면 화를 내거나 짜증을 낸다	
YEDU2A12w1	나와 다른 아이들과는 친해질 생각이 없다	
YEDU2A13w1	친구들은 나의 어렵고 힘든 점에 대해 관심이 없다	

설문 문항을 꼼꼼히 읽어보는 것만으로도 역문항이 있는지 점검할 수 있으나, 가능하면 분석에 앞서 코드북을 면밀히 살펴봐야 합니다. 코드북에서는 어떠한 문항이 역문항인지, 어떻게 계산해야 하는 문항인지 등이 자세히 제시되어 있기 때문입니다.

[그림 A-12]는 워크북 창에 앞에서 예시한 역코딩 과정의 계산 방법을 제시한 것입니다. 화면에 입력된 'recode YEDU2A09w1 (1=4) (2=3) (3=2) (4=1) into YEDU2A09w1r'에 대해 살펴보겠습니다. 여기서 'recode'는 코드를 변경하라는 명령어이고, '(1=4) (2=3) (3=2) (4=1)'은 1번으로 응답한 피험자의 응답은 4번으로, 2번으로 응답한 피험자의 응답은 3번으

로, 3번으로 응답한 피험자의 응답은 2번으로, 4번으로 응답한 피험자의 응답은 1번으로 변경하라는 의미입니다. into 뒤에는 새롭게 생성할 변수명을 적어주는데, 기존 변수명인 'YEDU2A09w1' 뒤에 r을 붙여서 역reverse코딩했다는 표시를 하였습니다. 메뉴 바의 실행 버튼(▶)을 누르면 코딩변경이 진행됩니다.

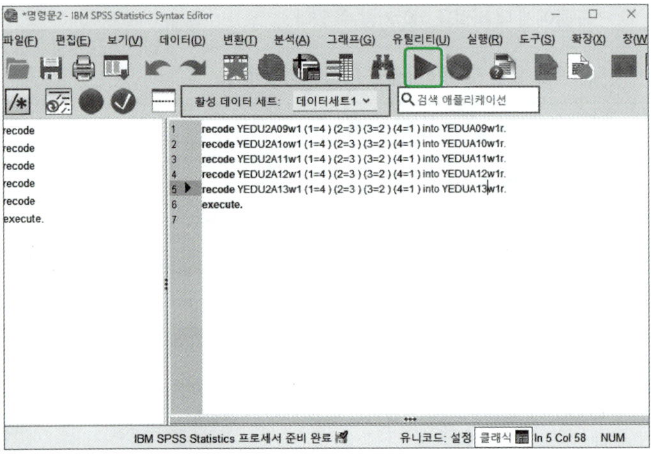

그림 A-12 명령문을 활용한 코딩변경

[그림 A-13]과 같이 코딩변경 결과가 나타납니다. 친구 관계를 나타내는 YEDU2A09w1부터 YEDU2A13w1 변수가 역문항이며, 기존 변수명 뒤에 r이 붙어 재코딩이 완료되었음을 알 수 있습니다.

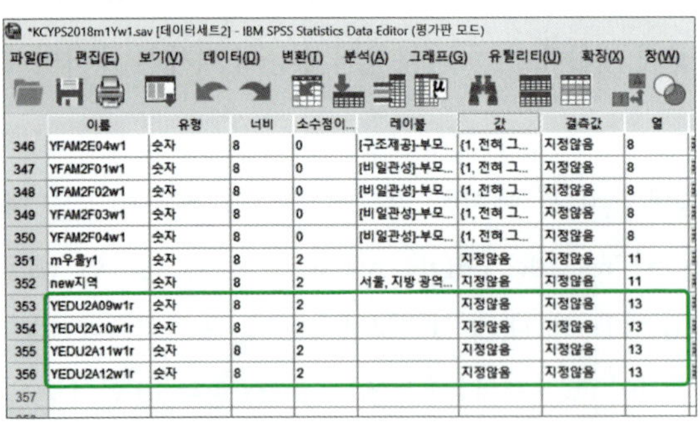

그림 A-13 코딩변경 결과

파일 합치기

이 책에서 여러 번 활용한 KCYPS2018mYw1.sav 파일은 한국 아동청소년 2018 패널의 1차년도 자료입니다. 논문 주제에 따라 어떤 연구는 수년간 결과를 추적·관찰해야 하는 경우도 있습니다. 우울감이 2018~2020년 동안 어떻게 변화했는지를 탐색하는 연구문제를 설정했다고 하면 1차년도의 값만으로는 데이터가 부족합니다. 이때 2~3차년도의 데이터에서 우울 문항의 평균 변수를 만들고, 이 평균 변수를 1차년도의 자료와 연결하여 분석을 수행할 수 있습니다.

파일 합치기의 종류에는 '변수 추가'와 '케이스 추가'가 있습니다. '변수 추가'는 위의 예와 같이 1차년도 자료에 2차년도 변수를 추가하는 경우에 활용할 수 있습니다. 가령 기존 KCYPS2018mYw1.sav 파일은 한국 아동청소년 2018 패널의 1차년도 자료이므로 2차년도의 평균 값 등은 들어 있지 않습니다. 이때 동일한 피험자의 2차년도 값을 연결하고자, 기존 파일에 없던 값을 별도의 키 값(id) 기준으로 연결하려고 할 때 '변수 추가'를 사용합니다. 반면 '케이스 추가'는 기존 데이터 파일과 동일한 형식의 데이터를 여러 개 가지고 있는 경우에 사용합니다. 예를 들면 동일한 설문조사를 구글 폼, 네이버 설문조사 등 여러 플랫폼에서 실시하고, 하나의 자료로 병합할 때 사용하는 방법입니다.

여기서는 '변수 추가'를 예로 들어 설명하겠습니다. 2차년도의 우울감 평균인 'm우울y2'를 생성하고, 1차년도 자료와 연결하는 데 필요한 학생 id와 'm우울y2' 변수만 남기고 다른 변수들은 삭제합니다. 이렇게 하지 않으면 자료의 양이 지나치게 방대해지는 문제가 발생합니다. [그림 A-14]는 변수 계산 후 두 변수만 남겨놓은 모습입니다.

그림 A-14 변수 추가 시 준비 자료

[그림 A-15]와 같이 기준이 되는 데이터 세트(KCYPS2018m1Yw1.sav)를 열고, SPSS 화면 상단의 메뉴 바에서 '데이터 ▶ 파일 합치기 ▶ 변수 추가'를 선택합니다. 연결하고 싶은 데이터 세트(KCYPS2018m1Yw2.sav)를 선택한 후 [계속] 버튼을 누릅니다.

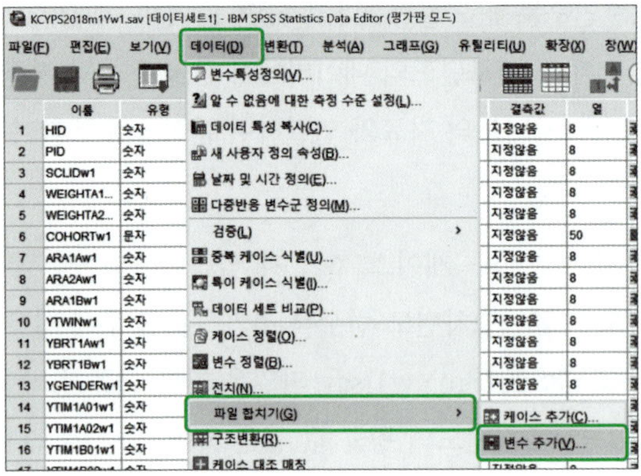

그림 A-15 파일 합치기-변수 추가 메뉴 선택

[그림 A-16]과 같은 변수 추가 창이 나타납니다. 여기서 어떤 파일의 변수를 추가할 것인지 선택합니다. 연결하고 싶은 데이터 세트(KCYPS2018m2Yw1.sav)를 선택한 후 [계속] 버튼을 누릅니다.

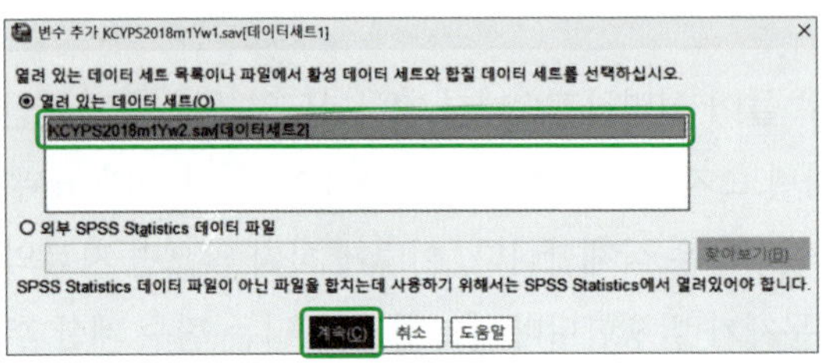

그림 A-16 변수 추가

[그림 A-17]과 같은 변수 추가 위치 데이터세트1 창이 나타납니다. 우리는 학생의 id 변수인 'PID' 변수를 키 값으로 하고 이에 따라 'm우울y2' 변수를 연결하는 것이므로 '키 값을 기반으로 하는 일대일 합치기'를 선택한 후 [확인] 버튼을 클릭합니다.

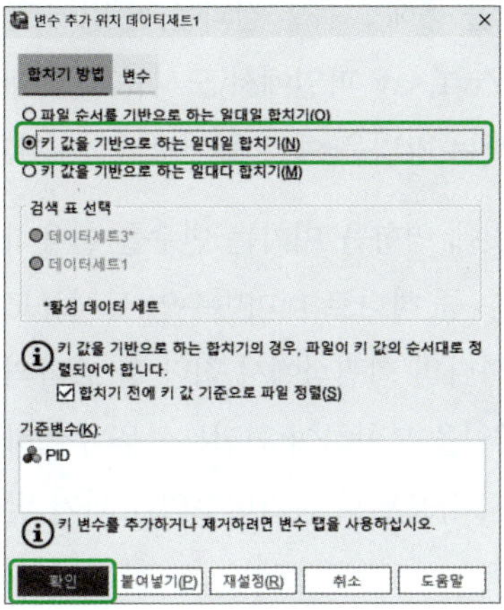

그림 A-17 변수 추가 방법

[그림 A-18]과 같이 변수가 추가된 것을 확인할 수 있습니다.

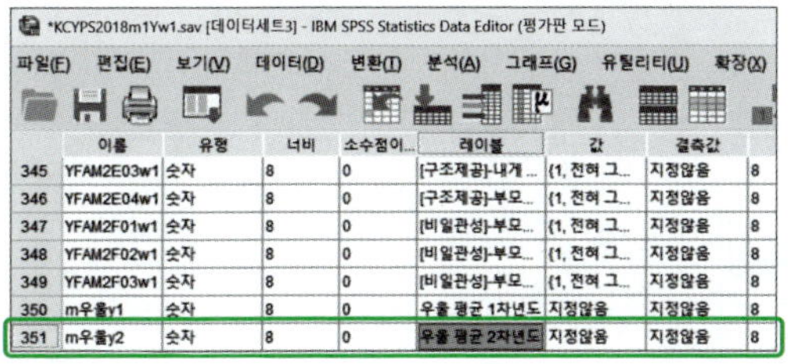

그림 A-18 변수 추가 결과

파일분할

연구문제에 따라 분석을 집단별로 실시해야 하는 경우가 있습니다. 가령 여러 나라의 학업성취도를 비교하는 검사인 PISA, TIMSS, ICILS 등에서는 회귀분석을 나라별로 수행해야 합니다. 이 경우 데이터를 여러 번 선택하여 동일한 분석을 여러 번 진행하기보다는 '파일 분할'을 통해 그룹별 결과를 한 번에 알아보는 것이 유익합니다. KCYPS2018m1Yw1.sav 파일에서 도시규모별(대도시, 중소도시, 읍면지역)로 분석을 수행하는 방법을 예로 들어보겠습니다.

17장에서는 전국 중학교 1학년 학생의 그릿에 영향을 미치는 변수를 활용하여 회귀분석을 수행하였으며, 이때 독립변수 중 하나로 더미변수인 도시규모를 사용했습니다. 더미변수를 활용한다면 하나의 회귀식에서 집단 간 효과의 차이를 분석하는 것이 목적이 되는 반면, 파일을 분할하여 회귀분석을 수행하면 집단별로 별도의 회귀식이 산출되어 도시 규모별로 독립변수의 효과가 달라지는지를 분석할 수 있습니다.

먼저 SPSS 화면 상단의 메뉴 바에서 '데이터 ▸ 파일분할'을 선택합니다. 그러면 [그림 A-19]와 같은 파일분할 창이 나타납니다. 여기서 '집단들 비교'를 선택한 후, '분할 집단변수'에 '도시규모' 변수를 입력합니다.

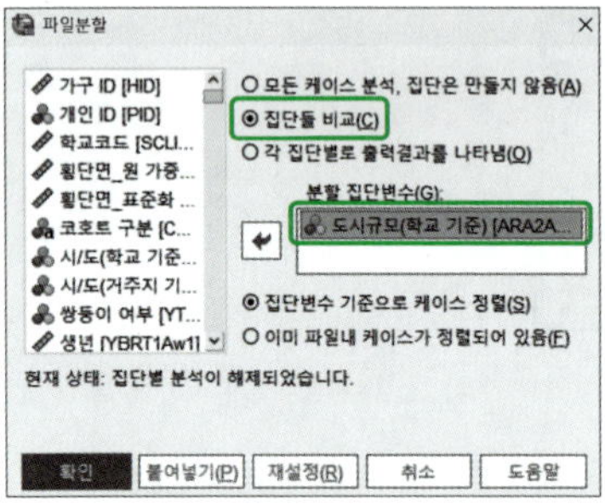

그림 A-19 파일 분할 설정

이후 기존에 했던 방식대로 회귀분석을 수행하면 [그림 A-20]과 같은 결과를 산출할 수 있습니다.

계수[a]

			비표준화 계수		표준화 계수			공선성 통계량	
도시규모(학교 기준)	모형		B	표준화 오류	베타	t	유의확률	공차	VIF
대도시	1	(상수)	1.443	.110		13.148	.000		
		학업열의 13개 문항 평균	.098	.019	.175	5.212	.000	.736	1.358
		m자아존중y1	.204	.038	.162	5.425	.000	.931	1.074
		m주의집중y1	.138	.021	.252	6.668	.000	.581	1.721
		m공격성y1	.040	.022	.074	1.787	.074	.488	2.048
		YGENDERw1=여자	.038	.019	.060	2.029	.043	.956	1.046
		m우울y1	-.035	.019	-.069	-1.819	.069	.575	1.740
중소도시	1	(상수)	1.614	.114		14.195	.000		
		학업열의 13개 문항 평균	.079	.019	.134	4.045	.000	.738	1.354
		m자아존중y1	.148	.040	.110	3.688	.000	.917	1.090
		m주의집중y1	.118	.023	.201	5.136	.000	.533	1.877
		m공격성y1	.065	.023	.121	2.903	.004	.466	2.145
		YGENDERw1=여자	.030	.019	.047	1.587	.113	.942	1.061
		m우울y1	-.039	.019	-.077	-2.090	.037	.607	1.648
읍면지역	1	(상수)	2.073	.190		10.934	.000		
		학업열의 13개 문항 평균	.038	.036	.066	1.079	.281	.687	1.456
		m자아존중y1	.100	.064	.084	1.573	.117	.891	1.123
		m주의집중y1	.069	.037	.126	1.847	.066	.552	1.811
		m공격성y1	.089	.039	.165	2.276	.023	.484	2.068
		YGENDERw1=여자	.001	.032	.001	.022	.982	.968	1.033
		m우울y1	-.102	.028	-.227	-3.634	.000	.653	1.532

a. 종속변수: 그릿8개문항평균

그림 A-20 집단별 회귀분석 결과

찾아보기

찾아보기

찾아보기